Mathematisches Vorsemester

Ausgabe 1979

Bearbeitet und herausgegeben von
Günther Richter
Universität Bielefeld
Fakultät für Mathematik

Springer-Verlag
Berlin Heidelberg New York 1979

Diese Ausgabe stützt sich auf die vom Autorenkollektiv der ehemaligen

Projektgruppe Fernstudium
Universität Bielefeld, Fakultät für Mathematik

erarbeiteten Texte der Mathematischen Vorsemester 1970 bis 1974

ISBN-13: 978-3-540-09588-0 e-ISBN-13: 978-3-642-67393-1
DOI: 10.1007/978-3-642-67393-1

Beltz Offsetdruck · Hemsbach/Bergstr.

Inhalt

Vorwort

Als das MATHEMATISCHE VORSEMESTER im Herbst 1970 erstmals vom Westdeutschen Rundfunk, dem Kultusministerium des Landes Nordrhein-Westfalen und der Universität Bielefeld veranstaltet wurde, war es auch ein Großexperiment für das geplante Fernstudium im Medienverbund. Experimentiert wurde einerseits mit völlig neuartigen Vermittlungsformen für das Fach Mathematik durch Einbeziehung der Medien Fernsehen, Texte und Tutorials, andererseits sollte auch die Kooperation zwischen Rundfunkanstalten, Ministerien und Hochschulen modellhaft erprobt werden.

Damals hofften alle Beteiligten, durch die gemeinsame Entwicklung des Fernstudiums im Medienverbund eine Öffnung der Hochschulen für breitere Bevölkerungsschichten zu erreichen und - unter Ausnutzung der durch den Medienverbund gegebenen didaktischen Möglichkeiten - eine grundlegende Reform auch der Studieninhalte einzuleiten. Heute, nach fast einem Jahrzehnt, scheint es an der Zeit, Bilanz zu ziehen:

Von Kooperation kann kaum noch die Rede sein. Beim Ringen um Einfluß im tertiären Bildungssektor haben sich die Partner von einst in schwer auflösbare Gegenpositionen manövriert. Den Rundfunkanstalten sind durch die Rechtsaufsicht des Staates die Hände gebunden, den Hochschulen fehlt es an den notwendigen Mitteln und an Personal, aber auch an Einigkeit untereinander. Die staatliche Seite schließlich ist von sich aus initiativ geworden. Das Land Nordrhein-Westfalen hat eine Fernuniversität errichtet, deren Gründungskonzept aber weder eine Öffnung der Hochschulen, noch einen Beitrag zur Studienreform vorsieht.[1)] Daneben gibt es ein von allen Bundesländern geschlossenes Verwaltungsabkommen mit dem Ziel, in einigen ausgewählten Fächern die Entwicklung von Fernstudienmaterialien voranzutreiben. Beide Initiativen erfolgten ohne eine institutionelle Beteiligung der Rundfunkanstalten und Hochschulen.

Diese politische Entwicklung hat glücklicherweise nicht verhindert, daß das MATHEMATISCHE VORSEMESTER bis heute ca. 20.000 Studienanfängern, Abiturienten und sonstigen Interessenten in Nordrhein-Westfalen Start- und Entscheidungshilfen für bzw. Informationen über ein Studium der Mathematik (Haupt- oder Nebenfach) an Hochschulen gegeben hat. Daß dies im Interesse der Betroffenen weiterhin möglich sein wird, ist vor allem dem Kultusministerium des Landes Nordrhein-Westfalen, der Universität Bielefeld, die hierfür die materiellen Voraussetzungen geschaffen haben, und dem Springer-Verlag zu verdanken.

Dagegen ist ein Versuch zur grundlegenden Revision und Ausweitung des Mathematischen Vorsemesters auf Bundesebene in den Anfängen stecken geblieben. Das ist mit ein Grund dafür, daß die in jahrelangem Einsatz gewonnenen Erfahrungen, Anregungen und Untersuchungsergebnisse erst jetzt in dem nun vorliegenden Text verarbeitet werden konnten. Die sich aus der inzwischen veränderten Situation an den Oberstufen der Gymnasien ergebenden Konsequenzen wurden dabei ebenfalls berücksichtigt.

Vorliegende Erfahrungen und Untersuchungsergebnisse über den Einsatz des Mediums "Fernsehen" können in Zusammenarbeit mit dem WDR solange nicht in eine Neuproduktion der Fernsehanteile des MATHEMATISCHEN VORSEMESTERS eingebracht werden, wie die oben geschilderte politische Situation anhält. Immerhin sind diese Erfahrungen und Ergebnisse in der Zwischenzeit in weiteren Projekten auch für ein Direktstudium im Medienverbund nutzbar gemacht und erweitert worden.

Für Hilfe und Unterstützung bei der Erstellung des vorliegenden Manuskriptes bin ich Mitgliedern der ehemaligen Projektgruppe Fernstudium der Fakultät für Mathematik an der Universität Bielefeld, insbesondere Frau Claudia Rohde, zu Dank verpflichtet. Mein besonderer Dank gilt außerdem den Damen Ingeborg Büchner und Almut Weiß, die in oft mühevoller Arbeit die Reinschrift besorgten.

Der Herausgeber

---

[1] Durch die Arbeit des Gründungsausschusses ist in der Zwischenzeit jedoch sichergestellt, daß zur Sammlung von Erfahrungen 20% der Kapazität der Fernuniversität für Kursstudenten ohne Hochschulzugangsberechtigung reserviert werden sollen. Außerdem sollen gemäß dem Gesamthochschulkonzept berufsfeldorientierte und integrierte Studiengänge sowie Kontaktstudiengänge entwickelt werden. Ein Schwerpunkt wird neben der Fernstudiendidaktik im Bereich der wissenschaftlichen Weiterbildung liegen.

Einleitung

Ziel des MATHEMATISCHEN VORSEMESTERS ist die Überwindung der Übergangsschwierigkeiten von der Schule zur Hochschule im (Haupt- oder Neben-)Fach Mathematik. Um dies zu erreichen, muß man zunächst die Ursachen für solche Schwierigkeiten aufdecken und analysieren:

Sieht man einmal von individuellen Komponenten wie z.B. mangelnder Leistungsbereitschaft ab, so ist wohl die naheliegendste Vermutung, daß man in der Schule zu wenig lernt und die Hochschule zu viel Vorwissen verlangt. Gegen diese These spricht zunächst, daß die Schwierigkeiten von Studienanfängern erfahrungsgemäß ziemlich unabhängig von den im Schulunterricht erworbenen Kenntnissen auftreten.

Vor allem aber spricht dagegen, daß Lehrveranstaltungen für Erstsemester in der Regel nicht an irgendeinen Schulstoff anknüpfen, um ihn weiterzuentwickeln und zu vertiefen. Vielmehr werden alle benötigten Hilfsmittel innerhalb solcher Veranstaltungen entwickelt bzw. bereitgestellt. Eine traditionelle Anfängervorlesung über Analysis oder Infinitesimalrechnung beginnt zum Beispiel mit der Festlegung einiger Grundregeln über den Umgang mit reellen Zahlen, ohne auf Schulwissen zurückzugreifen. Alles weitere wird darauf aufgebaut. Erst in jüngster Zeit hat es sich eingebürgert, eine gewisse Vertrautheit mit den Grundbegriffen der Mengenlehre vorauszusetzen.

Obwohl Schulkenntnisse und die im Umgang mit mathematischen Inhalten und Methoden erworbenen Fertigkeiten die Aneignung bzw. Bewältigung von Studieninhalten durchaus erleichtern können, muß insgesamt doch festgestellt werden, daß mangelndes Faktenwissen nicht zu den Hauptursachen der Anfängerschwierigkeiten gehört.

Liegt es dann vielleicht an der Art und Weise, wie Mathematik an der Schule und an der Hochschule betrieben wird? Ist Schulmathematik weniger modern? Die um sich greifenden Versuche, den Mathematikunterricht zu modernisieren, d.h. meistens, ihn mit Mengenlehre und Aussagenlogik "anzureichern", mögen darauf hindeuten. Man spricht nicht mehr von "Folgerungen", sondern von "Implikationen". Und statt Gleichungen oder Gleichungssysteme zu "lösen", bestimmt man eben ihre "Lösungsmengen". Oft hat die alte Schulmathematik nur ein neues Mäntelchen bekommen. In den Klassen oder Kursen redet man jetzt so ähnlich wie in den Hörsälen und Seminaren. Und manchmal finden auch bisher der Hochschulsphäre vorbehaltene Theorien Eingang in die Lehrpläne (Boolesche Algebren, Gruppentheorie ...).

Werden diese Modernisierungsversuche die Anfängerschwierigkeiten beheben? Hat es wirklich nur daran gelegen, daß sich Schule und Hochschule unterschiedlich ausdrückten, oder mit anderen Gegenständen beschäftigten? Solche Barrieren erscheinen doch eigentlich überwindbar. Jedenfalls können sie allein die in den vergangenen Jahren oft erschreckend hohen Studienabbrecherquoten nicht verursacht haben.

Aber es ist auch nicht die Aufgabe der Schule, den wenigen zukünftigen Mathematikern den Studienbeginn zu erleichtern, denn ihre Ausbildung hat ganz andere Zielsetzungen als die der Hochschule. Daraus resultieren gravierende prinzipielle Unterschiede in der Vorgehensweise. Die Schule konzentriert sich in erster Linie darauf, vorhandene mathematische Theorien oder Problemlösungen v o r z u s t e l l e n und e i n z u ü b e n. So wird beispielsweise die allgemeine Lösung einer quadratischen Gleichung vom Lehrer oder im Schulbuch hergeleitet. Die Hauptarbeit der Schüler besteht jedoch darin, dieses Lösungsrezept in mehr oder minder eingekleideten Aufgaben anzuwenden. Ebenso werden gewisse Differentiationsregeln (Produktregel, Quotientenregel, Kettenregel) einmal bewiesen, um dann möglichst häufig angewendet zu werden. Ähnliches gilt für Integrationstechniken, Kurvendiskussionen oder auch in mehr elementaren Bereichen, wie der Zinseszinsrechnung und der Anwendung von Kongruenz-, Sinus- oder Kosinussätzen usw. ...

Demgegenüber ist ein Hauptziel des Mathematikstudiums die Fähigkeit, immer wieder neue, möglichst allgemeine Problemlösungen herzuleiten. Ihre Anwendung auf konkrete inner- oder außermathematische Sachverhalte tritt häufig in den Hintergrund. Schon von Anfang an muß der Student B e w e i s e nicht nur nachvollziehen und reproduzieren können, sondern, ausgehend von gewissen Grundannahmen, A x i o m e n , oder schon bewiesenen S ä t z e n , mit Hilfe steng kodifizierter Beweisverfahren selbständig führen.

Dabei kommt es gerade im ersten Semester durchaus vor, daß er Sachverhalte beweisen soll, die ihm nach 13-jähriger Schulpraxis schon in Fleisch und Blut übergegangen sind (z.B. $3 \cdot 4 = 4 \cdot 3$!). Ursache für derartige "Wiederholungen" ist eben ein anderes methodisches Vorgehen der Hochschulmathematik. Die hierfür angegebenen Gründe erscheinen den Studienanfängern aber oftmals wenig plausibel, auch dann, wenn sich die jeweiligen Veranstalter ernsthaft bemühen, die Verständnisschwierigkeiten ihrer Studenten zu erkennen und ihnen zu begegnen. Manchmal werden solche Diskrepanzen in der Vorgehensweise von Schule und Hochschule überhaupt nicht thematisiert, so daß es den Studenten selbst überlassen bleibt, diese zu erkennen und zu überwinden, ohne daß ihnen ein Hochschullehrer dabei hilft. Manche Hochschullehrer konzentrieren sich nämlich darauf, möglichst viele elegante Beweise möglichst schnell und reibungslos vorzutragen, in der Hoffnung, daß die "begabten" Studenten dies eines Tages nachahmen können.

Wesentlich hilfreicher mögen da schon die sogenannten Übungs- oder Tutorengruppen (Tutorials) sein, in denen man zusammen mit einem älteren Studenten individuelle Probleme in einem kleineren Kreis besprechen kann. Aber kann man dies wirklich? Ist ein Studienanfänger ohne weiteres in der Lage, seine Verständnisschwierigkeiten in einer Gruppe von zunächst völlig

Fremden zu artikulieren? Ist nicht die Angst, sich zu blamieren, größer als das Bedürfnis nach Hilfe? Wird der Übungsgruppenleiter oder Tutor, der zumeist noch Einfluß auf die Vergabe eines Übungsscheines hat, und insofern die Rolle des Lehrers übernimmt, nicht einen schlechten Eindruck bekommen?

Jedenfalls ist es nicht erstaunlich, wenn ein Studienanfänger aufgrund von Schulerfahrungen so reagiert. Schließlich ging es in der Schule in erster Linie darum, Leistungen zu erbringen und im Kampf um Zehntelpunkte für einen numerus-clausus-überwindenden Notendurchschnitt Erfolge einzuheimsen. Über Mißerfolge und Schwierigkeiten hat man besser nicht geredet. Notfalls wurde abgeschrieben.

Um es kurz zu sagen:
Die Schule hat ihre Absolventen weder arbeitsmethodisch noch gruppendynamisch auf ein Studium vorbereitet.

Damit ist der Katalog der möglichen Ursachen für Anfängerschwierigkeiten aber noch keineswegs vollständig. Bisher haben wir nur nach "objektiven" Diskrepanzen zwischen den beteiligten Institutionen Schule und Hochschule gefahndet. Die "subjektiven" Motive und Erwartungen der Studenten wurden noch nicht berücksichtigt.

Sehen wir einmal von der verständlichen Erwartung einer "Fortsetzung der Schulmathematik mit anderen Mitteln" ab, die wir ja schon in verschiedenen Punkten problematisiert haben, dann verbinden doch viele mit der Wahl ihres Studienfachs ein Berufsziel bzw. wollen für eine zukünftige Berufspraxis ausgebildet werden. Niemand wird besonders motiviert sein, Studieninhalte zu akzeptieren bzw. sich anzueignen, die in keinem erkennbaren Zusammenhang mit dem "subjektiven" Ausbildungsziel stehen, es sei denn, er ist wie viele "große" Mathematiker vom mathematischen Gegenstand selbst fasziniert.

Das traditionelle Mathematikstudium ist in der Tat auf den

F o r s c h u n g s b e t r i e b der reinen Mathematik ausgerichtet. Dies ist eine Folge der historischen Entwicklung der Mathematik, die, obwohl durch sehr praktische, auf die Umwelt bezogene Fragestellungen beeinflußt, sich verselbständigt und ihr Eigeninteresse entdeckt und verfolgt hat. Diese L o s l ö s u n g von der Realität ermöglicht es der Mathematik, die Sonderrolle zu spielen, die sich etwa in den Prädikaten "einzig exakte, objektive Wissenschaft" niederschlägt. Die ursprünglichen aus realen Problemen erwachsenen Motive wurden außerdem durch ästhetisierende ersetzt (schöpferische Tätigkeit, Schönheit des Gebäudes, tiefliegende Symmetrien u.ä.).

Deshalb werden im traditionellen Mathematikstudium auch nicht in erster Linie Industriemathematiker und Lehrer ausgebildet. Den Vorrang hat vielmehr der wissenschaftliche Nachwuchs. Industriemathematiker und Lehrer sind eher "Abfallprodukte" solcher Studiengänge:

"Wem beim wissenschaftlichen Streben nach reiner Wahrheit in der dünnen Luft der Abstraktion der Abstraktionen der Atem ausgeht, wird zurück in die rauhe Welt der Praxis versetzt. Für diese Praxis aber ist er nun keineswegs gerüstet" [21].

Die Widersprüche zwischen den Interessen der Lehrenden und Lernenden manifestieren sich bereits zu Beginn des Studiums. Da die Lernenden kaum in der Lage sind, ihre Vorstellungen zu präzisieren, geschweige denn durchzusetzen, kommt es verständlicherweise zu einer Anpassung an die Normen der Lehrenden. Der Anspruch von Wissenschaft als Mittel zur Emanzipation des Menschen gerät dabei in Gefahr, in das Gegenteil verkehrt zu werden. Wer diesen A n p a s s u n g s p r o z e s s nicht mitmachen will, kann sich mit denjenigen solidarisieren, die das Studium (z.B. mit dem Ziel der Ausbildung für die Berufspraxis) r e f o r m i e r e n wollen oder aber resignieren und damit das Heer der "unbegabten" Studienabbrecher vergrößern.

Diese Tendenz wird noch durch p s y c h i s c h e Probleme

verstärkt, die in der Regel als Folge der Loslösung von Elternhaus, Freundeskreis und Schule in einer neuen ungewohnten sozialen Umwelt auftreten. Der Studienanfänger sieht sich oft in einer weitgehenden Vereinsamung, die ihm Vergleichsmöglichkeiten, Selbsteinschätzung und Halt verwehrt.

Eine Ursache dafür ist auch der im gesamten Mathematikbetrieb übliche Brauch, den Partner über seine eigenen Schwierigkeiten und Irrwege hinwegzutäuschen und mit einer ausgefeilten Darstellung zu beeindrucken. Jeder sieht um sich lauter "Könner", gemessen an denen die eigenen Leistungen sehr bescheiden wirken.

Die vorangegangenen Überlegungen sollten deutlich machen, daß es dem MATHEMATISCHEN VORSEMESTER nicht in erster Linie darum gehen kann, evtl. vorhandene Lücken im Schulstoff zu schließen. Den genannten Schwierigkeiten kann man auch nicht durch eine einfache Vorwegnahme von Teilen des ersten Semesters eines Mathematikstudiums begegnen. Dies hätte nur eine Verlagerung der Anfängerproblematik in das MATHEMATISCHE VORSEMESTER zur Folge und würde denjenigen zu einem Alibi verhelfen, die in der Hochschule alles beim alten lassen wollen.

Wenn das MATHEMATISCHE VORSEMESTER eine Zementierung bestehender Mißstände verhindern will, darf es seinen Teilnehmern eben nicht nur zu erfolgreicher Anpassung verhelfen. Es muß sie vielmehr in die Lage versetzen, die in allen Hochschulgruppen vorhandenen fortschrittlichen bzw. reformerischen Tendenzen zu erkennen und zu unterstützen. Das MATHEMATISCHE VORSEMESTER muß deshalb versuchen, *inhaltlich* und *mediendidaktisch* fortschrittliche Alternativen zu traditionellem Hochschulunterricht aufzuzeigen.

Inhalte

Die Vorgehensweise der Hochschulmathematik kann man nur anhand mathematischer Inhalte kennenlernen. Um außerdem den Zusammenhang zwischen der Wissenschaft Mathematik und ihren Anwendungen, insbesondere im Hinblick auf die spätere Berufspraxis analysieren zu können, muß man zumindest das Vokabular dieser Wissenschaft verstehen. Deshalb beginnt dieser Kurs mit einer kurzen Einführung in die elementaren Begriffe der *Fachsprache*. Es geht um Aussagen, Mengen, Relationen und Abbildungen.

Viele Teilnehmer haben die "Mengenlehre" schon in der Schule kennengelernt. Selbst wenn alle dasselbe intuitive Vorverständnis vom Mengenbegriff mitbringen sollten, werden sie sich doch an unterschiedliche Bezeichnungen und Schreibweisen gewöhnt haben, die vereinheitlicht werden müssen. Im ersten Teil des Kurses soll eine *gemeinsame Kommunikationsbasis* hergestellt werden. Dabei geht es in erster Linie um das Verständnis und die Handhabung der grundlegenden Begriffe. Mengenlehre wird nicht als eigenständige Theorie behandelt.

Im zweiten Teil wird der Weg von einem *konkreten Problem* zu einer mathematischen Fragestellung und zu einer Lösung mit mathematischen Methoden exemplarisch beschritten. Dabei steht die Problemlösung selbst nicht im Vordergrund. Wichtig ist die Art und Weise, wie hier Mathematik eingesetzt wird und welche typischen Einzelschritte dabei durchlaufen werden.

Es geht darum, mathematische Arbeit als Entwicklung und Bereitstellung von theoretischen Modellen zu verstehen, die es erlauben, die "Wirklichkeit" zum Zwecke ihrer Beherrschung und Veränderung in den Griff zu bekommen. Dieser Aspekt mathematischer Tätigkeit, der für die Berufspraxis des Industriemathematikers von zentraler Bedeutung ist, wird im traditionellen Studium kaum berücksichtigt. Stattdessen wird Mathematik als ein von der "Wirklichkeit" losgelöstes Gedankengebäude präsentiert, dessen Entwicklung scheinbar nur der ihm innewohnenden Eigendynamik folgt.

Eine relativ einfache Problemstellung dient als Beispiel. Wie kann man Schaltungen für elektrische Geräte finden, die bestimmte Zwecke erfüllen sollen? Eine Lichtquelle soll sich etwa an zwei verschiedenen Stellen ein- und ausschalten lassen, natürlich an jedem Schalter unabhängig von der Stellung des anderen. Eine solche "Wechselschaltung" ist in jedem Haushalt zu finden. Mit ein wenig Nachdenken kann jeder Laie eine geeignete Schaltung entwerfen. Schwieriger wird diese Aufgabe, wenn viele Schaltstellen - etwa im Treppenaufgang eines Hochhauses - verlangt werden oder wenn eine Schaltung dieser Art ganz andere Aufgaben erfüllen soll.

Im Prinzip kann man sich jedes Mal einen Kasten vorstellen, auf dem Hebel montiert sind, die genau zwei Lagen einnehmen können und an dem außerdem eine Lampe angebracht ist, die bei einigen Einstellungskombinationen der Hebel brennen soll und bei anderen nicht.

Unter Vorgabe einer bestimmten Wirkungsweise gilt es, ein Schaltbild, also eine Konstruktionsvorschrift für einen derartigen Kasten zu finden.

Bei der mathematischen Beschreibung dieses Problems werden wir die vorher entwickelte Mengensprache einsetzen. Bei der Lösung wird uns die Theorie der B o o l e s c h e n A l g e b r e n helfen. Wir werden sehen, daß sich diese Theorie auch in anderen Bereichen einsetzen läßt, z.B. in der Wahrscheinlichkeitsrechnung, bei zahlentheoretischen Fragestellungen und in der Logik. Hier kann sie etwa zur Präzisierung und Systematisierung der unterschiedlichsten B e w e i s m e t h o d e n verwendet werden.

Solche vielfältigen Verwendungsmöglichkeiten rechtfertigen ein genaueres von Anwendungen losgelöstes Studium der Theorie selbst, weil man hoffen kann, die dadurch erzielten allgemeinen Erkenntnisse nutzbringend einsetzen zu können. Dies geschieht mit Hilfe der a x i o m a t i s c h e n M e t h o d e . Die Hochschulmathematik beschränkt sich heute fast ausschließlich auf solche abstrakten Untersuchungen; meistens sogar, ohne die Frage nach möglichen Anwendungen zu stellen.

Im dritten und letzten Teil des Kurses befassen wir uns mit einem uralten mathematischen Modell, mit den Z a h l e n .

Die natürlichen Zahlen 0, 1, 2, ... sind eng mit einem nützlichen Beweisprinzip, der v o l l s t ä n d i g e n I n d u k t i o n , verbunden. Mit Hilfe dieses Prinzips können alle aus der Schule bekannten Regeln über den Umgang mit natürlichen Zahlen hergeleitet werden. Wir werden es darüber hinaus noch auf einige kombinatorische Probleme anwenden.

Die natürlichen Zahlen sind mit einigen Mängeln behaftet. Bestimmte Rechenoperationen, wie z.B. Subtraktion und Division lassen sich mit ihnen nur sehr beschränkt ausführen. Deshalb ist es nützlich, andere Zahlen zu konstruieren, die diese Mängel nicht aufweisen. Wir kommen so zu den ganzen und den rationalen Zahlen.

Der weitere Weg wird nur angedeutet. Auch die rationalen Zahlen weisen Mängel auf (so gibt es z.B. keine rationale Zahl x mit $x^2 = 2$, d.h. man kann die Quadratwurzel nicht immer ziehen). Sie können durch reelle Zahlen ersetzt werden usw.

Mediendidaktische Konzeption

Die meisten Ursachen für Schwierigkeiten der Studienanfänger im Fach Mathematik lassen sich durch die Lektüre dieses Textes allein nicht überwinden. Das kann erst im Verbund mit weiteren Medien, wie Tutorials, Vorträge und Fernsehen, erreicht werden, die verschiedene Funktionen übernehmen:

Texte: Sie umfassen den gesamten Inhalt des Kurses. Die relativ breite und ausführliche Darstellung soll es den Teilnehmern ermöglichen, sich Inhalte und Methoden selbständig zu erarbeiten. Es werden nicht nur fertige Ergebnisse, Sätze und Beweise in optimaler Form vorgeführt, vielmehr wird der Weg dorthin ausgehend von zugrundeliegenden Fragestellungen und Motiven aufgezeigt. Dadurch unterscheiden sich diese Texte von konventionellen Lehrbüchern. Ihr gewiß beträchtlicher Umfang ist eine Folge dieses Vorgehens.

Nicht immer muß man jede Einzelheit verstanden haben, um Fragestellungen, Zusammenhänge und Beweisideen zu erkennen sowie Methoden mathematischer Untersuchung und Beweisführung zu erlernen. Aus diesem Grund sind einige Teile des Textes, die für das Verständnis des Zusammenhangs nicht unbedingt erforderlich sind, engzeilig gedruckt. Zur besseren Übersicht sind Definitionen, Erklärungen und Vereinbarungen sowie Sätze und wichtige Ergebnisse farblich unterlegt.

Jedes Kapitel des Textes besteht in der Regel aus dem

V o r t e x t (auf gelbem Papier)
H a u p t t e x t (auf weißem Papier)
Ü b e r b l i c k (am Rand gekennzeichnet) und
Ü b u n g s a u f g a b e n.

Zweck der V o r t e x t e ist es, den folgenden Abschnitt vorzubereiten. Sie geben einen Überblick über die zu behandelnde Problematik sowie deren Stellenwert und Nützlichkeit. Motive für die Behandlung einzelner Inhalte werden aufgedeckt und Lösungswege skizziert. Soweit dies möglich und sinnvoll ist, werden historische Aspekte berücksichtigt.

In den H a u p t t e x t e n werden die angesprochenen Probleme weiterverfolgt, exakt formuliert und gelöst. Dabei handelt es sich um den umfangreichsten und wichtigsten Teil der Texte.

Ein Ü b e r b l i c k hält die wesentlichen Schritte fest.

Den Abschluß jedes Kapitels bilden Ü b u n g s a u f g a b e n , die den Teilnehmern Gelegenheit bieten, ihr Verständnis zu überprüfen und sich durch selbständige Arbeit mit mathematischen Gegenständen und Methoden vertraut zu machen. Dies ist für eine erfolgreiche Teilnahme unbedingt erforderlich. Im Haupttext finden sich außerdem weitere Übungsaufgaben, die beim Lesen an der entsprechenden Stelle bearbeitet werden sollten. Zu diesen Aufgaben sind L ö s u n g e n am Ende des jeweiligen Kapitels angegeben.

Beim Durcharbeiten der Texte und bei der Lösung von Übungsaufgaben werden voraussichtlich Schwierigkeiten und Probleme auftreten, die in der Diskussion mit anderen Teilnehmern und Mathematikern geklärt werden können. Dazu dienen die Tutorials.

Tutorials: Hier können Teilnehmer zusammen mit einem Tutor Inhalte und Methoden gemeinsam erarbeiten. Hier besteht auch die Möglichkeit, spontan auftretende Fragen zu diskutieren und zu beantworten und so individuelle Verständnisschwierigkeiten zu überwinden. Hier gibt es Gelegenheit zu sozialem Lernen.

Im Gegensatz zu manchem Frontalunterricht in der Schule oder in Vorlesungen basiert die Arbeit in Tutorials auf Beiträgen aller Teilnehmer. Der Tutor übernimmt nicht die Rolle des Lehrers, sondern im Idealfall die eines Experten, der nur auf Verlangen weiterhilft.

Natürlich müssen sich alle Teilnehmer an die für sie neue Unterrichtsform erst gewöhnen. Deshalb wird sich die Idealform des Tutorials nicht von Anfang an realisieren lassen. Funktionieren kann dies jedenfalls nur, wenn der Tutor nicht gezwungen ist, in erster Linie Inhalte zu vermitteln. Dies bedeutet, daß jeder Teilnehmer Texte und Übungsaufgaben vorher selbständig durchgearbeitet haben muß.

In den Tutorials des MATHEMATISCHEN VORSEMESTERs kann man sich arbeitsmethodisch und gruppendynamisch auf typische Lernsituationen an der Hochschule vorbereiten.

Eine weitere wesentliche Funktion der Tutorials ist, Informationen über Studienbedingungen an den jeweiligen Hochschulen zu vermitteln und damit den Erstsemestern Orientierungshilfen zu geben (Studienberatung).

Vorträge: Die traditionelle Unterrichtsform der Hochschule, nämlich die Vorlesung, ist auch heute noch weit verbreitet. Allerdings hat sie nicht mehr so sehr die zu Recht kritisierte Funktion der "Faktenschleuder" vielmehr wandelt sich ihr Charakter hin zu einer Großveranstaltung, die Überblicke bzw. Ausblicke gibt und Akzente setzt.

Die Vorträge des MATHEMATISCHEN VORSEMESTERs sind solche Veranstaltungen. Sie werden von den Lehrenden in den jeweiligen Hochschulorten geplant und durchgeführt.

<u>Fernsehen:</u> Das MATHEMATISCHE VORSEMESTER wurde ursprünglich als Fernstudienkurs konzipiert, in dem das Medium Fernsehen eine S c h r i t t m a c h e r r o l l e spielen sollte. Da es aufgrund seiner flüchtigen Darbietungsart kaum geeignet ist, Inhalte zu vermitteln, sollte es vor allem Problembewußtsein wecken, Motive aufdecken, Problemstellungen verdeutlichen und Lösungswege skizzieren. Mit Hilfe von Graphiken bzw. Trickfilmen sollten schwierige Sachverhalte veranschaulicht werden.

In der Zwischenzeit hat sich jedoch herausgestellt, daß diese und andere Funktionen des Mediums Fernsehen in der Mathematikausbildung z.Zt. noch nicht befriedigend realisiert werden können. Dramaturgische Konzepte des öffentlichen Fernsehens sind für Ausbildungszwecke jedenfalls im Fach Mathematik nur bedingt geeignet. Diese Erfahrung hat - neben anderen bildungspolitischen Gründen - dazu geführt, Fernsehsendungen zum MATHEMATISCHEN VORSEMESTER nicht mehr auszustrahlen. Stattdessen werden einzelne besonders geeignete oder notwendige Aufzeichnungen über Videorecorder zur Verfügung gestellt. Sie sollen die Funktion der Vortexte unterstützen.

Mengen und Aussagen

In einer M e n g e werden Einzeldinge - aus welchen Gründen auch immer - zusammengefaßt. Dadurch erhält man ein neues Ganzes, nämlich die Menge dieser Dinge.

Sehen wir uns einige Beispiele an:

a) Ein Kreis ist die Menge aller Punkte einer Ebene, die von einem vorgegebenen Punkt eine bestimmte Entfernung haben.

b) Eine reelle Funktion, z.B. die Normalparabel, kann durch eine Menge von Punkten in einer Ebene repräsentiert werden (Schaubild oder Graph).

c) Die Nullstellen einer reellen Funktion, z.B. der durch $f(x) = x^3 - 2x + 9$ gegebenen, kann man ebenfalls zu einer Menge zusammenfassen. Es handelt sich dabei um die Menge aller reellen Zahlen x, die Lösung der Gleichung $x^3 - 2x + 9 = 0$ sind.

d) Die Menge aller Primzahlen, also die Menge aller von 0 und 1 verschiedenen natürlichen Zahlen, die nur durch 1 und sich selbst teilbar sind.

e) Die Menge aller möglichen Schaltbilder für eine Wechselschaltung.

f) Die Menge aller in der BRD zu einem bestimmten Zeitpunkt zugelassenen PKW und die Menge aller Bewohner der BRD.

g) Eine Menge in der die folgenden Dinge zusammengefaßt werden:
Ein Spazierstock, eine Sahnetorte und Charlie Chaplin.

Diese Beispiele zeigen, daß man verschiedenste Dinge zu einer Menge zusammenfassen kann, unabhängig davon, ob dies sinnvoll und nützlich ist oder nicht. Wichtig ist nur, daß genau feststeht, ob ein bestimmtes Ding oder Objekt zu einer Menge gehört oder nicht. Die Menge aller "begabten" Mathematikstudenten kann man nicht bilden, weil niemand genau weiß, was ein "begabter" Mathematikstudent ist.

Objekte, die zu einer Menge gehören, nennt man E l e m e n t e der Menge.

Diese recht allgemeinen und entsprechend nichtssagenden Begriffsbildungen haben den unschätzbaren Vorteil, daß sich nahezu alle anderen mathematischen Begriffe darauf zurückführen lassen. In den Beispielen a) und b) kann man erkennen, wie dies bei geometrischen Gebilden oder Funktionen geschehen könnte.

Mengen und Elemente sind G r u n d b e g r i f f e , auf denen man das Gebäude der Mathematik errichten kann. Mit ihrer Hilfe wurden und werden auch ganz neue mathematische Theorien geschaffen. Die Grundlagenforschung konnte intensiviert werden.

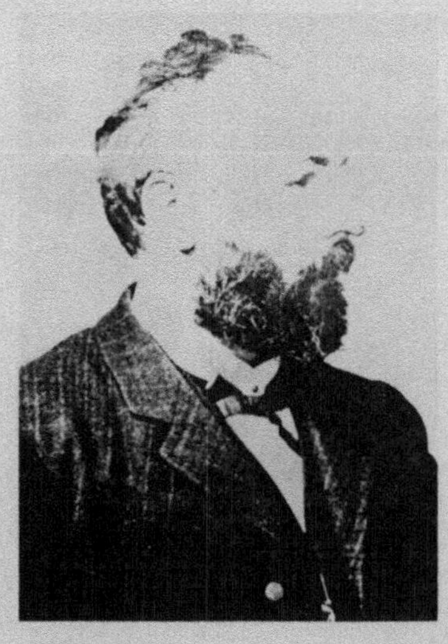

Als Georg C a n t o r (1845-1918) am Ende des vorigen Jahrhunderts die Mengenlehre begründete, waren ihre Begriffsbildungen und Methoden zunächst auf sehr viel speziellere Fragestellungen gerichtet. Es ging um die Lösung mathematischer und philosophischer Probleme des Unendlichen. Man entdeckte, daß gewisse Mengen "unendlicher" sind als andere. Ebenso wie man endlichen Mengen die Anzahl ihrer Elemente zuordnen kann, ist es möglich, den unendlichen Mengen sog. "transfinite Zahlen" zuzuordnen und mit diesen zu rechnen.

Die Mengenlehre war also eine spezielle mathematische Disziplin. Aber noch zu Cantors Lebzeiten zeigte sich die Tragfähigkeit seines Konzeptes und die in ihm steckende Möglichkeit einer vorher unbekannten Systematisierung, Präzisierung und Vereinheitlichung der mathematischen Denk- und Sprechweise.

Wenn wir die eingangs genannten Beispiele von Mengen etwas genauer analysieren, wird deutlich, w i e man gewisse Objekte zu Mengen zusammenfassen kann. Eine Möglichkeit besteht darin, die Elemente einfach a u f z u z ä h l e n . Im Beispiel g) haben wir davon Gebrauch gemacht. Bei der Menge aller Primzahlen (Beispiel d)) ist dies nicht möglich, weil sie "zu viele" Elemente besitzt.

In solchen Fällen haben wir eine Menge durch gewisse E i g e n s c h a f t e n (nämlich "Primzahl zu sein" usw.) beschrieben. Dies kann auch bei Mengen mit "wenigen" Elementen praktisch sein, wenn man ihre Elemente (noch) nicht kennt. Im Beispiel c) haben wir die Nullstellen nicht erst ausgerechnet und dann zu einer Menge zusammengefaßt. Wir haben diese Menge einfach durch die Eigenschaft "Nullstelle von f zu sein" beschrieben.

Etwas präziser:

Die Menge P der Primzahlen wird durch die Eigenschaft

E: ... ist von 0 und 1 verschiedene natürliche Zahl und nur durch 1 und sich selbst teilbar.

beschrieben. In ihr befinden sich genau diejenigen Objekte x , für die die A u s s a g e

$E(x)$: x ist von 0 und 1 verschiedene natürliche Zahl und nur durch 1 und sich selbst teilbar.

w a h r ist.

Die Menge N aller Nullstellen der durch $f(x) = x^3 - 2x + 9$ gegebenen reellen Funktion f wird durch die Eigenschaft

E: ... ist reelle Zahl und Lösung der Gleichung $x^3 - 2x + 9 = 0$.

beschrieben. In ihr befinden sich alle Objekte, für die die Aussage

E(x): x ist reelle Zahl und Lösung der Gleichung $x^3 - 2x + 9 = 0.$

zutrifft usw.

Die Formulierung

... ist begabter Mathematikstudent.

werden wir in diesem Sinne nicht als "mengenbildende" Eigenschaft ansehen, denn man weiß von einem Mathematikstudenten x nicht genau, ob

x ist begabter Mathematikstudent.

zutrifft oder nicht, da der umgangssprachliche Begabungsbegriff zu unpräzise und zweifelhaft ist.

Diesen Zusammenhang zwischen Mengen und A u s s a g e n werden wir im folgenden Haupttext im einzelnen darstellen. Der Text ist so ausführlich, daß man ihn auch ohne Vorkenntnisse verstehen kann.

Mengen und Aussagen

Der Mengenbegriff

> Eine **M e n g e** ist eine genau abgegrenzte Gesamtheit von realen oder gedachten Objekten. Dabei bedeutet "genau abgegrenzt":
> Für jedes vorstellbare Objekt x trifft genau eine der folgenden Möglichkeiten zu:
> a) x gehört zur Gesamtheit
> b) x gehört nicht zur Gesamtheit.
> Diejenigen Objekte, die zur Gesamtheit gehören, heißen **E l e m e n t e** der Menge.

Selbst wenn prinzipiell feststeht, ob ein Objekt zu einer Menge gehört oder nicht, ist dies im Einzelfall nicht immer leicht entscheidbar. Gehört beispielsweise 3 zur Menge derjenigen natürlichen Zahlen x, für die es natürliche Zahlen k,l und m gibt, so daß $k^x + l^x = m^x$ gilt? (2 ist ein Element dieser Menge, denn es gilt z.B. $3^2 + 4^2 = 5^2$). Obwohl man nicht so leicht feststellen kann, ob 3 zu der Menge gehört, trifft aber genau eine der Möglichkeiten "3 ist Element der Menge" bzw. "3 ist nicht Element der Menge" zu.

Mengen bezeichnen wir in der Regel mit Großbuchstaben wie M,N,.... Die Elemente von Mengen werden meistens mit Kleinbuchstaben, wie x,y,..., bezeichnet.

> Ist x ein Element der Menge M, schreiben wir dafür $x \in M$ und lesen dies:
> "x ist Element von M" oder
> "x liegt in M" oder
> "x gehört zu M".
> Ist ein Objekt x kein Element der Menge M, schreiben wir dafür $x \notin M$ und lesen dies:
> "x ist kein Element von M" oder
> "x liegt nicht in M" oder
> "x gehört nicht zu M".

Bezeichnen wir die Menge aller geraden natürlichen Zahlen mit G, so gilt beispielsweise: $3 \notin G$, $12 \in G$.

Übung 1: P sei die Menge aller Primzahlen. Tragen Sie bitte die richtigen Zeichen ein:

1 P
23 P
1763 P

Mengen sind Gesamtheiten von bestimmten Objekten. Zwei Mengen betrachten wir als gleich, wenn sie dieselben Elemente enthalten. Oder formal:

> $M = N$ genau dann, wenn für jedes x mit $x \in M$ auch $x \in N$ und für jedes x mit $x \in N$ auch $x \in M$ gilt.

Zwei Mengen M und N sind v e r s c h i e d e n , wenn wenigstens eine der beiden Mengen ein Element enthält, das nicht in der anderen Menge liegt:

$M \neq N$ gilt genau dann, wenn es ein Objekt x gibt, auf das eine der Aussagen "$x \in M$ und $x \notin N$" oder "$x \in N$ und $x \notin M$" zutrifft.

Um die Gleichheit von Mengen festzulegen, haben wir Aussagen der Gestalt "wenn A, dann auch B" benutzt (wenn $x \in M$, dann auch $x \in N$). Will man präzise formulieren, wann Mengen M und N verschieden sind, kommt man auf Aussagen der Form "A oder B" bzw. "C und D".

Im folgenden sollen derartige Aussagen untersucht werden.

Exkurs in die Aussagenlogik

Ein sprachliches Gebilde, das seinem Inhalt nach entweder wahr oder falsch ist, wird Aussage genannt, oder etwas präziser

> A u s s a g e n sind sprachliche Gebilde,
> denen genau einer der Wahrheitswerte
> W (für wahr) oder
> F (für falsch)
> zugeordnet ist.

Beispiele:

a) "Eine Woche hat 7 Tage" ist eine wahre Aussage. Diesem Satz ist der Wahrheitswert W zugeordnet.

b) "Keine Zahl ist durch drei teilbar" ist eine falsche Aussage. Dieser Satz hat den Wahrheitswert F.

c) "Gehst Du ins Kino?" ist keine Aussage. Diesem Satz lässt sich keiner der beiden Wahrheitswerte sinnvoll zuordnen.

Aussagen A und B kann man zu neuen sprachlichen Gebilden zusammensetzen, wie z.B. "wenn A,dann B". Dieses sprachliche Gebilde wird zu einer Aussage, wenn man ihm einen Wahrheitswert zuordnet, der natürlich von den Wahrheitswerten der Aussagen A und B abhängen wird. Ob das sinnvoll - d.h. dem umgangssprachlichen Gebrauch entsprechend - möglich ist, soll an folgendem Beispiel analysiert werden.

Krause und Schulze spielen "Mensch ärgere Dich nicht". Krause verliert ständig, hadert schließlich mit dem Schicksal und sagt wütend:

"Wetten, w e n n ich im nächsten Wurf eine sechs bekomme, d a n n hast Du anschließend todsicher eine drei und kannst mich wieder rauswerfen." Schulze sieht seine Chance und sagt: "Top"! Krause gewinnt seine Wette also genau dann, wenn seine Behauptung wahr ist. Wann aber trifft das zu?

Es können vier Fälle eintreten:

1) Krause wirft eine sechs, Schulze wirft eine drei.
2) Krause wirft eine sechs, Schulze wirft keine drei.
3) Krause wirft keine sechs, Schulze wirft eine drei.
4) Krause wirft keine sechs, Schulze wirft keine drei.

Offensichtlich hat Krause die Wette gewonnen, wenn Fall 1) eintritt, und hat sie verloren, wenn Fall 2) eintritt. Problematisch sind die Fälle 3) und 4). Krause wird argumentieren, daß er die Wette gewonnen habe, weil seine Aussage n i c h t w i d e r l e g t sei, er habe ja nur etwas behauptet für den Fall, daß er eine sechs bekäme, keinesfalls aber habe er gemeint, d a ß er eine sechs bekäme. Schulze dagegen kann sagen, daß diese Fälle gar nicht zur Debatte stünden, und daß darum die Wette als unentschieden zu bewerten sei.

Man sieht, daß dieser Streit nicht beizulegen ist, es sei denn, man hätte sich vorher geeinigt, wie das "Wenn..., dann..." zu verstehen ist. Eine derartige "Sprachnormierung" soll jetzt vorgenommen werden, wobei die in der Mathematik übliche Konvention der Argumentation von Krause entspricht. Sie hat nämlich den Vorteil, daß "wenn A, dann B" zu einer Aussage wird, deren Wahrheitswert nur von den Wahrheitswerten der Aussagen A,B abhängt. Diesen Zusammenhang drücken wir in einer Tabelle - einer sogenannten Wahrheitstafel - aus:

A	B	wenn A, dann B
W	W	W
W	F	F
F	W	W
F	F	W

Anlaß für die Festsetzung der Wahrheitswerte von "wenn A, dann B" war ein Beispiel. Wir haben nicht gezeigt, daß dies für beliebige Aussagen A und B sinnvoll ist, obwohl durch unsere Festlegung alle Aussagen A und B erfaßt werden. Wir haben z.B. auch festgelegt, daß die Aussage

"Wenn der Mond quadratisch ist, dann liegt Danzig in Deutschland"

wahr ist. (Sie hat den Wahrheitswert W, weil die Aussage "der Mond ist quadratisch" falsch ist.)

Übung 2: Man philosophiere in diesem Zusammenhang einmal über Formulierungen wie: "Wenn A, dann fresse ich einen Besen!" Wann stellt man derartige Behauptungen auf?

Bisher ausgeklammert haben wir die Frage, wie man den Wahrheitswert irgendeiner Aussage f e s t s t e l l e n kann. Das ist ein Problem, das sich in so allgemeiner Form gar nicht beantworten läßt und das weit in die Logik und die Erkenntnistheorie führt. Hätte man ein einfaches Rezept zur Hand, wären viele Wissenschaften überflüssig. Immerhin, einen kleinen Schritt zur Beantwortung der gestellten Frage haben wir schon getan; kennen wir die Wahrheitswerte von A,B, dann kennen wir auch den Wahrheitswert von "wenn A, dann B".

Betrachten wir einmal folgendes Beispiel:
"Wenn der 29.3.1998 ein Donnerstag ist, dann ist der 30.3.1998 ein Freitag". Jeder wird zugeben, daß das eine wahre Aussage ist, obwohl bestimmt keiner einen Kalender zur Hand genommen hat und die Wahrheitswerte der Teilaussagen bestimmt hat. Das liegt daran, daß man die Wahrheitswerte dieser Aussage e r s c h l i e ß e n kann. Man sagt auch, daß die Aussage "der 30.3.1998 ist ein Freitag" a u s der Aussage "der 29.3.1998 ist ein Donnerstag" f o l g t .

Es gibt also Aussagen, die aus anderen durch logische Schlüsse hergeleitet werden können; dabei kommt es nicht so sehr auf die einzelnen Wahrheitswerte an, sondern auf einen inhaltlichen Zusammenhang zwischen den Aussagen:

Wenn eine natürliche Zahl durch 6 teilbar ist, dann ist sie auch durch 3 teilbar.

Das ist ein Beispiel für eine wahre mathematische Aussage, die man durch einen Schluß gewinnt. Man erkennt sehr deutlich, daß dabei ein Zusammenhang zwischen durch 6 und durch 3 teilbaren Zahlen ausgenutzt wird.

Zwei Fragen sind nun naheliegend:

1. Was ist ein richtiger Schluß, und wie schließt man richtig?
2. Wie hängt logisches Schließen mit der Aussage-Verknüpfung "Wenn..., dann..." zusammen?

Der Versuch, die erste Frage zu beantworten, ist zentraler Gegenstand einer eigenen Wissenschaft - der Logik. Wir können an dieser Stelle keinesfalls erschöpfende Auskunft geben - es gibt die unterschiedlichsten Auffassungen darüber, w a s logisches Schließen eigentlich ist und wie es zu beschreiben sei. Das braucht uns aber für das Studium der Mathematik nicht zu entmutigen: Zwar ist die Methode des Schließens ein wesentlicher Teil mathematischer Arbeit, aber glücklicherweise verfügen wir ebenso wie über eine natürliche Sprache auch über ein Vermögen, gewisse Schlüsse zu verstehen beziehungsweise richtig zu vollziehen - den sogenannten "gesunden Menschenverstand". Dieses Vermögen haben wir unbewußt erworben, es ist Voraussetzung für jede erfolgreiche wissenschaftliche Tätigkeit und wird durch Erfolg und Mißerfolg ständig verbessert und verfeinert - auch der Logiker muß, bevor er seine Theorie entwickelt, "logisch denken" können. Dieser kleine Exkurs soll also nicht dazu dienen, den gesunden Menschenverstand zu entmündigen, sondern er soll durch geeignete Verabredungen und punktuelles Reflektieren mögliche Kommunikationsschwierigkeiten beseitigen helfen.

Die zweite Frage ist leichter zu beantworten: Das Entscheidende am Folgerungsbegriff ist, daß zu Aussagen A,B die Aussage "wenn A, dann B" wahr ist, falls B aus A f o l g t , wenn also B durch einen l o g i s c h e n S c h l u ß aus A gewonnen werden kann. Der "arbeitende Mathematiker" betrachtet "aus A folgt B" und die Aussage "wenn A, dann B" als völlig gleichwertig und wählt für beides dasselbe Zeichen

$$A \Rightarrow B \,,$$

obwohl hier aus der Sicht des Logikers ein wichtiger Unterschied besteht.

Die Aussage "A ⇒ B" wird auch als "A impliziert B" gelesen. Entsprechend heißt die Aussageverknüpfung "⇒" auch I m p l i k a t i o n .

A und B seien Aussagen und die zusammengesetzte Aussage A ⇒ B sei wahr. Was läßt sich dann über den Wahrheitswert der Aussage B ⇒ A sagen? Aufgrund unserer Festsetzung sind drei Fälle möglich, wenn "A ⇒ B" wahr ist:

a) A falsch, B wahr
b) A falsch, B falsch
c) A wahr, B wahr.

Tritt Fall a) ein, ist B ⇒ A falsch. In den anderen beiden Fällen ist B ⇒ A wahr. Wir wissen aber nicht, welcher der drei Fälle zutrifft. Aus der Kenntnis des Wahrheitswertes von A ⇒ B läßt sich also nichts Zuverlässiges über den Wahrheitswert von B ⇒ A ableiten.

<u>Beispiele:</u>

1. Es regnet ⇒ die Straße ist naß.
   (wahre Aussage)
   Die Straße ist naß ⇒ es regnet.
   (kann wahr bzw. falsch sein. Falsch ist diese Aussage, wenn nur ein Sprengwagen Ursache der nassen Straße ist.)

2. a,b gerade ⇒ a + b gerade
   (wahre Aussage)
   a + b gerade ⇒ a,b gerade
   (falsch, wenn z.B. a = 3 und b = 5)

Was halten Sie von folgender Anzeige?

Guter Champagner ist teuer!
Unser Champagner ist teuer!

Wir wollen uns nun noch anderen gebräuchlichen Aussageverknüpfungen zuwenden. Aussagen A,B kann man zu dem sprachlichen Gebilde "A o d e r B" zusammensetzen. Wieder muß festgesetzt werden, welcher Wahrheitswert diesem Gebilde in Abhängigkeit von den Wahrheitswerten der Aussagen A,B zugeordnet werden soll. Dazu orientieren wir uns am umgangssprachlichen Gebrauch des Wortes "oder". Es wird in zweierlei Bedeutung benutzt:
Als "entweder ... oder" (im ausschließenden Sinne) und auch als "nicht ausschließendes oder" (z.B. bei: "Bewerben kann sich, wer mittlere Reife o d e r eine abgeschlossene Lehre nachweisen kann").

In der Mathematik hat man sich auf die zweite Bedeutung des Wortes "oder" geeinigt. A o d e r B wird also genau dann der Wahrheitswert W zugeordnet, wenn mindestens eine der Aussagen A,B wahr ist.

A	B	A oder B
W	W	W
W	F	W
F	W	W
F	F	F

Setzen wir zwischen zwei Aussagen A,B das Wort "und", so entsteht der Satz "A u n d B" . Eine Analyse des umgangssprachlichen Gebrauchs von "und" zeigt:

Sind b e i d e Aussagen A,B wahr, wird auch "A u n d B" als wahr betrachtet.
Ist aber eine der Aussagen A,B falsch, bzw. sind es beide, wird "A u n d B" als falsch angesehen.

A	B	A und B
W	W	W
W	F	F
F	W	F
F	F	F

Aus den Aussageverknüpfungen "$\Rightarrow$, oder, und" kann man weitere zusammensetzen, z.B.

$$(A \Rightarrow B) \text{ und } (B \Rightarrow A).$$

Dafür schreibt man abkürzend

$$A \Leftrightarrow B \ .$$

Hat die Aussage $A \Leftrightarrow B$ den Wahrheitswert W, so bedeutet das, wie man sofort einsieht, daß A,B denselben Wahrheitswert haben. Man sagt dazu auch

A gilt genau dann, wenn B gilt oder
A gilt dann und nur dann, wenn B gilt.

Insbesondere ist $A \Leftrightarrow B$ dann wahr, wenn A,B wechselseitig auseinander folgen. In diesem Falle sagt man, daß A,B äquivalent sind.

An mehreren Beispielen haben wir gesehen, wie man aus zwei Aussagen A und B eine neue Aussage ($A \Rightarrow B$, A oder B, A und B) bilden kann.

Als wir die Ungleichheit von Mengen behandelten, führten wir eine Operation durch, die einer einzelnen Aussage A e i n e neue Aussage B zuordnete: Vergleichen wir einmal die Aussagen $M = N$ und $M \neq N$. $M \neq N$ heißt, daß $M = N$ nicht gilt. Die Aussage "M ist ungleich N" oder "M ist nicht gleich N" ist die Verneinung oder N e g a t i o n der Aussage "M ist gleich N". Durch Verneinen oder Negieren einer Aussage A erhält man eine neue Aussage "nicht A" , die Negation der Aussage A, deren Wahrheitswert wie folgt festgesetzt wird:

A	nicht A
W	F
F	W

Übung 3: Man stelle Wahrheitstafeln für die durch

nicht (A oder B)
nicht (A und B)
nicht (A ⇒ B)

gegebenen Aussageverknüpfungen auf und vergleiche sie mit denen für

(nicht A) und (nicht B)
(nicht A) oder (nicht B)
A und (nicht B)

Außerdem vergleiche man den Wahrheitswert von "nicht (nicht A)" mit dem von A.

Man interpretiere die Ergebnisse mit Hilfe der Aussageverknüpfung "⇔".

Die folgenden Aussagen sind unabhängig von den Wahrheitswerten der Aussagen A,B stets wahr:

nicht (nicht A) $\Leftrightarrow$ A
nicht (A oder B) $\Leftrightarrow$ (nicht A) und (nicht B)
nicht (A und B) $\Leftrightarrow$ (nicht A) oder (nicht B)
nicht (A $\Rightarrow$ B) $\Leftrightarrow$ A und (nicht B)

Dies entspricht auch unserem intuitiven Verständnis des Äquivalenzbegriffs (bzw. der Aussageverknüpfung "$\Leftrightarrow$"). Deshalb verabreden wir:

Als Negation von Aussagen der Form
nicht A, A oder B, A und B, A $\Rightarrow$ B
sind auch die Aussagen
A, (nicht A) und (nicht B), (nicht A) oder (nicht B), A und (nicht B)
zu betrachten.

Die Negation von Aussagen gibt häufig Anlaß zu Verwechslungen. Sie ist nicht das, was man umgangssprachlich mit "Gegenteil einer Aussage" bezeichnet. Auf die Frage nach dem Gegenteil der Aussage "alle Menschen sind sterblich" wird man oft die Antwort "kein Mensch ist sterblich" erhalten. Dagegen ist die Negation (Verneinung) der Aussage "alle Menschen sind sterblich": "nicht alle Menschen sind sterblich" oder "es gibt (wenigstens) einen Menschen, der nicht sterblich ist". Die Negation der Aussage "alle natürlichen Zahlen sind ganze Zahlen" ist: "Es gibt (wenigstens) eine natürliche Zahl die nicht ganz ist" und *nicht etwa* "keine natürliche Zahl ist eine ganze Zahl". Allgemein wollen wir festhalten

Die Negation einer Aussage der Form

für alle (für jedes ...) x gilt: E(x)

ist

e s g i b t (es existiert) ein x
mit: nicht (E(x))

und umgekehrt.

Übung 4: Man negiere die folgenden Aussagen
a) für alle x gilt: $x \in \mathbb{N} \Rightarrow x \leq x^2$
b) es gibt ein x mit: $x \in \mathbb{N}$ und $5 + x = 2$

Darstellung und Veranschaulichung von Mengen

Unser nächstes Ziel ist es, brauchbare und übersichtliche Darstellungen von Mengen anzugeben. Sei

M die Menge der fünf kleinsten Primzahlen.
G die Menge der geraden natürlichen Zahlen.

Die Menge M kann durch Aufzählen ihrer Elemente angegeben werden:

$$M = \{2,3,5,7,11\}$$

Die Klammern { , } heißen M e n g e n k l a m m e r n und deuten an, daß die Elemente 2,3,5,7 und 11 zu einer Menge zusammengefaßt worden sind. Dabei kommt es nicht auf die Reihenfolge an. Es gilt also:

$$M = \{2,3,5,7,11\} = \{5,3,2,11,7\} = \ldots$$

Diese aufzählende Schreibweise ist unbrauchbar, wenn die Menge "zu viele" Elemente enthält. Besitzt eine Menge unendlich viele Elemente - wie z.B. G - ist diese Darstellung prinzipiell nicht möglich. Für diesen Fall müssen wir nach einer anderen Darstellungsmöglichkeit suchen.

In der Menge G sind Objekte zusammengefaßt, die eine bestimmte Eigenschaft haben, nämlich gerade natürliche Zahlen zu sein. Entsprechend enthält M alle Objekte, die die Eigenschaft haben, eine der fünf kleinsten Primzahlen zu sein.

Abkürzend drücken wir das folgendermaßen aus:

$$G = \{x \mid x \text{ ist gerade natürliche Zahl}\}$$

$$M = \{x \mid x \text{ ist eine der fünf kleinsten Primzahlen}\}$$

Für x können wir auch ein anderes Zeichen wählen:

$$G = \{z \mid z \text{ ist gerade natürliche Zahl}\}$$

$$G = \{* \mid * \text{ ist gerade natürliche Zahl}\}$$

Für die Mengen, die wir zu Beginn des Kapitels betrachtet haben, ergeben sich dann z.B. folgende Darstellungen:

a) $K = \{x \mid x \text{ ist Punkt einer Ebene und hat von M die Entfernung r}\}$

b) $F = \{x \mid x \text{ ist Punkt einer Ebene mit den Koordinaten } (a,a^2)\}$

c) $N = \{x \mid x \text{ ist reelle Zahl und Lösung der Gleichung } x^3 - 2x + 9 = 0\}$

d) $P = \{x \mid x \text{ ist von 0 und 1 verschiedene natürliche Zahl und nur durch 1 und sich selbst teilbar}\}$

e) $S = \{x \mid x \text{ ist Schaltbild einer Wechselschaltung}\}$

f) $W = \{x \mid x \text{ ist in der BRD am ... zugelassener PKW}\}$

$B = \{x \mid x \text{ ist Bewohner der BRD}\}$

Schreibt man E(x) als Abkürzung dafür, daß ein Objekt x die Eigenschaft E erfüllt, kann man allgemein formulieren:
Mengen können durch eine Eigenschaft E, die genau den Elementen der Menge zukommt, dargestellt werden

$M = \{x|E(x)\}$. ("Menge aller x mit E(x)")

Geben wir eine Menge mit Hilfe einer Eigenschaft E an, die die Elemente der Menge auszeichnet, müssen wir darauf achten, daß für jedes Objekt x genau eine der Aussagen "E(x)" bzw. "nicht E(x)" zutrifft. Wir werden daher nur solche Eigenschaften E betrachten, die diese Bedingung erfüllen.

Die Möglichkeiten, Mengen durch Aufzählen ihrer Elemente oder durch eine Eigenschaft anzugeben, sind zwar recht prägnant und übersichtlich, sie werfen jedoch ein Problem auf:

In den Mengen

$$M = \{2,3\}$$

$$N = \left\{x \,\middle|\, \begin{array}{l} x \text{ ist eine natürliche Zahl, und} \\ \text{es gilt } x^2 - 5x + 6 = 0 \end{array}\right\}$$

$$L = \{x|x \text{ ist eine Primzahl und } x < 4\}$$

treten als einzige Elemente die Zahlen 2 und 3 auf. (Lösungen von $x^2 - 5x + 6 = 0$ sind gerade 2 und 3; die Primzahlen, die kleiner sind als 4, sind ebenfalls 2 und 3).

Also gilt nach unserer Feststellung über die Gleichheit von Mengen:

$$M = N = L$$

obwohl M, N und L auf verschiedene Arten beschrieben werden.

Daß man ein Ding auf mehrere Arten schreiben kann, ist andererseits nichts Neues. Wir schreiben ja auch $\frac{2}{4}$, $\frac{3}{6}$, ... für dieselbe Zahl. -

Da zwei Mengen genau dann gleich sind, wenn sie dieselben Elemente enthalten, gilt:

$$\{a,a\} = \{a\}$$

Beide Mengen enthalten nur das Element a, in $\{a,a\}$ ist a lediglich zweimal aufgeschrieben worden. Eine Menge ändert sich also nicht, wenn man Elemente mehrfach aufzählt. Man kann auch einem Element verschiedene Zeichen geben. Gilt z.B. $x_1 = x_2$, so ist $\{x_1,x_2\} = \{x_1\} = \{x_2\}$.

Veranschaulichungen von Mengen

Will man Aussagen über Mengen machen, ist es manchmal zweckmäßig, anschauliche Bilder von Mengen zu entwerfen. Zahlenmengen lassen sich in vielen Fällen mit Hilfe der Zahlengeraden veranschaulichen.

Z.B. $\{x \mid x$ ist ganze Zahl und $-4 \leq x \leq 3\}$ durch folgendes Bild

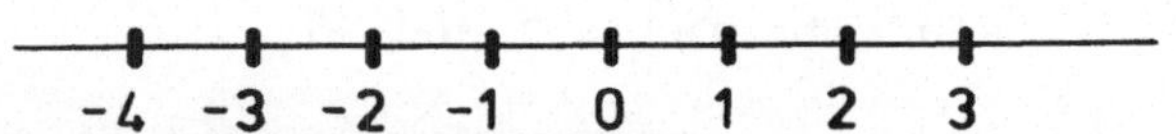

oder $\{x \mid x$ ist reelle Zahl und $-4 \leq x \leq 3\}$ durch

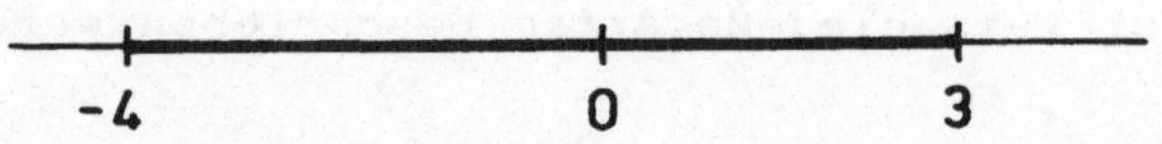

Häufig denkt man sich die Elemente einer Menge durch Punkte einer Ebene repräsentiert:

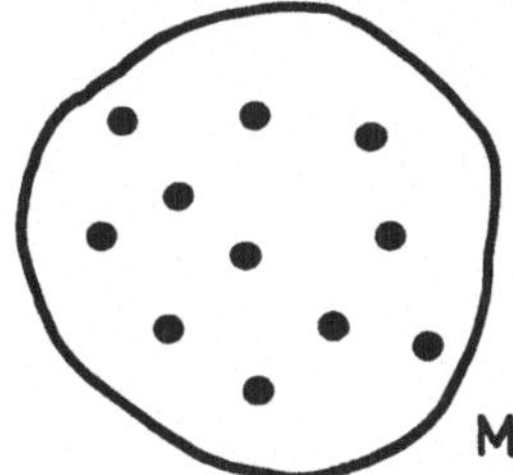

Teilmengen und die leere Menge

Betrachten wir einige uns bekannte Mengen:

1. Die Menge der natürlichen Zahlen (einschließlich der Null), bezeichnet durch $\mathbb{N}$.
2. Die Menge der ganzen Zahlen, bezeichnet durch $\mathbb{Z}$.
3. Die Menge der rationalen Zahlen, bezeichnet durch $\mathbb{Q}$.
4. Die Menge der reellen Zahlen, bezeichnet durch $\mathbb{R}$.

In diesen Beispielen ist jede Menge in der darauffolgenden enthalten. Beispielsweise sind die natürlichen Zahlen in den ganzen Zahlen enthalten. Formal können wir diesen Sachverhalt mit Hilfe der Implikation ausdrücken:

"$x \in \mathbb{N} \Rightarrow x \in \mathbb{Z}$" ist für jedes Objekt x eine wahre Aussage.

D.h.: Ist $x \in \mathbb{N}$ eine wahre Aussage, so ist auch $x \in \mathbb{Z}$ eine wahre Aussage. Dagegen ist $x \in \mathbb{Q} \Rightarrow x \in \mathbb{Z}$ nicht für jedes x wahr, denn $\frac{1}{3} \in \mathbb{Q}$ ist wahr, $\frac{1}{3} \in \mathbb{Z}$ ist falsch, also ist $\frac{1}{3} \in \mathbb{Q} \Rightarrow \frac{1}{3} \in \mathbb{Z}$ eine falsche Aussage.

Weitere Beispiele:

a) $P = \{x \mid x$ ist Primzahl und $x > 2\}$
$U = \{x \mid x$ ist ungerade natürliche Zahl$\}$
Dann ist $x \in P \Rightarrow x \in U$ stets wahr.

b) $Q = \{x \mid x$ ist Quadrat$\}$
$R = \{x \mid x$ ist Rechteck$\}$
Es gilt: $x \in Q \Rightarrow x \in R$.

c) $K = \{x \mid x$ ist PKW$\}$
$F = \{x \mid x$ ist Kraftfahrzeug$\}$
Es gilt: $x \in K \Rightarrow x \in F$.

Ist eine Menge N enthalten in einer Menge M im eben beschriebenen Sinn, d.h. ist jedes Element von N auch Element von M, so sagt man: N ist eine Teilmenge von M.

Definition 1: Sind M und N Mengen und gilt für jedes x:
$$x \in N \Rightarrow x \in M\,,$$
so heißt N eine T e i l m e n g e von M, und man schreibt $N \subset M$.

"$N \subset M$" liest man auch:
"N ist enthalten in M" oder "M umfaßt N" oder "M ist O b e r m e n g e von N". Die Teilmengenbeziehung "$\subset$" nennt man I n k l u s i o n.
Jede Menge M ist Teilmenge von sich selbst, weil $x \in M \Rightarrow x \in M$ stets wahr ist.

Die Gleichheit zweier Mengen M und N läßt sich mit Hilfe der Inklusion formulieren. Zwei Mengen M und N sind genau dann gleich, wenn für alle x:

$$x \in M \Rightarrow x \in N \quad \text{und}$$
$$x \in N \Rightarrow x \in M$$

gilt. D.h.:

Satz 1: M und N sind genau dann gleich, wenn $M \subset N$ und $N \subset M$ gilt.

Man kann vorgegebene Mengen daraufhin untersuchen, ob zwischen ihnen eine Teilmengenbeziehung besteht. (Es gilt z.B. $\mathbb{N} \subset \mathbb{R}$ und $\mathbb{Z} \subset \mathbb{Q}$.) Wir können uns aber auch aus gegebenen Mengen Teilmengen dieser Mengen verschaffen:

1. Die Menge der Primzahlen erhält man aus der Menge der natürlichen Zahlen:
   $P = \{x \mid x \in \mathbb{N}$ u n d $x \neq 0, 1$ und x ist nur durch 1 und sich selbst teilbar$\}$
2. Die Lösungen der Gleichung $x^3 - 2x + 9 = 0$ erhält man als Teilmenge der reellen Zahlen:
   $L = \{x \mid x \in \mathbb{R}$ u n d $x^3 - 2x + 9 = 0\}$

In Beispiel 1 und 2 haben wir durch Angabe einer zusätzlichen Eigenschaft F aus einer gegebenen Menge M eine Teilmenge T gewonnen:

$T = \{x \mid x \in M$ u n d $F(x)\}$
(T ist die Menge aller $x \in M$, für die die Eigenschaft F zutrifft.)

Falls zu einer vorgelegten Menge M und einer Eigenschaft F auf diese Weise eine Menge T festgelegt wird, so muß sie eine Teilmenge von M sein, denn für jedes $x \in T$ gilt $x \in M$ u n d $F(x)$, also auf jeden Fall $x \in M$. Wird nun durch jede vorgelegte Menge M und eine Eigenschaft F immer eine Teilmenge definiert?
Betrachten wir folgendes Beispiel:

$\mathbb{R}$ sei die Menge aller reellen Zahlen und F die Eigenschaft "löst die Gleichung $x^2 + 1 = 0$". (F(x) heißt also: für x gilt $x^2 + 1 = 0$.) Dann ist nach unseren Überlegungen

$$L = \{x | x \in \mathbb{R} \text{ und } x^2 + 1 = 0\}$$

eine Teilmenge von $\mathbb{R}$. Da es aber keine reelle Zahl x mit der Eigenschaft $x^2 + 1 = 0$ gibt, hat L keine Elemente. Das widerspricht unserer bisherigen Erklärung des Mengenbegriffs (Zusammenfassung von Objekten).

Jetzt sind wir in Schwierigkeiten geraten, denn wie sollen wir beurteilen, ob $\{x | x \in M \text{ und } F(x)\}$ eine Teilmenge von M ist, wenn nicht sofort zu sehen ist, ob F wenigstens für ein Element x aus M zutrifft?

Wir können diese Schwierigkeit dadurch umgehen, daß wir einfach f e s t s e t z e n, daß $\{x | x \in M \text{ und } F(x)\}$ stets eine Teilmenge von M sein soll.

Wir gehen hier einen Weg, der häufig in der Mathematik eingeschlagen wird: Man trifft zusätzliche Vereinbarungen, die den bisherigen Gesetzen nicht widersprechen.

Ähnliches kennen wir aus der Schule bei der Potenzrechnung: Für $a > 0$ und $m,n \in \mathbb{N}$ $(m > n)$ gilt $a^m : a^n = a^{m-n}$. Um zu erreichen, daß a^{m-n} für alle $m,n \in \mathbb{N}$ einen Sinn hat (also auch für $m \leq n$), definiert man a^z für beliebige $z \in \mathbb{Z}$ so, daß die Gültigkeit der Potenzgesetze erhalten bleibt: Man definiert $a^{-n} = \frac{1}{a^n}$ für $n \geq 1$ und $a^0 = 1$.

Wir setzen fest:

Außer den bisher betrachteten Mengen soll es auch (mindestens) eine geben, die keine Elemente enthält. Eine derartige

Menge nennen wir l e e r e Menge.

Für diesen neu abgegrenzten Bereich von Mengen müssen wir prüfen, ob alle Anforderungen erfüllt sind, die wir bisher an Mengen gestellt haben:

1. Für jedes Objekt x steht fest, daß es n i c h t zu einer leeren Menge gehört, also trifft genau eine der Bedingungen "x gehört zu einer leeren Menge", "x gehört nicht zu einer leeren Menge" zu.

2. Bei unseren Betrachtungen über nicht-leere Mengen haben wir festgestellt, daß zwei Mengen M und N genau dann gleich sind, wenn $x \in M \Leftrightarrow x \in N$ gilt.

Der so formulierte Gleichheitsbegriff soll jetzt auch für den vergrößerten Bereich von Mengen gelten. Wir verabreden:

> Zwei Mengen M und N (die auch leer sein können) sind genau dann gleich, wenn für jedes Objekt x gilt: $x \in M \Leftrightarrow x \in N$.

Nach wie vor sollen also Mengen genau dann als gleich betrachtet werden, wenn sie dieselben Elemente haben. Daraus folgt sofort:

> Es gibt nur eine leere Menge.

(Beispielsweise gilt:
$\{x | x \in \mathbb{R} \text{ und } x^2 + 1 = 0\} = \{x | x \in \mathbb{N} \text{ und } x < 0\}$.)

Wir können somit von d e r leeren Menge sprechen. Diese bezeichnen wir mit dem Symbol $\emptyset$.
Wenn wir verabreden, die Definition der Inklusion (Definition 1)

auch auf die leere Menge anzuwenden, erhalten wir:

Satz 2: Für jede Menge M gilt: $\emptyset \subset M$.

Beweis: Sei M eine beliebige Menge. Wir müssen zeigen:
Es gilt $x \in \emptyset \Rightarrow x \in M$ für alle x.
$x \in \emptyset$ ist aber eine falsche Aussage, also ist $x \in \emptyset \Rightarrow x \in M$ stets wahr. ★

Durchschnitt und Vereinigung

Fassen wir geometrische Figuren im Raum (Kurven, Flächen) als Punktmengen auf, stellt sich die Frage, wie sich entstehende Schnittgebilde (eine Gerade ist Schnitt zweier Ebenen) in der Mengensprache interpretieren lassen. Eine entsprechende Frage taucht bei der Untersuchung gemeinsamer Lösungen von zwei Gleichungen auf. Wie läßt sich die gemeinsame Lösung der Gleichungen $x^4 + 2x^3 - x^2 - 2x = 0$ und $x^3 - x^2 - 10x - 8 = 0$ mit Hilfe der Lösungen der einzelnen Gleichungen angeben? Sowohl bei dem geometrischen Beispiel als auch bei dem der Gleichungen ist jeweils diejenige Menge zu beschreiben, deren Elemente gleichzeitig in jeder vorgelegten Menge liegen.

Definition 2: M und N seien Mengen; dann heißt die Menge der Elemente, die in j e d e r der Mengen M und N liegen, der D u r c h s c h n i t t von M und N.

Schreibweise: $M \cap N = \{x \mid x \in M \text{ und } x \in N\}$
Sprechweise: "M geschnitten N"

Wir wollen uns den Durchschnitt von zwei Mengen an einigen Beispielen veranschaulichen: Dabei geben die schraffierten Flächen die Durchschnittsmengen an.

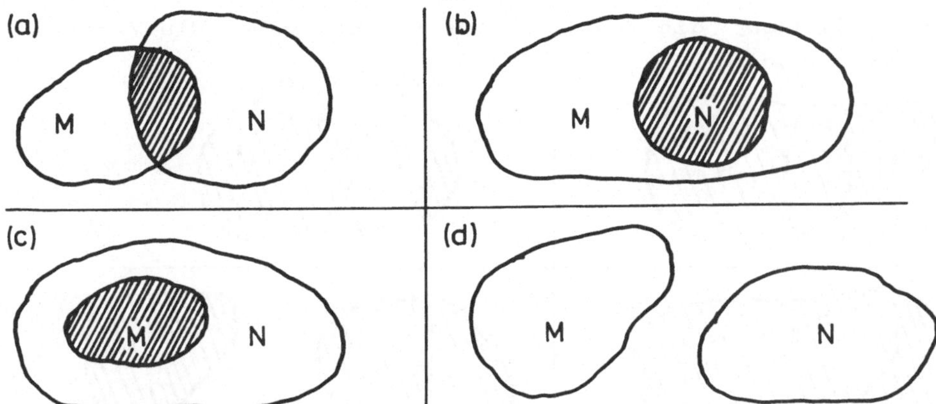

Im Fall (d) ist der Durchschnitt von M und N die leere Menge. Man sagt dann: M und N sind d i s j u n k t .
In (b) ist der Fall $N \subset M$ veranschaulicht und in (c) der Fall $M \subset N$.

Außer der Durchschnittsbildung, bei der zwei Mengen eine neue Menge zugeordnet wird (der Durchschnitt der beiden Mengen), gibt es eine weitere Mengenoperation, die durch ein außermathematisches Beispiel nahegelegt werden soll:
Der Verband deutscher Zeitungsverleger interessiert sich für die Menge aller Abonnenten von Tageszeitungen. Bekannt sind die Abonnenten der einzelnen Zeitungen. Ein Element der gesuchten Menge ist also jemand, der (wenigstens) eine Zeitung abonniert hat, also zur Menge der Abonnenten mindestens einer Zeitung gehört.

Definition 3: M und N seien Mengen; dann heißt die Menge der Elemente, die in m i n d e s t e n s e i n e r der beiden Mengen M bzw. N liegen, die V e r e i n i g u n g von M und N.

Schreibweise: $M \cup N = \{x | x \in M \text{ oder } x \in N\}$
Sprechweise: "M vereinigt N".

Veranschaulichung (die schraffierten Flächen geben die Vereinigungsmengen an):

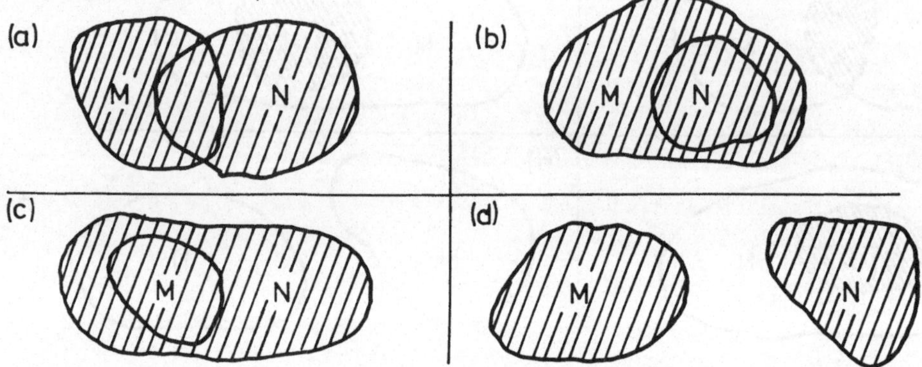

Auch die Vereinigung ist eine Mengenoperation, bei der zwei gegebenen Mengen eine neue Menge (die Vereinigung der beiden Mengen) zugeordnet wird.

Abschließende Bemerkungen

Der Mengenbegriff ist so allgemein, daß er vieles umfaßt, was in unsere ursprüngliche Vorstellung vielleicht nicht mit einbezogen war. Wir können beispielsweise eine Menge von Kreisen bilden. Ein Kreis ist aber selbst eine Menge von Punkten. Damit ist eine Menge von Kreisen eine Menge von Mengen, d.h. die Elemente der Menge sind Mengen. Dieser Umstand zwingt zur Sorgfalt. Betrachten wir einmal folgende Mengen:
$M = \{1, 2, 3, 4\}$ und $N = \{\{1, 2\}, \{3, 4\}\}$.
M und N sind verschieden, denn M hat 1, 2, 3, 4 als Elemente, N dagegen die Mengen $\{1, 2\}$ und $\{3, 4\}$.
$1 \in N$ ist daher eine falsche Aussage.

Übung 5: Welche der folgenden Beziehungen sind richtig, welche sind falsch?

a) $\{1, 2\} \subset N$
b) $\{1\} \subset M$
c) $\{3, 4\} \subset M$
d) $\{1, 4\} \in N$
e) $3 \in M$
f) $\{\{3, 4\}\} \subset N$
g) $\{1, 2, 3\} \in M$

Übung 6: Man gebe alle Teilmengen von $\{1\}$, $\{1, 2\}$ sowie $\{1, 2, 3\}$ an und formuliere eine Vermutung über die Anzahl der Teilmengen von $\{1, 2, \ldots, n\}$

Abschließend wollen wir noch einmal auf den Zusammenhang zwischen Mengen und Eigenschaften eingehen:
Wir hatten bisher Mengen durch sie beschreibende Eigenschaften angegeben. Auch durch Aufzählen angegebene Mengen lassen sich so beschreiben. Sei etwa $M = \{a,b,c\}$. Ist dann $E(x)$ durch "$x = a$" oder "$x = b$" oder "$x = c$" definiert, so gilt

$$M = \{x | E(x)\}.$$

Das Aufzählverfahren ist daher im Prinzip entbehrlich, wird jedoch häufig verwendet, weil es sehr suggestiv und teilweise übersichtlicher ist.

Allgemein gilt:
Ist M eine Menge, so kann man eine Eigenschaft E durch $E(x) \Leftrightarrow x \in M$ definieren. Umgekehrt läßt sich aus gewissen Eigenschaften E die Menge der Objekte bilden, auf die die Eigenschaft E zutrifft.
Gewisse Eigenschaften liefern also Mengen und umgekehrt!

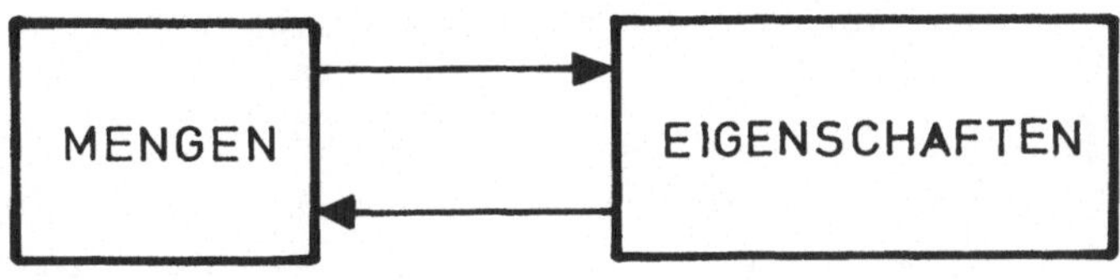

Eigenschaften, die Mengen liefern, nennt man auch A u s s a g e f o r m e n .

LÖSUNGEN

Übung 1:

$1 \notin P$ (definitionsgemäß ist 1 keine Primzahl)

$23 \in P$

$1763 \notin P$ ($1763 = 41 \cdot 43$)

Übung 2: Natürlich, wenn A mit Sicherheit falsch ist!

Übung 3:

A	B	nicht (A oder B)	nicht (A und B)	nicht (A ⇒ B)
W	W	F	F	F
W	F	F	W	W
F	W	F	W	F
F	F	W	W	F

A	B	(nicht A) und (nicht B)	(nicht A) oder (nicht B)	A und (nicht B)
W	W	F	F	F
W	F	F	W	W
F	W	F	W	F
F	F	W	W	F

A	nicht A	nicht (nicht A)
W	F	W
F	W	F

Die folgenden Aussagen sind unabhängig von den Wahrheitswerten der Aussagen A,B stets wahr:

nicht (A oder B) ⇔ (nicht A) und (nicht B)
nicht (A und B) ⇔ (nicht A) oder (nicht B)
nicht (A ⇒ B) ⇔ A und (nicht B)
nicht (nicht A) ⇔ A

Übung 4:

a) Es gibt ein x mit: $x \in \mathbb{N}$ und $x \nleq x^2$

b) Für alle x gilt: $x \notin \mathbb{N}$ oder $5 + x \neq 2$

Übung 5:

a) falsch, denn N kann als Teilmenge nur eine Menge von Mengen haben. Dagegen gilt $\{1, 2\} \in N$.

b) richtig

c) richtig

d) falsch, denn die Elemente von N sind $\{1, 2\}$ und $\{3, 4\}$.

e) richtig

f) richtig

g) falsch, denn M hat keine Mengen als Elemente. Aber es gilt $\{1, 2, 3\} \subset M$.

Übung 6:

$\emptyset$, $\{1\}$ (2 Teilmengen)

$\emptyset$, $\{1\}$, $\{2\}$, $\{1,2\}$ (4 Teilmengen)

$\emptyset$, $\{1\}$, $\{2\}$, $\{3\}$, $\{1,2\}$
$\{1,3\}$, $\{2,3\}$, $\{1,2,3\}$ (8 Teilmengen)

Vermutung:
$\{1,...,n\}$ hat 2^n Teilmengen

ÜBERBLICK

Mengenerklärung: Eine Menge ist eine genau abgegrenzte Gesamtheit von realen oder gedachten Objekten.
Dabei bedeutet "genau abgegrenzt": Für jedes vorstellbare Objekt x trifft genau eine der folgenden Möglichkeiten zu:
a) x gehört zur Gesamtheit
b) x gehört nicht zur Gesamtheit.

Elementbeziehung: $x \in M$, $x \notin M$

Aussagen: Aussagen sind sprachliche Gebilde, denen genau einer der Wahrheitswerte W bzw. F zugeordnet ist.

Aussageverknüpfungen: Aussagen A, B kann man zu Aussagen $A \Rightarrow B$, A oder B, A und B verknüpfen, die folgende Wahrheitswerte haben:

A	B	A ⇒ B	A oder B	A und B
W	W	W	W	W
W	F	F	W	F
F	W	W	W	F
F	F	W	F	F

Außerdem kann man zu jeder Aussage A ihre Negation "nicht A" bilden.

Mengengleichheit: Es ist $M = N$ genau dann, wenn für jedes Objekt x gilt:
1. $x \in M \Rightarrow x \in N$
2. $x \in N \Rightarrow x \in M$.

Mengendarstellung:

$\{a,b,c\} = \{c,b,a\} = \ldots$
$\{a,a\} = \{a\}$
$\{x \mid E(x)\}$

Teilmengen:

Sind M und N Mengen und gilt für jedes x: $x \in N \Rightarrow x \in M$, so heißt N eine T e i l m e n g e von M, und man schreibt $N \subset M$.

Es gilt $M = N$ genau dann, wenn $M \subset N$ und $N \subset M$.

Ist M eine Menge, so gilt $M \subset M$.

Leere Menge:

$$\emptyset = \{x \mid x \neq x\}$$
$$= \{x \mid x \in \mathbb{R} \text{ und } x^2 + 1 = 0\}$$
$$= \ldots$$

Für jede Menge M gilt: $\emptyset \subset M$.

Durchschnitt:

M und N seien Mengen, dann heißt die Menge der Elemente, die in jeder der beiden Mengen liegen, der D u r c h - s c h n i t t von M und N.
Schreibweise: $M \cap N$.

Vereinigung:

M und N seien Mengen, dann heißt die Menge der Elemente, die in mindestens einer der beiden Mengen liegen, die V e r e i n i g u n g von M und N.
Schreibweise: $M \cup N$

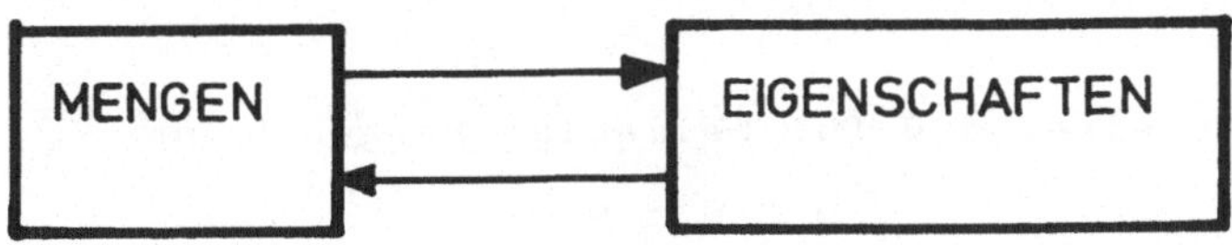

ÜBUNGSAUFGABEN

Aufgabe 1:

Man ordne den sprachlichen Gebilden
"entweder A oder B", "A nur dann, wenn B", "sowohl A, als auch B"
in Abhängigkeit von den Wahrheitswerten der Aussagen A,B Wahrheitswerte zu.

Aufgabe 2:

Man negiere die folgenden Aussagen:

a) Für alle $x,z \in \mathbb{N}$ gibt es ein $y \in \mathbb{N}$ mit $x + y = z$.

b) Es gibt ein $x \in \mathbb{N}$, so daß für alle $y \in \mathbb{N}$ gilt: $x + y = y$

Aufgabe 3:

Man untersuche, welche der folgenden Aussagen wahr und welche falsch sind:

a) $\{1,2\} \subset \{1,2,\{1,2\}\}$

b) $\{1,2\} \notin \{1,2,\{1,2\}\}$

c) $\emptyset \subset \{1,2,\{1,2\}\}$

d) $\{2\} \subset \{1,\{1,2\}\}$

e) $2 \notin \{1,\{1,2\}\}$

f) $\{1\} \subset \{1,\{1,2\}\}$

g) $1 \in \{1,\{1,2\}\}$

Aufgabe 4:

Man zeige, daß für beliebige Mengen M und N

$$M \cap N \subset M$$

gilt.

Hinweis:

Nach Definition 1 ist nachzuweisen, daß

$$x \in M \cap N \Rightarrow x \in M$$

für jedes x wahr ist. Es genügt allerdings solche x zu betrachten, für die $x \in M \cap N$ wahr ist (Begründung?). Aus $x \in M \cap N$ kann man dann $x \in M$ folgern.

Aufgabe 5:

Man betrachte die beiden Mengen

$N = \{x | E(x)\}$ mit $E(x)$: $x \in \mathbb{R}$ und $+\sqrt{7 - x} + x = 1$
$M = \{x | F(x)\}$ mit $F(x)$: $x \in \mathbb{R}$ und $x^2 - x - 6 = 0$

a) Man zeige, daß $N \subset M$ gilt, und weise dazu nach, daß

$$E(x) \Rightarrow F(x)$$

für jedes x wahr ist. (Es genügt allerdings, solche x zu betrachten, für die E(x) wahr ist. Aus E(x) kann man dann F(x) durch geeignete Umformung folgern).

b) Man gebe die Elemente von N und M in aufzählender Form an.

Aufgabe 6:

Man zeige, daß für beliebige Mengen M und N

$$M \subset N \Leftrightarrow M \cap N = M$$

gilt.

Hinweis:

Es ist eine Äquivalenz ($\Leftrightarrow$) nachzuweisen, also

1. $M \subset N \Rightarrow M \cap N = M$ und
2. $M \cap N = M \Rightarrow M \subset N$.

Zu 1. genügt es anzunehmen, daß $M \subset N$ wahr ist. Daraus muß man dann $M \cap N = M$, also

a. $x \in M \cap N \Rightarrow x \in M$ und
b. $x \in M \Rightarrow x \in M \cap N$

folgern. Für a. und 2. kann man Aufgabe 4 verwenden.

Aufgabe 7:

Man zeige, daß für beliebige Mengen M und N gilt:

a) $M \subset M \cup N$
b) $M \subset N \Leftrightarrow M \cup N = N$

Hinweis: Siehe Aufgabe 4 und 6 .

Relationen und Abbildungen

Um mathematisch interessante Aussagen über Mengen machen zu können, genügt es meistens nicht, sie nur als Zusammenfassung von Objekten zu betrachten. Man benötigt zusätzliche Informationen, etwa über B e z i e h u n g e n zwischen ihren Elementen. Hierzu einige Beispiele:

In der Zahlentheorie spielen Primteiler von natürlichen Zahlen eine Rolle, also solche Primzahlen p, die eine vorgegebene natürliche Zahl n teilen. Man interessiert sich für die "Teilbarkeitsbeziehung" zwischen Primzahlen und natürlichen Zahlen. Beispielsweise steht die Primzahl 2 zu der natürlichen Zahl 6 in dieser Beziehung, weil die Primzahl 2 die natürliche Zahl 6 "teilt". In der Geometrie interessiert man sich für die "Inzidenz" zwischen Punkten und Geraden. Ein Punkt P steht zu einer Geraden g in der "Inzidenzbeziehung", wenn P auf g liegt.

Physikalische Gesetze drücken Beziehungen zwischen physikalischen Größen aus, z.B. beim Ohmschen Gesetz das Verhältnis von Spannung und Stromstärke bei konstantem Widerstand.

Im täglichen Leben gibt es Beziehungen zwischen Menschen, z.B. "Verwandtschaft", "Ehe", etc., die unser intuitives Vorverständnis vom Beziehungsbegriff prägen. In diesem Kapitel geht es nun darum, einen mathematischen Beziehungsbegriff mit Hilfe der Mengensprache zu d e f i n i e r e n .

Das Gemeinsame an den eben genannten Beispielen ist, daß es stets um Beziehungen zwischen Elementen zweier Mengen geht.

Primzahlen - natürliche Zahlen
Punkte - Geraden
Spannungen - Stromstärken

Menschen - Menschen
Männer - Frauen

Immer trifft für Elemente m aus der ersten Menge und n aus der zweiten Menge genau eine der Aussagen

a) m steht in Beziehung zu n
b) m steht nicht in Beziehung zu n

zu. Wenn wir uns an der letztgenannten Beziehung "Ehe" orientieren, in der ja Ehe p a a r e eine Rolle spielen, so könnten wir den Beziehungsbegriff wie folgt präzisieren:

> Eine B e z i e h u n g zwischen Mengen M und N ist eine Eigenschaft, die auf bestimmte Paare (m,n) zutrifft und auf die restlichen Paare (m,n) mit $m \in M$ und $n \in N$ nicht zutrifft.

Erinnern wir uns an die abschließenden Betrachtungen über den Mengenbegriff. Wir hatten dort einen engen Zusammenhang zwischen Mengen und Eigenschaften festgestellt: Eigenschaften liefern Mengen,und umgekehrt liefern Mengen auch Eigenschaften.

Ein typisches Vorgehen der heutigen Mathematik ist es, anstelle von Eigenschaften die durch sie bestimmten Mengen zu betrachten. Entsprechend gehen wir bei Beziehungen vor:

Wir definieren eine Beziehung nicht als eine Eigenschaft, die bestimmten Paaren zukommt, sondern als eine M e n g e v o n P a a r e n.

Damit haben wir einen präzisen mathematischen Beziehungsbegriff geprägt. Mathematische Beziehungen, oder wie wir jetzt etwas "vornehmer" sagen werden, R e l a t i o n e n sind Mengen von Paaren.

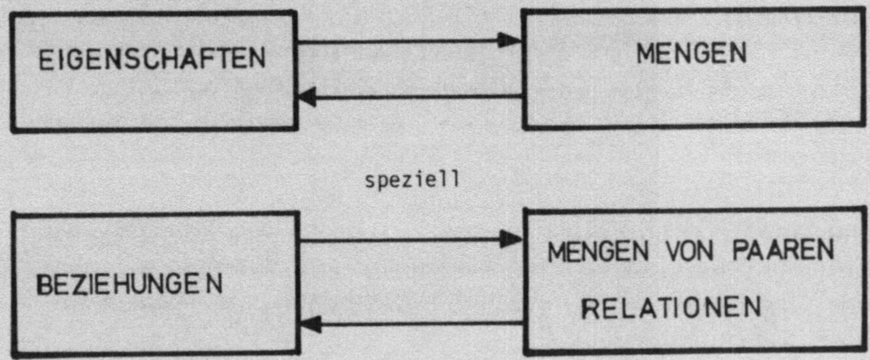

Eine bestimmte Sorte von Relationen ist für mathematische Betrachtungen besonders interessant. Mit ihrer Hilfe kann man Informationen oder Merkmale von Elementen einer Menge mit Hilfe von Elementen einer anderen Menge gewinnen oder deutlich machen. Auch dazu einige Beispiele:

Eine wesentliche Information über (begrenzte) Flächen oder Körper ist ihr Flächeninhalt oder Volumen. Jede (begrenzte) Fläche steht mit einer bestimmten reellen Zahl in Relation, ihrem Flächeninhalt; ebenso jeder Körper mit seinem Volumen.

Wenn man sich ein Bild von einer Population, z.B. von allen Bewohnern der BRD, verschaffen will, kann man ihre Altersstruktur, ihre Einkommensstruktur usw. untersuchen. Jeder Einwohner der BRD steht dann mit einer bestimmten Zahl, seinem Alter bzw. seinem Einkommen in Relation; ebenso könnte man mit Körpergröße, Haarfarbe, Gewicht und Geschlecht verfahren.

Bestimmte Informationen über Gegenstände im Raum kann man festhalten, indem man ein ebenes Bild davon herstellt. Dies kann durch Fotographie (z.B. zum Fixieren einer Unfallsituation), durch Parallelprojektion (Grundriß, Aufriß und Seitenriß eines Hauses) oder Zentralprojektion geschehen. Dabei steht jeder Punkt der jeweils betrachteten räumlichen Gegenstände mit einem bestimmten Bildpunkt in Relation.

Charakteristisch für diese Beispiele ist, daß j e d e s Element der ersten Menge mit g e n a u e i n e m Element der zweiten Menge in Relation steht. Man könnte auch sagen: Jedem Element der ersten Menge wird ein Element der zweiten Menge z u g e o r d n e t , nämlich dasjenige, mit dem es in Relation steht:

Jeder (begrenzten) Fläche wird ihr Flächeninhalt zugeordnet, jedem (begrenzten) Körper sein Volumen, jedem Einwohner der BRD sein Alter bzw. sein Einkommen usw., jedem Punkt des Raumes sein Bildpunkt unter einer Parallelprojektion bzw. Zentralprojektion.

Solche Relationen nennt man deshalb Z u o r d n u n g s v o r s c h r i f t e n oder A b b i l d u n g e n . Um die in Zuordnungsprozessen enthaltene "Richtung" - man "startet" in einer Menge und "landet" in einer anderen Menge - zum Ausdruck zu bringen, spricht man von Abbildungen v o n einer Menge M n a c h einer Menge N. Sie werden in der Regel mit kleinen Buchstaben f,g,h, ... bezeichnet. Fassen wir zusammen:

> Eine Abbildung f von einer Menge M nach einer Menge N ist eine Relation für die gilt:
>
> Zu jedem $x \in M$ gibt es genau ein $y \in N$ mit $(x,y) \in f$.
>
> Das zu einem $x \in M$ eindeutig existierende $y \in N$ mit $(x,y) \in f$ wird mit $f(x)$ b e z e i c h n e t .

Nicht jede Relation hat diese Eigenschaft. Die aus der Schule bekannten reellen Funktionen sind aber Abbildungen in dem eben präzisierten Sinn, und zwar Abbildungen von einer Menge M nach $\mathbb{R}$. Meistens ist auch noch $M = \mathbb{R}$, wie etwa bei der Normalparabel. Hier wird jedem $x \in \mathbb{R}$ das Element $x^2 \in \mathbb{R}$ zugeordnet. Als Abbildung von $\mathbb{R}$ nach $\mathbb{R}$ betrachtet, besteht die Normalparabel aus der folgenden Menge von Paaren:

$$f = \{(x,x^2) \mid x \in \mathbb{R}\} .$$

Diese Menge kann man sich in der "kartesischen Ebene" veranschaulichen:

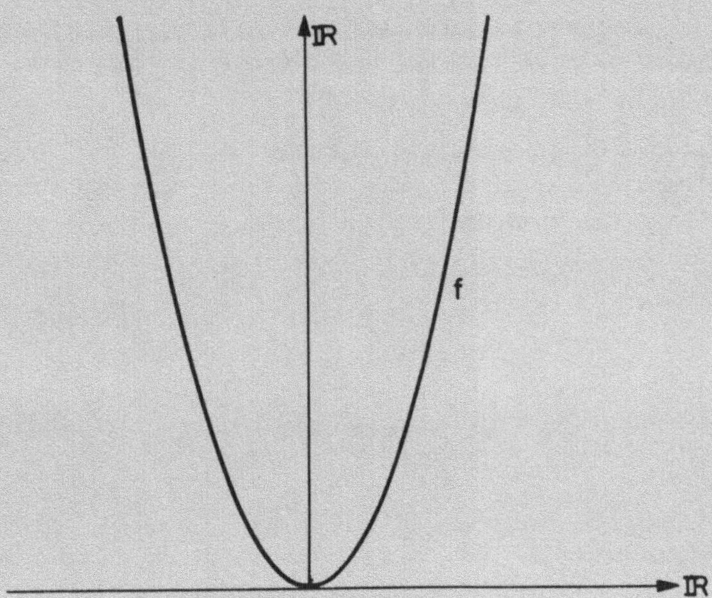

Mit Hilfe der Mengensprache ist es gelungen, dem Zeichen f(x) eine präzise Bedeutung zu geben. Wenn f eine Abbildung von M nach N ist, dann ist f(x) das zu $x \in M$ unter f in Relation stehende Element von N. Ohne die Mengensprache kann man dabei in sehr große Schwierigkeiten geraten, wie der folgende historische Text belegt:

"Und das ist der Sinn der Formel der Funktion. y bleibt nicht y ; sondern es wird in f(x) verwandelt. So wird der Anspruch der Verschiedenheit herabgedrückt. y ist nicht schlechthin y, als welches es von x schlechterdings verschieden bliebe, so daß der Eingriff von x auf y nur als ein Obergriff erscheinen müßte; als die geheimnisvolle Macht von außen. Nein, y läßt sich als f(x) denken. So entsagt es für den Zweck der Rechnungsoperation dem Anspruch der Verschiedenheit und unterwirft sich der Gleichartigkeit mit x. Diese Unterwerfung ist ein viel genauerer Ausdruck der Abhängigkeit als die widerlegte Vorstellung derselben; denn diese Unterwerfung ist der Ausfluß der eigenen und eigensten Souveränität des reinen Denkens, die ebenso rein in y wie in x sich betätigen muß. So bewahrt y in dieser reinen Unterwerfung unter x, die in f(x) liegt, die Souveränität des reinen Denkens, der eine fremde Macht in x widerstreiten würde; und es vertritt zugleich den wohlverstandenen Anspruch der Verschiedenheit. Denn ist es nicht auch eine Verschiedenheit, die in $f(x)$ gegen x auftritt?"

Die verwirrenden und unpräzisen Vorstellungen vom Funktionsbegriff in vergangenen Jahrhunderten schlagen sich auch heute noch in Begriffen wie "unabhängige Variable" und "abhängige Variable" nieder.

Relationen und Abbildungen

Erstes Ziel dieses Abschnitts ist es, den umgangssprachlichen Begriff der Beziehung in die Mengensprache zu übersetzen, um auf diese Weise einen mathematischen Beziehungsbegriff zu erhalten.

Sehen wir uns zunächst ein Beispiel zur "Teilbarkeitsbeziehung" etwas genauer an:

Sei $M = \{2,3,4\}$ und $N = \{1,2,4,6,7\}$.
$2 \in M$ und $4 \in N$ haben die Eigenschaft, daß 2 4 teilt (2 und 4 stehen bezüglich der Teilbarkeit zueinander in Beziehung).

Auf $3 \in M$ und $7 \in N$ trifft diese Eigenschaft nicht zu (3 und 7 stehen bezüglich der Teilbarkeit nicht zueinander in Beziehung).

Allgemein trifft für je zwei Elemente $m \in M$ und $n \in N$ genau eine der Aussagen "m teilt n" bzw. "m teilt nicht n" zu.
Für "m teilt n" schreibt man: $m|n$. Bei unserem Beispiel gilt:

$$2|2,\ 2|4,\ 2|6,\ 3|6,\ 4|4\ .$$

Die Teilbarkeitsbeziehung zwischen M und N ist also eine Eigenschaft, die genau auf die Paare

$$(2,2),\ (2,4),\ (2,6),\ (3,6),\ (4,4)$$

zutrifft. Dabei ist zu beachten, daß in jedem Paar das erste Element stets zu M und das zweite zu N gehört.

Das Kartesische Produkt

Unser Ziel war, den Beziehungsbegriff in die Mengensprache zu übersetzen. Dabei sind wir auf neue Objekte gestoßen: auf Paare von Elementen. Bei diesen Paaren spielte die Reihenfolge der Elemente eine wesentliche Rolle. 2 teilt 4, aber 4 teilt nicht 2, also trifft die Eigenschaft "teilt" auf das Paar (2,4) nicht aber auf das Paar (4,2) zu. (Man beachte, daß für das Paar (2,4) $2 \in M$ und $4 \in N$ und für das Paar (4,2) $4 \in M$ und $2 \in N$ gilt.)

Wir müssen daher die Paare (2,4) und (4,2) voneinander unterscheiden. Da es auf die Reihenfolge der Elemente in einem Paar ankommt (es ist $(2,4) \neq (4,2)$), nennt man es auch geordnetes Paar.

> In einem **geordneten Paar** (m,n) mit $m \in M$ und $n \in N$ heißt m die **erste Komponente** und n die **zweite Komponente**.
>
> Paare (m,n) und (m',n') mit $m,m' \in M$ und $n,n' \in N$ sind genau dann **gleich**, wenn $m = m'$ und $n = n'$ gilt.

Bemerkung: Das geordnete Paar (m,n) darf nicht mit der Menge $\{m,n\}$ verwechselt werden, da stets $\{m,n\} = \{n,m\}$ gilt!

Im Vortext hatten wir schon festgelegt:

> Eine Relation zwischen Mengen M und N ist eine Menge R von Paaren (m,n) mit $m \in M$ und $n \in N$.

Für $M = \{2,3,4\}$ und $N = \{1,2,4,6,7\}$ muß also j e d e Relation R zwischen M und N eine Menge von Paaren (m,n) sein mit $m \in \{2,3,4\}$ und $n \in \{1,2,4,6,7\}$. R ist damit eine Teilmenge von

$$\left\{\begin{matrix} (2,1), & (2,2), & (2,4), & (2,6), & (2,7), \\ (3,1), & (3,2), & (3,4), & (3,6), & (3,7), \\ (4,1), & (4,2), & (4,4), & (4,6), & (4,7) \end{matrix}\right\}$$

Umgekehrt ist nach unserer Festlegung auch jede Teilmenge T dieser Menge eine Relation zwischen M und N, weil für jedes Paar $(m,n) \in T$ $m \in \{2,3,4\}$ und $n \in \{1,2,4,6,7\}$ gilt.

Die Menge $\{(2,1),\ldots,(4,7)\}$ aller Paare (m,n) mit $m \in M$ und $n \in N$ nennt man das kartesische Produkt von M und N. Allgemein definiert man:

Definition 1: Sind M und N Mengen, so heißt die Menge aller geordneten Paare (m,n) mit $m \in M$ und $n \in N$ das k a r t e s i s c h e P r o d u k t von M und N. Es wird mit $M \times N$ bezeichnet:

$$M \times N = \{p \mid p = (m,n) \text{ mit } m \in M \text{ und } n \in N\}$$

In suggestiver Schreibweise können wir das kartesische Produkt von M und N auch folgendermaßen angeben:

$$M \times N = \{(m,n) \mid m \in M \text{ und } n \in N\} .$$

Für das kartesische Produkt einer Menge mit sich selbst schreibt man auch:

$$M \times M = M^2 = \{(m,n) \mid m,n \in M\} .$$

Beispiele und Veranschaulichungen

Zeichnet man in einer Ebene zwei senkrecht zueinander stehende Geraden als Koordinatenachsen aus, so läßt sich die Menge $\mathbb{R} \times \mathbb{R} = \mathbb{R}^2$ aller geordneten Paare von reellen Zahlen mit der Menge der Punkte einer Ebene identifizieren. (René Descartes (1596 - 1650) hat als erster diesen Zusammenhang erkannt. Daher auch der Name "kartesisches Produkt".)

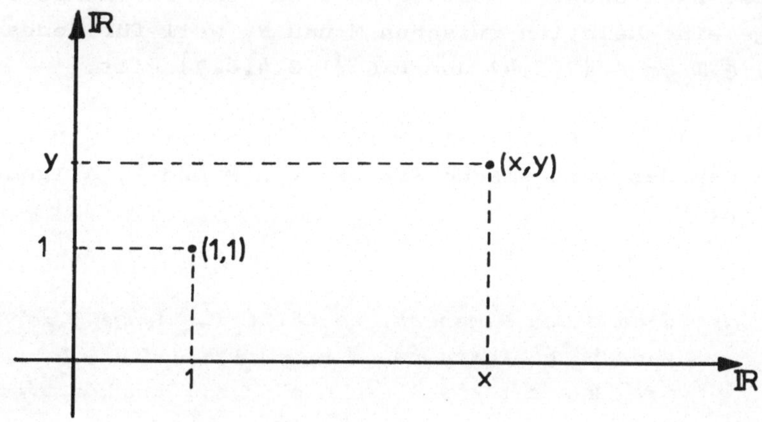

Bei dieser Darstellung verabreden wir, wie allgemein üblich, daß die "erste Menge" durch die waagerechte Achse und die "zweite Menge" durch die senkrechte Achse dargestellt werden soll.

Dieses Beispiel deutet eine Möglichkeit an, den Begriff "Punkt" auf den Zahlbegriff zurückzuführen. Vom Standpunkt der "analytischen Geometrie" ist ein Punkt in der Ebene ein geordnetes Paar reeller Zahlen. Außerdem wird hier noch einmal die Bedeutung der Reihenfolge der beiden Elemente eines geordneten Paars deutlich. Der "Punkt" (x,y) ist, sofern $x \neq y$, verschieden vom "Punkt" (y,x):

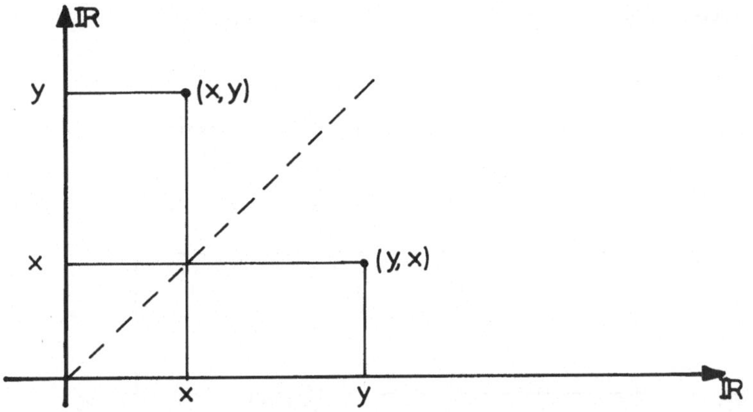

Die Komponenten eines "Punktes" $(x,y) \in \mathbb{R}^2$ nennt man auch K o o r d i n a t e n .

Zur Veranschaulichung von $\mathbb{N} \times \mathbb{N}$ können wir ebenfalls die kartesische Ebene benutzen:

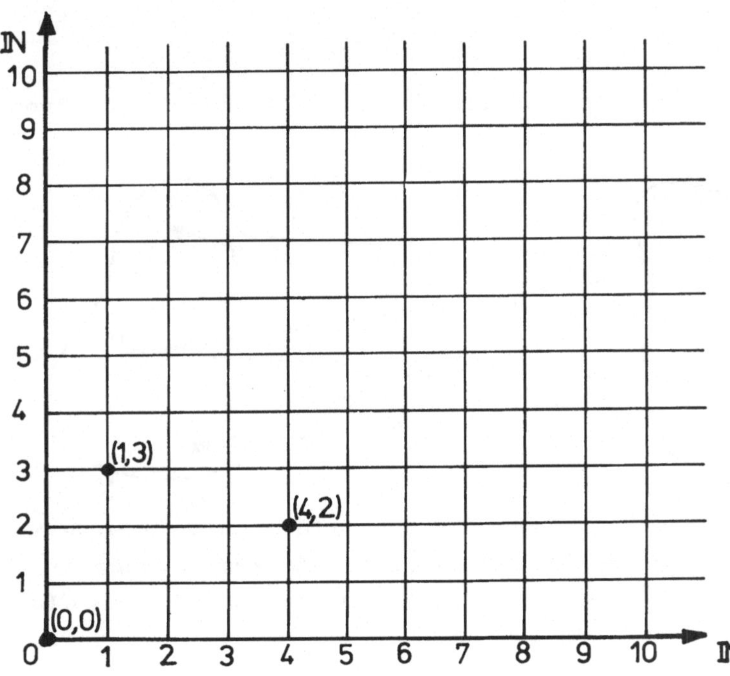

$\mathbb{N} \times \mathbb{N}$ ist hier die Menge aller Gitterpunkte.

Auch für das kartesische Produkt beliebiger Mengen M und N verwendet man eine analoge Veranschaulichung:

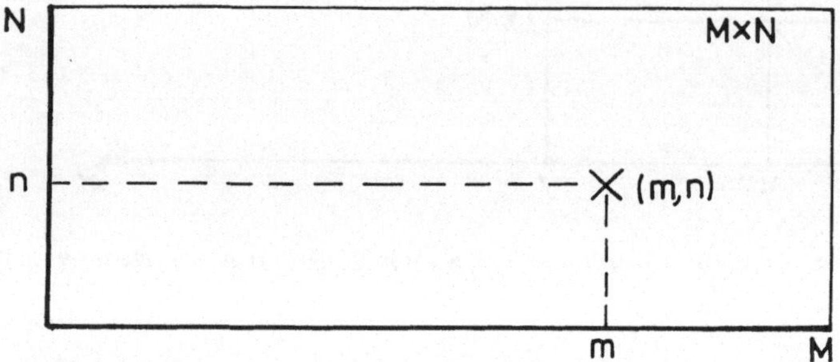

Die Mengen M und N sind durch Strecken dargestellt. Die entstandenen Punkte der Rechteckfläche repräsentieren die Elemente von $M \times N$.

Hier noch eine weitere Möglichkeit, ein kartesisches Produkt zu veranschaulichen:

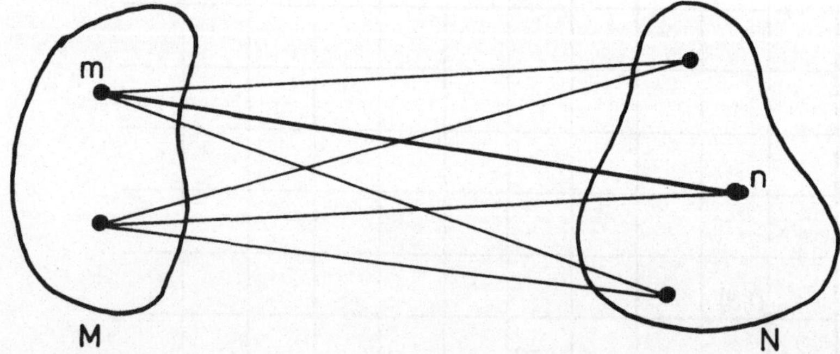

Wir stellen immer die "erste Menge" links, die "zweite Menge" rechts und ein geordnetes Paar (m,n) als Verbindungsstrich zwischen m und n dar. $M \times N$ interpretieren wir dann als die Menge aller derartigen Striche.

Relationen

Mit Hilfe des Begriffs "kartesisches Produkt" können wir Relationen wie folgt definieren:

Definition 2: Sind M und N Mengen, so heißt eine Teilmenge R von $M \times N$ $(R \subset M \times N)$ eine R e l a t i o n z w i s c h e n M u n d N .

Anstelle von $(m,n) \in R$ schreibt man auch mRn und sagt: m steht unter R in Relation mit n.

Ist $M = N$ und $R \subset M \times M$ so heißt R eine R e l a t i o n a u f M .

Mit Hilfe der Veranschaulichungsmöglichkeiten für kartesische Produkte kann man Relationen wie folgt darstellen:

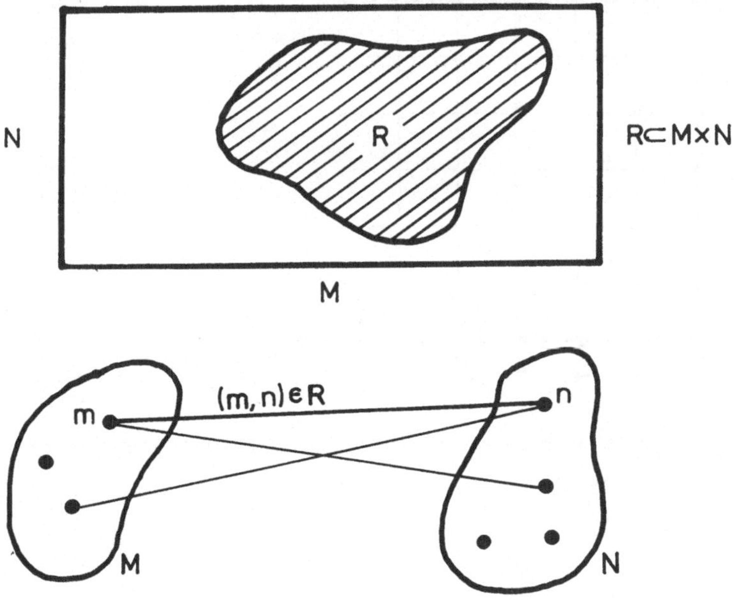

Hier werden nicht alle möglichen Verbindungsstriche von Elementen aus M zu Elementen aus N gezogen, sondern nur diejenigen, die ein Element aus R repräsentieren.

Übung 1: Man gebe die durch "$x < y$" definierte Relation auf $M = \{0,1,2,3\}$ in aufzählender Schreibweise an.

Beispiele:

1. Die Teilbarkeit als Relation T auf $\mathbb{N}$:
   $n \in \mathbb{N}$ steht zu $m \in \mathbb{N}$ genau dann bezüglich T in Relation, wenn n m teilt. Es gilt also: $(2,6) \in T$ oder $2\ T\ 6$. T ist eine Teilmenge von $\mathbb{N} \times \mathbb{N}$:

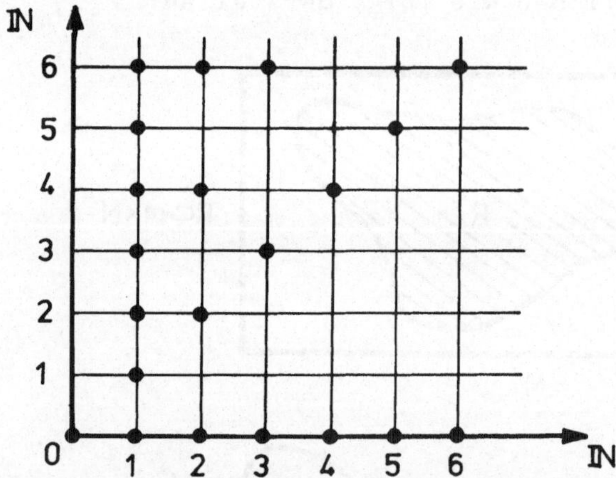

(0,0) ist Element von T, denn die Teilbarkeit ist durch "$m\ T\ n \Leftrightarrow$ es gibt ein $x \in \mathbb{N}$ mit $m \cdot x = n$" definiert.

2. Die Gleichheitsrelation Δ_M auf M. $m \in M$ steht genau dann zu $n \in M$ bezüglich Δ_M in Relation, wenn m "gleich" n gilt.
$\Delta_M = \{(x,y)|x,y \in M$ und $x = y\} = \{(x,x)|x \in M\}$.

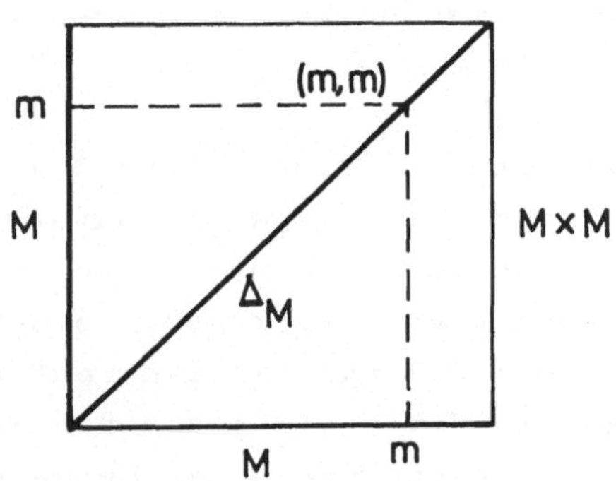

3. Durch

$$m \leq n \Leftrightarrow \text{Es gibt } k \in \mathbb{N} \text{ mit } m + k = n$$

wird eine Ordnungsrelation "$\leq$" auf $\mathbb{N}$ definiert.

4. Die Relation "konzentrisch" auf der Menge aller Kreise einer Ebene:
Zwei Kreise K_1 und K_2 stehen genau dann in Beziehung, wenn sie konzentrisch zueinander liegen (d.h. wenn sie denselben Mittelpunkt haben).

5. Zu jeder Relation $R \subset M \times N$ erhält man durch "Betrachtung von der anderen Seite" - durch Umkehren der Reihenfolge von M und N - eine Relation S zwischen N und M, die durch

$$n\,S\,m \Leftrightarrow m\,R\,n$$

definiert ist. Beispielsweise erhält man durch "Umkehren" der Relation "$\leq$" auf $\mathbb{N}$ die Relation "$\geq$".

Der Abbildungsbegriff

Relationen haben - jedenfalls soweit wir sie bisher studiert haben - vorwiegend beschreibenden Charakter: Sie erlauben, das "In-Beziehung-Setzen" von Elementen zweier Mengen wieder als Menge anzusehen.

In diesem Abschnitt wollen wir den Relationen mehr Qualität abgewinnen. Grob gesprochen werden wir folgendes untersuchen: Lassen irgendwelche Eigenschaften von Elementen einer Menge sich auf Elemente einer anderen Menge übertragen, so daß sie dort deutlicher hervortreten? Diese Frage zielt darauf ab, Informationen über eine Menge mit Hilfe einer anderen Menge zu gewinnen. So etwa, als wollten wir uns von einer Menge ein Bild in einer anderen Menge machen, ein Bild, das verdeckte Informationen deutlich sichtbar macht. Unser Ziel ist, methodische Hilfsmittel zu finden, die Eigenschaften einer Menge in einer anderen Menge gewissermaßen aufdecken, so daß diese Eigenschaften sich dort präziser beschreiben und untersuchen lassen.

Diese Problemstellungen seien aber zunächst durch weitere Beispiele deutlich gemacht.

1. Betrachten wir die Menge
   $\{K_r | K_r$ ist Kreis um M mit dem Radius r und $0 \leq r \leq 10\}$
   Ein Merkmal eines solchen Kreises ist der jeweils zugehörige Flächeninhalt F_r. Die Menge dieser Kreise K_r läßt sich bezüglich der Flächeninhalte durch Zahlenangaben beschreiben, indem wir jedem Kreis K_r seinen Inhalt F_r zuordnen; die zugrunde liegende Zuordnungsvorschrift notieren wir in suggestiver Schreibweise: $K_r \mapsto F_r = \pi r^2$.

2. In analoger Weise läßt sich eine bestimmte Menge von Menschen durch Zuordnung eines ausgesuchten Merkmals - etwa Körpergröße, Haarfarbe, Gewicht, Geschlecht - beschreiben.

3. Ein Beispiel aus der Physik sei noch hinzugefügt:
Liegen zwei Massen m_1 und m_2 vor, dann gibt das Gravitationsgesetz Auskunft darüber, wie sich die Gravitationskraft K zum Abstand a beider Massen verhält. Man sagt, K ist eine Funktion vom Abstand a. Das heißt, wir können jedem Abstand a eine entsprechende Gravitationskraft K_a zuordnen, wobei - wieder mit Pfeil geschrieben - die Zuordnungsvorschrift $a \mapsto K_a = \gamma \cdot \frac{m_1 \cdot m_2}{a^2}$ mit einer Konstanten γ zugrunde liegt.

4. Ein einfaches Beispiel der Schulmathematik ist das Bilden der Quadrate von Zahlen: einer reellen Zahl x ordnen wir ihr Quadrat x^2 zu, in Pfeilschreibweise $x \mapsto x^2$. Auch diese Zuordnung trägt den Namen Funktion. Weitere Beispiele von Funktionen, die in der Schule untersucht werden, sind etwa Sinusfunktion, Cosinusfunktion, Gerade, Logarithmusfunktion, Exponentialfunktion.

Unsere Aufgabe wird nun darin bestehen, die gemeinsamen Eigenschaften dieser - ihrer Natur nach ganz unterschiedlichen - Zuordnungsprozesse zu charakterisieren. Die erste Frage, die man stellen muß, ist doch zunächst, welche Gegenstände liegen vor? Was wir zur Verfügung haben, sind jeweils zwei Mengen. Es wird also darum gehen, die Elemente der Mengen jeweils in Beziehung zueinander zu setzen.

Dabei hilft der Begriff der Relation. Sehen wir uns noch einmal die Beispiele 1 und 4 an:

1': Betrachten wir wieder die Menge S aller Kreise mit Mittelpunkt M, Radien r und $0 \leq r \leq 10$,
dann ist etwa das Paar (K_5, F_5) ein Element der Relation $R = \{(K_r, F_r) \mid 0 \leq r \leq 10\}$, wobei R eine Teilmenge von $S \times \mathbb{R}$ ist.

4': Das Bilden der Quadrate reeller Zahlen liefert die Relation $f = \{(x,x^2) | x \in \mathbb{R}\}$, wobei f eine Teilmenge von $\mathbb{R} \times \mathbb{R}$ ist.

Betrachten wir nun noch einmal eine Relation auf $\mathbb{N}$, die in einem jetzt zu untersuchenden Gegensatz zu den obigen Beispielen steht: Die Umkehrung $U = \{(x,y) | x,y \in \mathbb{N}$ und y teilt $x\}$ der im Abschnitt "Relationen" definierten Teilbarkeitsrelation T auf $\mathbb{N}$.

Während man nämlich bei Beispiel 1 von d e m Flächeninhalt (bestimmter Artikel) eines Kreises, bei Beispiel 4 von d e m Quadrat einer reellen Zahl sprechen kann, hat es andererseits keinen Sinn, etwa von d e m Teiler von 8 zu sprechen. Anders gesagt: Zu einem Kreis K_r läßt sich n u r e i n Paar bilden, das in R liegt, nämlich gerade (K_r, F_r). In Beispiel 4 läßt sich zu einer reellen Zahl x nur ein Paar bilden, das in f liegt, nämlich (x,x^2). Anders verhält es sich bei der Relation U: Beispielsweise lassen sich zu 8 mehrere in U liegende Paare, etwa (8,2) und (8,4), finden.

Dieser Gesichtspunkt steht auch durchaus im Einklang mit dem anfangs erhobenen Anspruch, Informationen über eine Menge zu erhalten. So wäre etwa eine Information über Kreisflächen einigermaßen nutzlos, wenn mehrere Flächeninhalte zur Auswahl stünden.

Ein zweiter Gesichtspunkt, auf den es uns in diesem Zusammenhang ankommt, liegt darin, daß wir auch zu j e d e m der im ersten Beispiel genannten Kreise einen Flächeninhalt angeben können. Der Informationswert dieser Eigenschaft wird besonders am zweiten Beispiel deutlich, wo eine lückenhafte Statistik auch nur ein lückenhaftes Bild der untersuchten Menge von Menschen böte. Auch die in den weiteren Beispielen genannten Relationen haben die Eigenschaft, daß zu j e d e m Element der betrachteten Menge auch mindestens ein entsprechendes Paar gebildet werden kann.

Beide Gesichtspunkte zusammen liefern - qualitativ gesehen - das, was wir in den Beispielen mit dem Wort "zuordnen" und der Pfeilschreibweise gemeint haben. Mehr technisch gesehen wird dadurch ein gegenüber beliebigen Relationen ausgezeichneter Typ von Relationen geliefert.

Definition 3: Eine Relation f zwischen Mengen M und N heißt A b b i l d u n g v o n M n a c h N, wenn gilt:

ABB: Zu jedem $x \in M$ gibt es genau ein $y \in N$ mit xfy.

Zu dieser Definition ist noch folgendes zu bemerken:

1. Die Bedingung ABB garantiert einerseits, daß j e d e s Element aus M mit m i n d e s t e n s e i n e m Element aus N in Relation steht.
2. Andererseits sichert sie, daß jedes $x \in M$ mit h ö c h s t e n s e i n e m Element aus N in Relation steht. Das bedeutet: aus xfy und xfz muß stets $y = z$ folgen.

Übung 2: Man überzeuge sich, daß die Relation U die 1. der eben genannten Eigenschaften hat.

Relationen haben wir durch einfache Zeichnungen dargestellt. Das gleiche läßt sich insbesondere auch mit Abbildungen tun. Kann man an der graphischen Darstellung einer Relation erkennen, ob sie eine Abbildung ist?

Die Veranschaulichungen von Relationen auf Seite 2|13 geben

keine Abbildungen wieder, da die Bedingung ABB offensichtlich nicht erfüllt ist. In den folgenden zwei Beispielen ist dies jedoch der Fall:

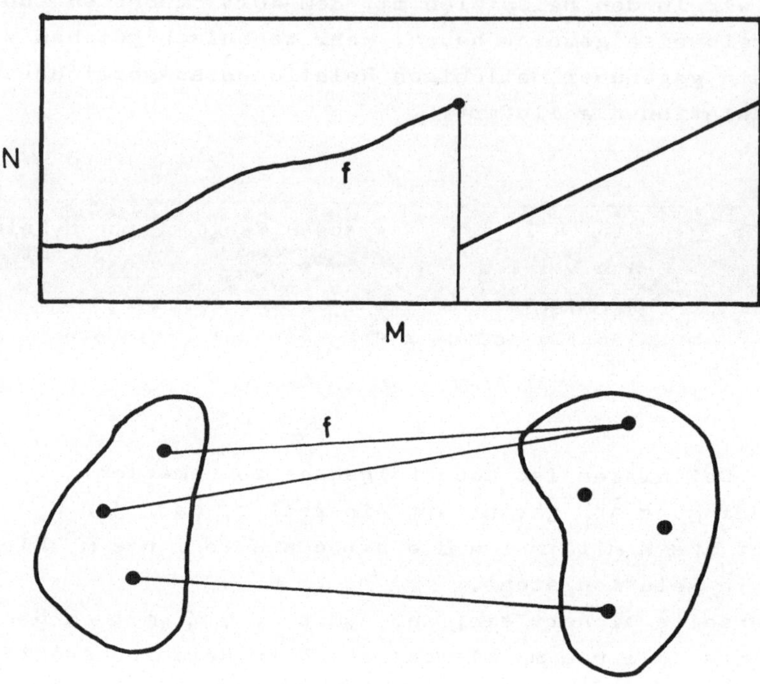

Bevor wir auf weitere Beispiele von Abbildungen eingehen, werden noch einige Benennungen und Bezeichnungen im Zusammenhang mit Abbildungen eingeführt, die deutlich machen, wie sich Abbildungen von beliebigen Relationen unterscheiden.

Liegt eine Abbildung f von einer Menge M nach einer Menge N vor, stehen ferner Elemente $x \in M$ und $y \in N$ unter f in Relation (es gelte also xfy), dann nennt man y B i l d von x unter der Abbildung f. Die Bedingung ABB garantiert, daß es zu jedem x aus M genau ein Bild y aus N gibt, so daß man von d e m Bild sprechen kann. Damit läßt es sich eindeutig bezeichnen; wir wählen dafür das Zeichen $f(x)$.

Darüber hinaus macht man häufig von der in den Beispielen angegebenen Pfeilschreibweise Gebrauch. Man schreibt anstelle von $y = f(x)$ auch $x \mapsto f(x)$ und liest das als "x wird auf f(x) abgebildet", um dadurch den hinter einer Abbildung stehenden Zuordnungsprozeß deutlich werden zu lassen.

Diese richtungsanzeigende Schreibweise wird auch für die Abbildung selbst verwendet: Für eine Abbildung f von M nach N wird im Gegensatz zu der für allgemeine Relationen üblichen Bezeichnung in Zukunft $f: M \to N$ oder $M \xrightarrow{f} N$ stehen. Man nennt die Menge M die D e f i n i t i o n s m e n g e , N die W e r t e m e n g e von f. Bei der Pfeilschreibweise ist darauf zu achten, daß zwischen Elementen ein Pfeil mit Querstrich ($\mapsto$), zwischen Mengen aber ohne Querstrich ($\to$) geschrieben wird.

Verwenden wir zunächst diese neuen Namen und Zeichen bei Beispiel 4, dem Bilden von Quadraten reeller Zahlen: Die Definitionsmenge ist $\mathbb{R}$, denn wir bilden Quadrate von reellen Zahlen. Die Wertemenge muß so gewählt werden, daß alle Quadrate reeller Zahlen Elemente in ihr sind. Eine solche Menge ist sicher $\mathbb{R}$ selbst, die wir hier als Wertemenge nehmen wollen.

Neben diesen beiden Mengen ist auch die Art und Weise des Zuordnens - man spricht von der Z u o r d n u n g s v o r s c h r i f t - anzugeben. In diesem Fall, wie auch in den meisten anderen, geschieht das elementweise durch die Vorschrift $f(x) = x^2$ oder auch $x \mapsto x^2$ für alle $x \in \mathbb{R}$, also durch elementweise Angabe der jeweiligen Bilder zu Elementen der Definitionsmenge.

Das Bilden von Quadraten reeller Zahlen ist also eine Abbildung $f: \mathbb{R} \to \mathbb{R}$, definiert durch $f(x) = x^2$ für alle $x \in \mathbb{R}$.

Fassen wir die mit Abbildungen verbundenen Namen und Zeichen nun zusammen in

Definition 2: Eine Abbildung f von einer Menge M nach einer Menge N wird durch $f: M \to N$ bezeichnet. Dabei heißt M **Definitionsmenge** und N **Wertemenge** der Abbildung f. Für Elemente $x \in M$ und $y \in N$ mit xfy wird y das **Bild** von x unter f genannt und mit f(x) bezeichnet.

Zu einer Abbildung von M nach N gehört also dreierlei: Eine Definitionsmenge M, eine Wertemenge N und eine Zuordnungsvorschrift, also eine Teilmenge von $M \times N$, die der Bedingung ABB genügt.

Weitere Beispiele für Abbildungen:

a) Die Vorschrift, die jeder reellen Zahl x die Zahl x + b, wobei b eine festgewählte reelle Zahl sei, zuordnet, definiert eine Abbildung
$f: \mathbb{R} \to \mathbb{R}$ durch $f(x) = x + b$ für alle $x \in \mathbb{R}$.

b) Beschränkt man das Radizieren auf natürliche Zahlen, so liefert das eine Abbildung $f: \mathbb{N} \to \mathbb{R}$, $f(x) = +\sqrt[2]{x}$ für alle $x \in \mathbb{N}$.
Die Wertemenge muß von der Definitionsmenge $\mathbb{N}$ verschieden sein, da nicht alle Wurzeln natürlicher Zahlen wieder natürliche Zahlen sind.

c) Zwei weitere Beispiele für Abbildungen sind Addition und Multiplikation reeller Zahlen. Dabei ist allerdings bei der Wahl der Definitionsmenge Vorsicht geboten. Betrachten wir zunächst diese Operationen als Zuordnungen, dann läßt sich sofort erkennen: Je zwei Zahlen wird ihre Summe oder ihr

Produkt zugeordnet. Präzise gesprochen bedeutet das, daß jedem Paar (x,y) reeller Zahlen eine Zahl $x + y$ oder $x \cdot y$ zugeordnet wird. Somit haben wir als Elemente der Definitionsmenge alle Paare reeller Zahlen zu wählen, also alle Elemente von $\mathbb{R} \times \mathbb{R}$. Folglich sind Addition und Multiplikation reeller Zahlen Abbildungen

$$+: \mathbb{R} \times \mathbb{R} \to \mathbb{R}, \quad (x,y) \mapsto x + y$$
$$\cdot: \mathbb{R} \times \mathbb{R} \to \mathbb{R}, \quad (x,y) \mapsto x \cdot y$$

d) Jeder reellen Zahl kann man ihr Vorzeichen zuordnen. Auch dieser Prozeß läßt sich als Abbildung interpretieren, wenn wir $v: \mathbb{R} \to \mathbb{R}$ wie folgt definieren:

$$v(x) = \begin{cases} 1 & \text{für} \quad x > 0 \\ 0 & \text{für} \quad x = 0 \\ -1 & \text{für} \quad x < 0 \end{cases}$$

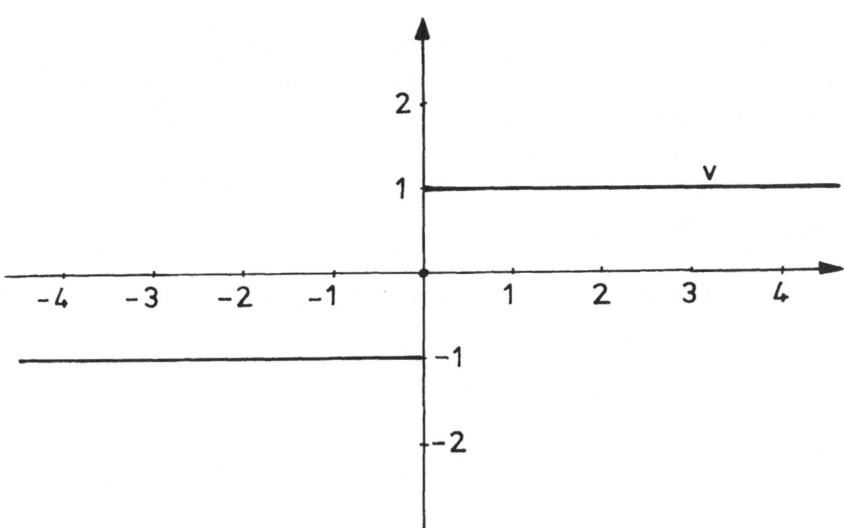

e) Zum Abschluß noch ein recht willkürlich anmutendes Beispiel, das aber auch im Einklang mit dem oben definierten Abbildungsbegriff steht. Die Abbildung $f: \mathbb{R} \to \mathbb{R}$ werde definiert durch

$$f(x) = \begin{cases} 1 & \text{für rationales } x \\ 0 & \text{für irrationales } x\,. \end{cases}$$

Diese Abbildung können wir nicht veranschaulichen.

Übung 3: Es sei $M = \{x \mid x \in \mathbb{R} \text{ und } x > 0\}$.
Man gebe mindestens 3 verschiedene Abbildungen $f\colon M \to \mathbb{R}$ an mit der Eigenschaft:
Für $x \in M$ gilt $(f(x))^2 = x$.

Gleichheit von Abbildungen

Wollen wir nun die Gleichheit von Abbildungen untersuchen, dann ist zunächst noch einmal darauf hinzuweisen, daß zu einer Abbildung drei Dinge gehören (nämlich Definitionsmenge, Wertemenge und Zuordnungsvorschrift). Deshalb werden zwei Abbildungen als gleich betrachtet, wenn sie in ihren jeweiligen Bestandteilen übereinstimmen, als ungleich, wenn sie in mindestens einem ihrer Bestandteile nicht übereinstimmen. Zum Beispiel sind die Abbildungen

$$f\colon \mathbb{R} \to \mathbb{R} \quad \text{mit} \quad f(x) = x^2 \quad \text{und}$$

$$g\colon \mathbb{R} \to \mathbb{R}^+ \quad \text{mit} \quad g(x) = x^2\,,$$

$$\mathbb{R}^+ = \{x \mid x \in \mathbb{R} \text{ und } x \geq 0\}$$

verschieden, da ihre Wertemengen nicht übereinstimmen.

Wir wollen uns nun solche Abbildungen ansehen, die von vornherein gleiche Definitionsmengen und gleiche Wertemengen haben, und nach Kriterien suchen, wann auch ihre Zuordnungsvorschriften übereinstimmen (oder nicht übereinstimmen).

Sind zwei Abbildungen $f: M \to N$ und $g: M \to N$ gegeben, dann liegen damit insbesondere folgende Relationen vor:

$$f = \{(x,f(x)) \mid x \in M,\ f(x) \in N\} ,$$
$$g = \{(x,g(x)) \mid x \in M,\ g(x) \in N\} .$$

Damit läßt sich die Gleichheit von Abbildungen auf die Gleichheit von Mengen von Paaren zurückführen. Für jedes $x \in M$ müssen die Paare $(x,f(x))$ und $(x,g(x))$, also schließlich die Komponenten $f(x)$ und $g(x)$ gleich sein. Umgekehrt folgt aus der Gleichheit der Komponenten $f(x)$ und $g(x)$ auch die Gleichheit der Paare $(x,f(x))$ und $(x,g(x))$ und daraus die der Abbildungen f und g, wenn deren Definitions- bzw. Wertemengen übereinstimmen.

Satz 1: **Abbildungen $f: M \to N$ und $g: M \to N$ sind genau dann gleich, wenn $f(x) = g(x)$ für alle $x \in M$ gilt.**

Aus dem vorstehenden Satz ergibt sich: Die Abbildungen f und g sind genau dann ungleich, wenn $f(x) \neq g(x)$ für mindestens ein $x \in M$ gilt.

Komposition von Abbildungen

In diesem Abschnitt soll eine typische Vorgehensweise der Mathematik auf Abbildungen angewendet werden, nämlich eine Operation zu entwickeln, die aus mehreren gegebenen Abbildungen eine neue Abbildung erzeugt (oder die es umgekehrt erlaubt, eine Abbildung in mehrere einzelne zu zerlegen). Ähnliche Operationen sind etwa die Vereinigung von Mengen, aber auch die Addition bei Zahlen (eine Zahl läßt sich stets als Summe anderer Zahlen darstellen). Dazu wieder einige Beispiele:

1. Betrachten wir zunächst eine Abbildung aus der Geometrie; genauer, eine Abbildung der Ebene in sich, die geometrische Figuren in kongruente überführt und etwa folgendermaßen funktioniert:

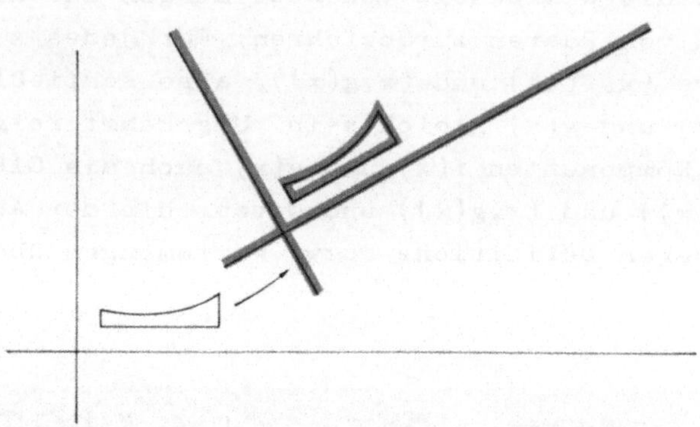

Diesem Bild ist zweifellos schwer anzusehen, wie diese Überführung der Figur genau vonstatten geht. Man gewinnt aber schnell einen präziseren Überblick, wenn man sich diese Überführung in den beiden folgenden Schritten ausgeführt vorstellt: Zunächst wird die Figur einfach waagerecht verschoben:

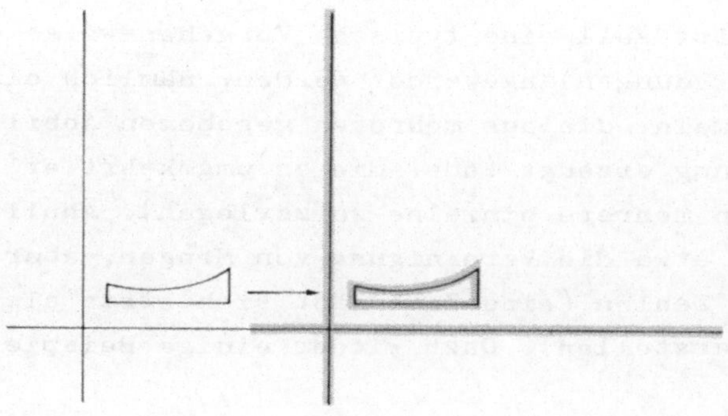

Dann um den Koordinatenursprung gedreht:

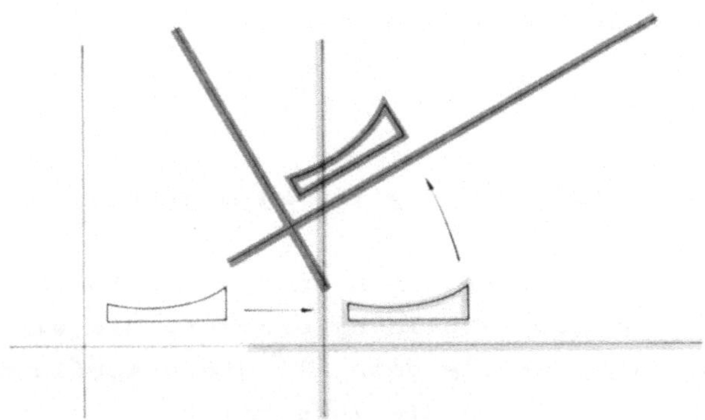

Insgesamt zeigt dieses Beispiel, wie die ursprüngliche Abbilbildung sich durch sogenanntes "Hintereinanderausführen" einer Verschiebung und einer Drehung, also zweier einfacher Abbildungen der Ebene in sich, ergibt (oder sich in diese Bestandteile zerlegen läßt).

2. Das nächste Beispiel wird zeigen, daß die sogenannte Kettenregel der Differentialrechnung auch auf der Möglichkeit des "Hintereinanderausführens" gewisser Abbildungen beruht. Betrachten wir die durch die Vorschrift $f(x) = (x + 2)^4$ definierte Abbildung $f: \mathbb{R} \to \mathbb{R}$. f ist also eine Abbildung, die jeder reellen Zahl x die Zahl $(x + 2)^4$ zuordnet. Die Zuordnung läßt sich aber in zwei einfachere Zuordnungsschritte zerlegen, indem wir x zunächst $x + 2$ und $x + 2$ dann seine 4. Potenz $(x + 2)^4$ zuordnen.

Dieser einfache Gedankengang bedarf noch einer kleinen Formalisierung:
Es sei $h: \mathbb{R} \to \mathbb{R}$ die durch $x \mapsto x + 2$, $g: \mathbb{R} \to \mathbb{R}$ die durch $z \mapsto z^4$ definierte Abbildung. Die Abbildung f als Hintereinanderausführung der Abbildungen h und g ergibt

sich wie folgt:

$$x \stackrel{h}{\longmapsto} x + 2 \stackrel{g}{\longmapsto} (x + 2)^4$$

$$x \underset{f}{\longmapsto} (x + 2)^4$$

Anders geschrieben:

$$f(x) = (x + 2)^4 = g(x + 2) = g(h(x)).$$

Die Hintereinanderausführung von h und g ist eine Operation, die aus h und g eine neue Abbildung erzeugt, die wir mit $g \circ h$ bezeichnen (gelesen: g nach h). Diese Abbildung $g \circ h: \mathbb{R} \to \mathbb{R}$ ist dann durch die Vorschrift

$$(g \circ h)(x) = g(h(x))$$

definiert. Die Reihenfolge der Buchstaben g und h auf der rechten Seite dieser Gleichung wird der Übersichtlichkeit halber bei dem Zeichen $g \circ h$ beibehalten, obwohl sie bei der "Pfeildarstellung" in umgekehrter Stellung erscheinen:

$$\mathbb{R} \xrightarrow{f} \mathbb{R} = \mathbb{R} \xrightarrow{h} \mathbb{R} \xrightarrow{g} \mathbb{R}$$

Versuchen wir nun dieses Verfahren der Hintereinanderausführung allgemein auf Abbildungen zu übertragen, etwa auf Abbildungen $h: M \to N$ und $g: V \to W$, dann ergibt sich sofort folgende Einschränkung: Die Bilder $h(x)$ von Elementen x aus M müssen in der Definitionsmenge von g liegen, denn sonst hätten die Zeichen $g(h(x))$ gar keinen Sinn, da g nur auf Elemente von V angewendet werden kann. (Diese Überlegung war bei den obigen Beispielen überflüssig, denn dort handelte es sich ja von vornherein um die gleiche Menge.)

Wir können also nicht beliebige Abbildungen in diesem Sinne hintereinander ausführen, sondern wir beschränken uns auf solche Abbildungen, bei denen die Wertemenge der ersten mit der Definitionsmenge der zweiten übereinstimmt; also Abbildungen

$$M \xrightarrow{h} N \xrightarrow{g} W \; .$$

Fassen wir nun diese Betrachtungen zusammen in der folgenden

Definition 5: **Sind $M \xrightarrow{h} N$ und $N \xrightarrow{g} W$ Abbildungen, dann wird die durch die Vorschrift**

$$(g \circ h)(x) = g(h(x)) \quad \text{für alle } x \in M$$

definierte Abbildung $g \circ h\colon M \to W$ die H i n t e r e i n a n d e r a u s f ü h r u n g oder K o m p o s i t i o n von h und g genannt.
Das Zeichen $g \circ h$ wird als "g komponiert mit h" oder als "g nach h" gelesen.

Übung 4: Man zerlege die durch $f(x) = (x + 2)^4$ gegebene Abbildung $f\colon \mathbb{R} \to \mathbb{R}$ auf möglichst viele verschiedene Weisen in eine Komposition $f = g \circ h$.

Wollen wir mehr als zwei Abbildungen miteinander komponieren, zum Beispiel $f\colon M \to N$, $g\colon N \to L$, $h\colon L \to K$, so stellt sich die Frage, ob das Resultat von der Reihenfolge des Komponierens abhängig ist, das heißt, ob $h \circ (g \circ f)$ und $(h \circ g) \circ f$ dieselbe Abbildung von M nach K darstellen.

Betrachten wir zunächst ein Beispiel:
Es sei $\mathbb{N}^* = \{n | n \in \mathbb{N} \text{ und } n \neq 0\}$ und

$$h: \mathbb{N} \to \mathbb{N}^* \quad \text{definiert durch} \quad h(x) = x + 2 \quad \text{für alle } x \in \mathbb{N},$$

$$g: \mathbb{N}^* \to \mathbb{N}^* \quad \text{definiert durch} \quad g(y) = y^2 \quad \text{für alle } y \in \mathbb{N}^*$$

$$f: \mathbb{N}^* \to \mathbb{Q} \quad \text{definiert durch} \quad f(z) = \frac{1}{z} \quad \text{für alle } z \in \mathbb{N}^* .$$

Wir bilden die Kompositionen

$g \circ h: \mathbb{N} \to \mathbb{N}^*$, definiert durch
$(g \circ h)(x) = (x + 2)^2$ für alle $x \in \mathbb{N}$,

$f \circ g: \mathbb{N}^* \to \mathbb{Q}$, definiert durch
$(f \circ g)(y) = \frac{1}{y^2}$ für alle $y \in \mathbb{N}^*$.

Dann ist sowohl

$$\begin{aligned}(f \circ (g \circ h))(x) &= f((g \circ h)(x)) \\ &= f((x + 2)^2) \\ &= \frac{1}{(x + 2)^2}\end{aligned}$$

als auch

$$\begin{aligned}((f \circ g) \circ h)(x) &= (f \circ g)(h(x)) \\ &= (f \circ g)(x + 2) \\ &= \frac{1}{(x + 2)^2}\end{aligned}$$

Die Abbildungen $f \circ (g \circ h)$ und $(f \circ g) \circ h$ stimmen also überein.

Der folgende Satz zeigt, daß dieser Sachverhalt auch für beliebige Abbildungen zutrifft.

Satz 2: Für je drei Abbildungen $L \xrightarrow{h} M$, $M \xrightarrow{g} N$, $N \xrightarrow{f} P$ gilt:

$$(f \circ g) \circ h = f \circ (g \circ h) .$$

<u>Beweis:</u> Um nachzuweisen, daß beide Abbildungen gleich sind, müssen wir nach Satz 1 zeigen:

$((f \circ g) \circ h)(x) = (f \circ (g \circ h))(x)$
für jedes $x \in L$.

Nach der Definition von "$\circ$" rechnen wir die linke und die rechte Seite für ein beliebiges $x \in L$ aus:

$$((f \circ g) \circ h)(x) = (f \circ g)(h(x)) = f(g(h(x))),$$
$$(f \circ (g \circ h))(x) = f((g \circ h)(x)) = f(g(h(x))).$$

Diese Rechnung können wir für jedes $x \in L$ durchführen. Also stimmen beide Seiten für jedes $x \in L$ überein. ★

Satz 2 besagt, daß wir bei der Komposition von Abbildungen auf die Klammern nicht zu achten brauchen - deshalb lassen wir sie meistens ganz fort und schreiben $f \circ g \circ h$.

Sind $f:M \to N$ und $g:N \to P$ Abbildungen, so kann man zwar $g \circ f$ bilden, nicht aber $f \circ g$ (falls nicht zufällig $P = M$). Sind beide Kompositionen möglich, gilt nicht immer $g \circ f = f \circ g$, wie die Abbildungen f und g von $\mathbb{R}$ nach $\mathbb{R}$ mit $f(x) = 3x$ und $g(x) = x^2$ zeigen. Hier ist nämlich

$$(f \circ g)(x) = f(g(x)) = f(x^2) = 3x^2 \quad \text{aber}$$
$$(g \circ f)(x) = g(f(x)) = g(3x) = (3x)^2 = 9x^2$$

Mehrfaches kartesisches Produkt

Dem aufmerksamen Leser wird nicht entgangen sein, daß wir bisher vermieden haben, die in den Beispielen 2 und 3 zu Beginn dieses Kapitels genannten Zuordnungsprozesse - Statistik und Gravitationskraft - in der Sprache der Abbildungen zu formulieren. Zwar ist sicherlich der Abbildungscharakter dieser Zuordnungen klar, jedoch wollen wir bei den beteiligten Mengen noch präzisere Darstellungsmöglichkeiten angeben.

Bei dem Beispiel, das jedem Menschen jeweils vier Merkmale zuordnet, ergibt sich die Schwierigkeit, solche "Vierheiten" als Elemente einer Menge zu sehen; wir müssen also eine Wertemenge konstruieren, deren Elemente gerade solche Vierheiten sind.

Bei dem Beispiel der Gravitationskraft haben wir zwar die Massen m_1 und m_2 zunächst als feste Größen angenommen, wir können aber auch diese Massen variieren und stehen dann vor der allgemeineren Situation, drei Daten - nämlich zwei Massen und einen Abstand - eine Gravitationskraft zuordnen zu können. Auch hier ist zunächst nicht klar, welche formale Gestalt eine Definitionsmenge haben soll, deren Elemente "Dreiheiten" sind.

In beiden Fällen ergeben sich diese formalen Schwierigkeiten daraus, daß sich Abbildungen stets an einzelne Elemente - nicht aber an mehrere zugleich - wenden.

Nun, die Idee ist naheliegend und uns im Prinzip schon durch das geordnete Paar bekannt. Analog zu dieser Bildung werden wir mehrere Objekte zu einem Objekt zusammenfassen, wobei es aber - im Gegensatz zur Mengenbildung - auf die Reihenfolge ankommen soll. (Wir wollen beispielsweise die durch Zahlen repräsentierten Massen nicht mit dem Abstand verwechseln).

Indem wir uns also die Eigenschaften und Bezeichnungen für geordnete Paare (x_1,x_2) vor Augen halten, nennen wir ein analog gebildetes Objekt (x_1,x_2,x_3) mit drei Komponenten ein T r i p e l , (x_1,x_2,x_3,x_4) mit vier Komponenten ein Q u a d r u p e l , allgemein ein solches Objekt $(x_1,\ldots,x_n)$ mit n Komponenten $n \geq 1$ ein n - T u p e l . Wie wir die Gleichheit geordneter Paare durch die Gleichheit der an derselben Stelle stehenden Komponenten definiert haben, legen wir für n-Tupel fest:

> Es ist $(x_1,\ldots,x_n) = (y_1,\ldots,y_n)$ genau dann, wenn $x_i = y_i$ für jeden Index i mit $1 \leq i \leq n$ gilt.

Als nächstes haben wir Mengen aller geordneter Paare mit Komponenten aus Mengen M und N kartesische Produkte genannt und mit $M \times N$ bezeichnet. In der gleichen Weise bezeichnen wir mit

$$M \times N \times P = \{(x,y,z) | x \in M,\ y \in N,\ z \in P\}$$

die Menge aller Tripel, deren erste (zweite, dritte) Komponente ein Element aus M (aus N, aus P) ist.

Für eine beliebige Komponentenzahl erhalten wir durch entsprechende Konstruktion:

> **Definition 6:** Für Mengen $M_1,\ldots,M_n$ nennt man die Menge aller n-Tupel mit Komponenten $x_i \in M_i$ $(1 \leq i \leq n)$ k a r t e s i s c h e s

P r o d u k t der Mengen $M_1,\ldots,M_n$ und bezeichnet es mit

$$M_1 \times \ldots \times M_n = \{(x_1,\ldots,x_n) \mid x_1 \in M_1,\ldots,x_n \in M_n\}$$

Ist $M = M_1 = M_2 = \ldots = M_n$, schreibt man anstelle von $M_1 \times \ldots \times M_n$ auch kurz M^n .

Beispiele:

a) $M_1 = \{1,2,3\}$, $M_2 = \{a,b\}$, $M_3 = \{2,4\}$

$$M_1 \times M_2 \times M_3 = \left\{\begin{matrix} (1,a,2), & (1,a,4), & (1,b,2), & (1,b,4), \\ (2,a,2), & (2,a,4), & (2,b,2), & (2,b,4), \\ (3,a,2), & (3,a,4), & (3,b,2), & (3,b,4) \end{matrix}\right\}$$

b) Ist $M = \{0,1\}$, dann ist

$$M^4 = \left\{\begin{matrix} (0,0,0,0), & (0,0,0,1), & (0,0,1,0), & (0,0,1,1), \\ (0,1,0,0), & (0,1,0,1), & (0,1,1,0), & (0,1,1,1), \\ (1,0,0,0), & (1,0,0,1), & (1,0,1,0), & (1,0,1,1), \\ (1,1,0,0), & (1,1,0,1), & (1,1,1,0), & (1,1,1,1) \end{matrix}\right\}$$

c) Mit $\mathbb{R}^3 = \{(x,y,z) \mid x,y,z \in \mathbb{R}\}$
können wir den dreidimensionalen Raum unserer Anschauung bezüglich eines fest gewählten Koordinatensystems beschreiben (Koordinatendarstellung von Punkten).

An unsere anfänglichen Beispiele anknüpfend sind wir jetzt in der Lage

1. das Gravitationsgesetz als eine durch

$$g(m_1, m_2, a) = \gamma \frac{m_1 \cdot m_2}{a^2}$$

definierte Abbildung $g\colon \mathbb{R}^3 \to \mathbb{R}$ zu beschreiben (denn von Dimensionen abgesehen werden Massen, Abstände, Kraftbeträge durch reelle Zahlen gemessen),

2. die statistische Erhebung einer Menge M von Menschen bezüglich festgelegter Mengen von Merkmalen, etwa
$K = \mathbb{R}$ als Körpergröße,
H = Menge fest begrenzter Haarfarben,
$G = \mathbb{R}$ als Körpergewicht,
$L = \{1,2\}$, wobei 1 für weibliches, 2 für männliches Geschlecht steht,
als eine Abbildung $f\colon M \to K \times H \times G \times L$, definiert durch $m \mapsto (k,h,g,l)$, zu beschreiben.

L Ö S U N G E N

Übung 1: $R = \{(0,1), (0,2), (0,3), (1,2), (1,3), (2,3)\}$

Übung 2: Für jedes $x \in \mathbb{N}$ gilt z.B.:
x teilt x , d.h. $(x,x) \in U$.

Übung 3: Außer den durch $f(x) = +\sqrt{x}$ und $f(x) = -\sqrt{x}$ definierten Abbildungen hat z.B. auch die folgende die Eigenschaft $(f(x))^2 = x$:

$$f(x) = \begin{cases} +\sqrt{x} & \text{für rationales } x \in M \\ -\sqrt{x} & \text{für irrationales } x \in M \end{cases}$$

Übung 4: Mögliche Zerlegungen von f sind:

$$\mathbb{R} \xrightarrow{h} \mathbb{R} \xrightarrow{g} \mathbb{R}$$

$$x \longmapsto \frac{x}{2} + 1$$
$$y \longmapsto (2y)^4$$

$$x \longmapsto x + 1$$
$$y \longmapsto (y + 1)^4$$

$$x \longmapsto (x + 2)^2$$
$$y \longmapsto y^2$$

----

usw.

ÜBERBLICK

Kartesisches Produkt:

Sind M und N Mengen, so heißt die Menge aller geordneten Paare (m,n) mit $m \in M$ und $n \in N$ das *kartesische Produkt* von M und N und wird mit $M \times N$ bezeichnet.

$$M \times N = \{p \mid p = (m,n) \text{ mit } m \in M \text{ und } n \in N\}$$
$$= \{(m,n) \mid m \in M \text{ und } n \in N\}$$

Relationen:

Sind M und N Mengen, so heißt eine Teilmenge R von $M \times N$ $(R \subset M \times N)$ eine *Relation zwischen M und N*.
Schreibweise: Statt $(m,n) \in R$ oft mRn.

Ist $M = N$ und $R \subset M \times M$, so heißt R eine *Relation auf M*.

Abbildung:

Eine Relation $f \subset M \times N$ zwischen Mengen M und N heißt eine *Abbildung von M nach N*, wenn gilt:
ABB: Zu jedem $x \in M$ gibt es genau ein $y \in N$ mit xfy.

Ist f eine Abbildung von M nach N, so schreibt man:
$f\colon M \to N$ oder $M \xrightarrow{f} N$.

Ist $f\colon M \to N$ eine Abbildung und $x \in M$, so heißt das eindeutig bestimmte Element $y \in N$, für das xfy gilt, das *Bild* von x unter f und wird mit $f(x)$ bezeichnet.

Gleichheit von Abbildungen: Sind f und g Abbildungen von M nach N, so gilt:

$$f = g \Leftrightarrow \text{für jedes } x \in M \text{ gilt } f(x) = g(x).$$

Definitions- und Wertemenge: Ist f eine Abbildung von M nach N, so heißt M *Definitionsmenge* und N *Wertemenge* von f.

Komposition: Sind $f: M \to N$ und $g: N \to P$ Abbildungen, dann heißt die Abbildung $g \circ f: M \to P$ mit $g \circ f(x) = g(f(x))$ für jedes $x \in M$ *Komposition* oder Hintereinanderausführung von f und g.

Sind $f: L \to M$, $g: M \to N$, $h: N \to P$ Abbildungen, so gilt $(h \circ g) \circ f = h \circ (g \circ f)$.

Mehrfaches kartesisches Produkt: Sind $M_1, M_2, \ldots, M_n$ Mengen, dann heißt

$$\{(a_1, \ldots, a_n) | a_1 \in M_1, \ldots, a_n \in M_n\}$$

kartesisches Produkt der Mengen $M_1, M_2, \ldots, M_n$. Es wird mit $M_1 \times M_2 \times \ldots \times M_n$ bezeichnet.

Ist $M_1 = M_2 = \ldots = M_n = M$, so schreibt man statt dessen auch M^n.

ÜBUNGSAUFGABEN

Aufgabe 1:

Man zeige, daß für Mengen A,B,C gilt:
$(A \cup B) \times C = (A \times C) \cup (B \times C)$

Aufgabe 2:

Man gebe die Relation
$R = \{(x,y) | (x,y) \in M \times N$ und $x + y = 15\}$ zwischen
$M = \{1,2,3,4,5,6,7,8,9\}$ und $N = \{6,7,8,9,10,11,12\}$ in aufzählender Schreibweise an.

Aufgabe 3:

Auf der Menge der reellen Zahlen $\mathbb{R}$ betrachte man die Relationen R und S, für die gilt:

$$(1) \quad xRy \Leftrightarrow (y + 2)^2 = x + 4$$
$$(2) \quad xSy \Leftrightarrow x^2 + 4x = y$$

für alle $x,y \in \mathbb{R}$.
Man veranschauliche sich beide Relationen und zeige:

$$xRy \Leftrightarrow ySx$$

für alle $x,y \in \mathbb{R}$.

Aufgabe 4:

Welche der folgenden Relationen R zwischen den Mengen M und N haben die Eigenschaft, Abbildung von M nach N zu sein?

(1) $M = N = \mathbb{R}$
$R = \{(x,y) | (x,y) \in M \times N \text{ und } y^2 = x\}$

(2) $M = \{x | x \in \mathbb{R} \text{ und } x \geq 0\}$, $N = \mathbb{R}$
$R = \{(x,y) | (x,y) \in M \times N \text{ und } y^2 = x\}$

(3) $M = \{x | x \in \mathbb{R} \text{ und } x \geq 0\}$, $N = \mathbb{R}$
$R = \{(x,y) | (x,y) \in M \times N \text{ und } y^2 = x \text{ und } y \geq 0\}$

(4) $M = \{1,2,3,4\}$, $N = \{\{1,2\}, \{2,4\}, \{1,4\}\}$
$R = \{(x,y) | (x,y) \in M \times N \text{ und } x \in y\}$

(5) $M = \{1,2,3,4\}$, $N = \{\{1,2,3\}, \{2,4\}, \{1,3\}\}$
$R = \{(x,y) | (x,y) \in M \times N \text{ und } x \in y\}$

(6) $M = \{1,2,3,4\}$, $N = \{\{1,2\}, \{4\}\}$
$R = \{(x,y) | (x,y) \in M \times N \text{ und } x \in y\}$

(7) $M = \{1,2,3,4\}$, $N = \{\{1,3\}, \{2,4\}\}$
$R = \{(x,y) | (x,y) \in M \times N \text{ und } x \in y\}$

Aufgabe 5:

$M = \{1,2,3,4\}$, $N = \{\{1,2,3\}, \{2,4\}, \{1,3\}\}$
Man gebe mehrere Abbildungen $f: M \to N$ an mit der Eigenschaft:
Für jedes $x \in M$ gilt $x \in f(x)$.

Aufgabe 6:

Man betrachte die Abbildungen

$$f: \mathbb{R} \to \mathbb{R} \text{ mit } f(x) = 3x - 4 \text{ für alle } x \in \mathbb{R}$$
$$g: \mathbb{R} \to \mathbb{R} \text{ mit } g(x) = 2x + 5 \text{ für alle } x \in \mathbb{R}$$

und zeige $g \circ f\,(x) = 6x - 3 \neq f \circ g(x) = 6x + 11$

Schaltwerke

Mengen, Relationen, Abbildungen und ein wenig Aussagenlogik, das ist der Inhalt der ersten Kapitel. Eine Sammlung abstrakter Begriffe - ist das schon Mathematik?

Wir müssen zugeben, daß wir bis zum letzten Kapitel recht formal vorgegangen sind. Mengen, Relationen und Abbildungen allein sind nicht die Inhalte der Mathematik. Aber es sind grundlegende Rohstoffe und Werkzeuge, die universell eingesetzt werden können. Der Einsatz dieser Werkzeuge, ständige Verfeinerung und Erweiterung der Begriffe, das ist schon etwas mehr Mathematik.

Ein Beispiel zu diesen Anwendungsmöglichkeiten soll in den folgenden Abschnitten behandelt werden. Es wird nichts mit Zahlen zu tun haben: darin zeigt sich die Vielseitigkeit der Begriffe. Es beginnt außerhalb der reinen Mathematik: darin zeigt sich die Art, wie Mathematik eingesetzt werden kann.

Ein alltägliches technisches Problem steht am Anfang: Eine Lichtquelle soll sich an zwei verschiedenen Stellen ein- und ausschalten lassen, natürlich an jedem Schalter unabhängig von der Stellung des anderen.

Elektriker nennen diese Anordnung Wechselschaltung. Sie ist in jedem Haushalt zu finden und einfach zu realisieren. Mit ein wenig Nachdenken kann auch ein Laie eine arbeitsfähige Schaltung herausfinden.

Schwieriger wird die Suche nach einer Schaltung, wenn mehr als zwei Schaltstellen verlangt werden oder wenn eine Schaltung dieser Art andere Aufgaben erfüllen soll: Ein Gremium - etwa aus 100 Mitgliedern bestehend - soll aus Rationalisierungsgründen eine Abstimmungsmaschine erhalten, die über 100 Hebel mit "ja" oder "nein" gefüttert werden kann. Eine Lampe an der Maschine soll genau dann aufleuchten, wenn eine Mehrheit von Ja-Stimmen vorliegt. So könnte sie aussehen:

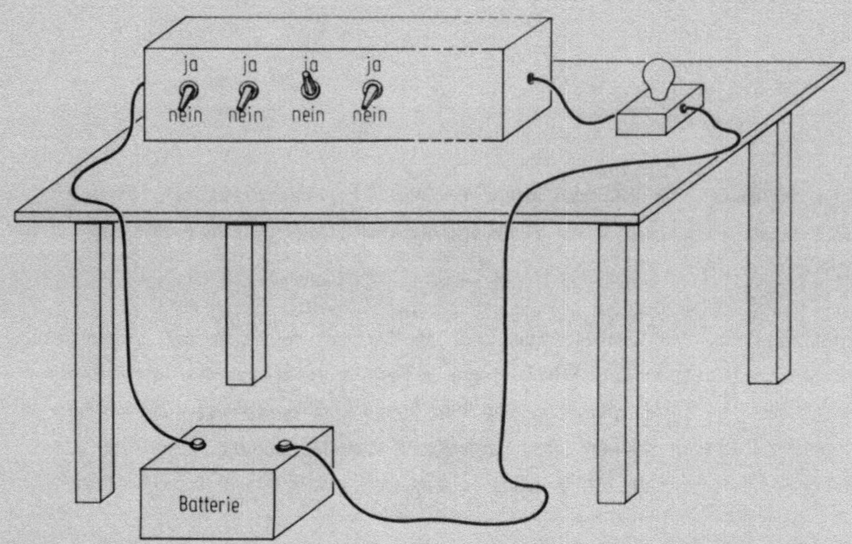

Geräte dieser Art kann man schon mit sehr einfachen Hilfsmitteln aufbauen. Wir verwenden Ein/Aus-Schalter: einmal ist der Schalter geschlossen und Strom fließt, einmal ist er offen - kein Stromfluß ist möglich.

Einen Schalter - oder auch mehrere gemeinsam - betätigen wir von außen über einen Hebel.

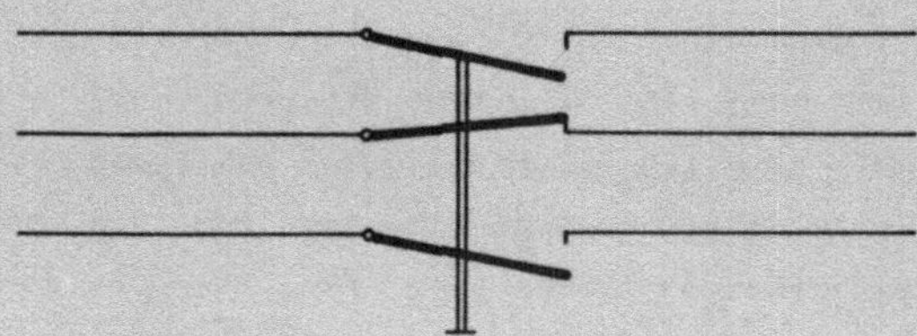

Ein solcher Hebel soll ebenso wie die Schalter zwei Stellungen haben. Bei der Abstimmungsmaschine bedeuten diese Stellungen einmal "ja", einmal "nein".

Mit diesen Vereinbarungen könnte das Innenleben einer Abstimmungsmaschine, hier für drei Eingabestellen, etwa so aussehen:

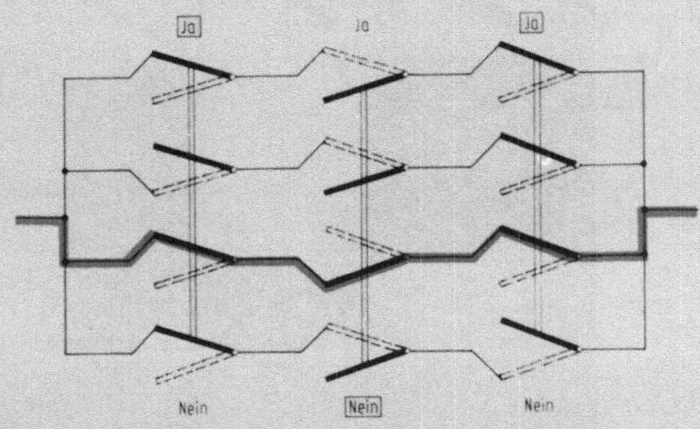

Überlegen Sie sich bitte, daß genau dann, wenn mindestens zwei Hebel auf "ja" stehen, also eine Mehrheit erreicht ist, Strom durch diese Maschine fließen kann.

Das Problem dieses Kapitels ist also: Wie kann man mit den angegebenen Bauelementen derartige Geräte konstruieren. Dabei geht es um ein systematisches Verfahren, das gleichzeitig eine ökonomische Lösung (möglichst wenig Schalter) liefern soll.

Betrachten wir noch einmal die Beispiele. In allen Fällen wird ein elektrisches Gerät - etwa eine Glühbirne - von verschiedenen Schaltstellen aus beeinflußt. Offenbar ist auch beim Wechselschalter der Ort der einzelnen Schaltstellen für unser Problem unwesentlich. Wir können uns vorstellen, die gesamte Anlage sei jedesmal in einem Kasten zusammengefaßt.

Auf diesem Kasten sind Hebel montiert, die genau zwei Lagen einnehmen können; bei einigen Einstellungskombinationen brennt die Lampe, bei den anderen nicht. Das Grundschema ist also folgendermaßen aufgebaut:

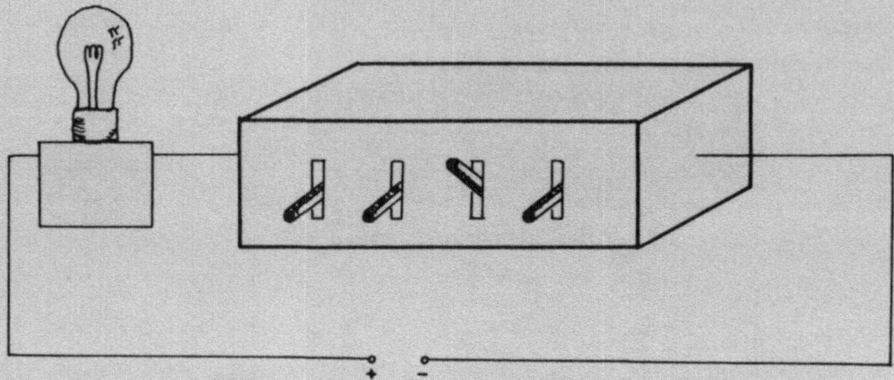

Die Kästen sind offenbar nichts anderes als - manchmal recht komplizierte - Ein- und Ausschaltvorrichtungen, wir wollen sie S c h a l t w e r k e nennen.

Das Wichtige an ihnen, und nur das wird einen Benutzer interessieren, ist ihre Wirkungsweise: Wann brennt die Lampe, wann brennt sie nicht? Dementsprechend ist unser Vorhaben in diesem Kapitel:

- Festzustellen, welche Wirkungsweisen für derartige Geräte überhaupt denkbar sind (ohne Rücksicht auf Realisierbarkeit).

- Ein Verfahren anzugeben, diese Wirkungsweisen mit den angegebenen Bauelementen technisch zu realisieren.

Wo geht hier Mathematik in die Problemstellung ein?

Erstens ist zu klären, was mit dem Begriff "Wirkungsweise von Schaltwerken" gemeint ist. Wir werden auf der technischen Seite die Wirkungsweisen unserer Geräte genau analysieren und dann mathematische Objekte konstruieren, die diesen Wirkungsweisen entsprechen. Dabei werden die im vorigen Kapitel bereitgestellten Begriffe wie "n-Tupel" und "Abbildung" verwendet.

Zweitens werden alle möglichen Wirkungsweisen von Schaltwerken mit der M e n g e aller auf diese Weise konstruierten mathematischen Objekte beschrieben.

Drittens können wir Rechenoperationen auf dieser Menge erklären und, so wie man etwa Zahlen addiert, mit unseren mathematischen Objekten operieren, um dadurch neue zu erhalten. Dem wird auf der technischen Seite etwa das Parallel- und Serienschalten von Schaltwerken entsprechen.

Mit diesen Hilfsmitteln werden wir viertens mathematisch eine Konstruktionsmethode für Schaltwerke herleiten, die auf konkrete Fälle anwendbar ist, und die zeigt, daß j e d e denkbare Wirkungsweise eines Schaltwerkes auch technisch realisierbar ist. Probleme aus der Regelungstechnik und der elektronischen Datenverarbeitung kann man (im Prinzip) damit lösen.

Zusammengefaßt: In diesem Kapitel gehen wir von einer technischen Situation aus und beschreiben mathematisch, was uns an diesem technischen Problem wesentlich erscheint. Im Wechsel zwischen mathematischem Modell und technischer Realität werden wir neue mathematische Begriffsbildungen prägen, benutzen und interpretieren, um so durch Anwendung von Mathematik das technische Problem zu lösen. Das Stichwort lautet M a t h e m a t i s i e r u n g, ein Aspekt, von dem viele Antriebsmomente innerhalb der Mathematik ausgegangen sind und noch ausgehen werden. Dafür soll das Folgende ein Beispiel sein.

Schaltwerke

Mathematisierung

Schaltwerke sind überall dort nützlich, wo mehrere Ja-Nein-Informationen anfallen, die zu einer Ja-Nein-Entscheidung zusammengefaßt werden sollen.

Nicht immer werden diese Eingangsinformationen so primitiv über Hebel eingegeben wie bei der besprochenen Abstimmungsmaschine. In Computern (dort treten Schaltwerke als Grundbausteine auf) sind die Eingabestellen empfindlich für angelegte Spannung (Spannung ≙ ja, keine Spannung ≙ nein). Natürlich kann man die Hebel auch durch Relais ersetzen, die dann elektrisch und nicht mechanisch bedient werden.

Doch technische Details interessieren uns hier wenig. Für uns ist die Abhängigkeit des Ausgangssignals von den eingegebenen Daten das wesentliche Merkmal eines Schaltwerkes. Und hier wollen wir einhaken: Wie läßt sich diese Abhängigkeit mit unseren bisher entwickelten mathematischen Begriffsbildungen erfassen?

Betrachten wir eine Abstimmung an der Abstimmungsmaschine. Die Mitglieder des Gremiums werden an die Maschine treten und die Hebel auf "ja" oder "nein" legen. Jeder Hebel wird also auf eine bestimmte Stellung gelegt. Die sich ergebende Einstellungskombination entspricht also einer Abstimmung. Wenn wir verabreden, die Ja-Stellung eines Hebels mit a, die Nein-Stellung mit b zu bezeichnen, läßt sich die durchgeführte Abstimmung festhalten:

An einer Maschine mit sieben Hebeln sei folgende Kombination eingestellt:

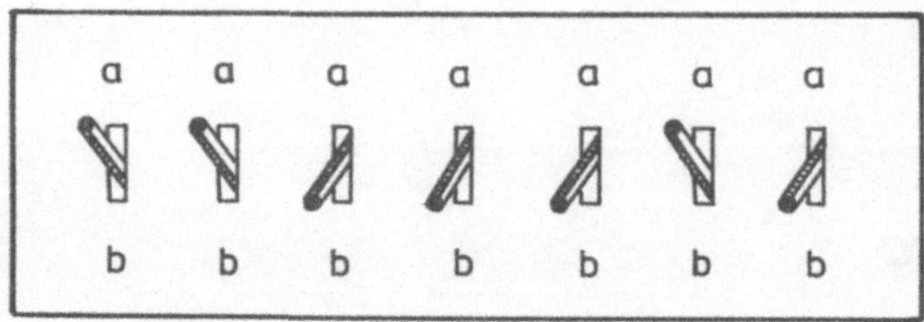

Wir notieren einfach der Reihe nach:

a a b b b a b

Eine andere Abstimmung mag etwa auf

b b a b a a a

geführt haben.

Wir haben eine bestimmte Abfolge der Buchstaben a und b erhalten. Dabei haben wir vorausgesetzt, daß klar ist, welchen Hebel wir als ersten notieren, welchen als zweiten usw. (so läßt sich rekonstruieren, wie jedes einzelne Mitglied des Gremiums abgestimmt hat). Wenn wir irgendein Schaltwerk betrachten, werden wir immer eine Reihenfolge der Hebel festlegen können und damit stets eine Einstellungskombination durch eine Folge der Buchstaben beschreiben können.

Gebilde wie diese Buchstabenfolgen kennen wir schon: Im vorigen Kapitel wurde das mehrfache kartesische Produkt eingeführt. Elemente daraus waren Tripel oder Quadrupel oder allgemein n-Tupel. In unserem Fall ergeben sich 7-Tupel; z.B.: (b,b,a,b,a,a,a).

Jeder Einstellungskombination entspricht eindeutig ein Tupel dieser Art, wobei an den einzelnen Stellen (Komponenten) der Tupel nur Elemente aus einer zweielementigen Menge $\{a,b\}$ stehen. Umgekehrt liefert ein Tupel mit Komponenten aus der Menge $\{a,b\}$ eine Einstellungskombination.

Allgemein gesagt: Ist bei einem Schaltwerk mit n Hebeln eine Reihenfolge der Hebel festgelegt und für jeden Hebel eine Stellung mit a, die andere mit b bezeichnet, dann läßt sich eine Einstellungskombination durch ein n-Tupel mit Komponenten aus $\{a,b\}$ wiedergeben. Die Menge aller Einstellungskombinationen läßt sich durch die Menge

$$\underbrace{\{a,b\} \times \ldots\ldots \times \{a,b\}}_{\text{n mal}} = \{a,b\}^n$$

mathematisch beschreiben.

Ein kleines Stück der Mathematisierung haben wir jetzt schon bewältigt.

Übung 1: Welchen Mengen entsprechen alle Einstellungskombinationen von 2,3 bzw. 4 Hebeln?

Übung 2: Bitte schreiben Sie alle Elemente aus $\{a,b\}^2$, $\{a,b\}^3$, $\{a,b\}^4$ auf.

Bleiben wir noch beim Beispiel der Abstimmungsmaschinen. Jede Abstimmung führt zu einem bestimmten Ergebnis: Mehrheit oder nicht. Das Tupel (b,b,a,b,a,a,a) bedeutet Mehrheit für "ja", die Lampe wird also aufleuchten. Das Tupel (a,a,b,b,b,a,b) bedeutet Ablehnung, die Lampe leuchtet nicht. Analog kann man für jedes Tupel feststellen, ob die Lampe leuchtet oder nicht. Bezeichnen wir den Fall "Lampe brennt" mit 1, den anderen Fall mit 0, könnten wir die Wirkungsweise einer Abstimmungsmaschine einfach dadurch beschreiben, daß wir zu jedem Tupel den entsprechenden Fall 1 oder 0 notieren. Hier für 3 Personen:

(a,a,a)	1
(a,a,b)	1
(a,b,a)	1
(a,b,b)	0
(b,a,a)	1
(b,a,b)	0
(b,b,a)	0
(b,b,b)	0

Hier haben wir die Elemente aus $\{a,b\}^3$ in lexikographischer Reihenfolge (wie im Lexikon) angegeben. Diese Darstellung ist übersichtlich und wird häufig benutzt.

Jedem Tripel haben wir einen Wert 0 oder 1 zugeordnet, wir haben nichts anderes als eine Abbildung von $\{a,b\}^3$ nach $\{0,1\}$ angegeben. Bitte vervollständigen Sie das obige Schema durch Zuordnungspfeile.

Das Vorgehen am konkreten Beispiel verallgemeinern wir wieder. Ein Schaltwerk mit n Hebeln hat eine bestimmte Wirkungsweise; (das heißt, jeder Einstellungskombination der Hebel entspricht genau ein Fall: 0 ≙ die Lampe brennt nicht, 1 ≙ die Lampe brennt.)

> Die Wirkungsweise eines Schaltwerkes mit n Hebeln läßt sich mathematisch durch eine Abbildung
>
> $$w:\ \{a,b\}^n \to \{0,1\}$$
>
> beschreiben.

Übung 3: Bitte geben Sie eine Abbildung w an, die den Wechselschalter für zwei Schaltstellen beschreibt.

Unser Ergebnis haben wir an Beispielen von bereits vorhandenen Schaltwerken abgelesen. Für die Praxis ist eine mathematische Beschreibung vorhandener Schaltwerke aber nicht so interessant. Da heißt es vielmehr:

Kann man etwa eine Abstimmungsmaschine für n Personen bauen, die Zweidrittelmehrheit berücksichtigt, oder kann man eine Wechselschaltung für acht Schaltstellen konstruieren, oder ....?

Wenn man zu a l l e n denkbaren Wirkungsweisen Schaltwerke bauen könnte, dann wären jedenfalls die für die Praxis heute oder in Zukunft relevanten realisierbar. Untersuchen wir also alle möglichen Wirkungsweisen!

Die Wirkungsweise eines bestimmten Schaltwerkes mit n Hebeln ist eine bestimmte Abbildung $w: \{a,b\}^n \to \{0,1\}$. Allen möglichen Wirkungsweisen von Schaltwerken mit n Hebeln entspricht dann die Menge $\{f \mid f: \{a,b\}^n \to \{0,1\}\}$ aller derartigen Abbildungen. Wir bezeichnen sie mit M_n.

Damit haben wir mathematische Objekte gefunden, die technischen Begriffen entsprechen:

Technik	Mathematik
Hebelstellungen	Elemente aus $\{a,b\}$
Einstellungskombinationen von n Hebeln	Elemente aus $\{a,b\}^n$
Zu beobachtende Resultate (Lampe brennt oder nicht)	Elemente aus $\{0,1\}$
Wirkungsweisen von Schaltwerken mit n Hebeln	Elemente aus $M_n = \{f \mid f: \{a,b\}^n \to \{0,1\}\}$

Zu fragen ist jetzt allerdings, ob und wie irgendeine beliebige Abbildung $f \in M_n$ sich technisch realisieren läßt.

<u>Realisierungen</u>

Ein Schaltungsproblem, wie wir es in diesem Abschnitt untersuchen, liegt vor in Form einer Abbildung

$$f: \{a,b\}^n \to \{0,1\}, \quad \text{d.h.} \quad f \in M_n ,$$

wobei n die Anzahl der geforderten Schaltstellen (Hebel) bezeichnet.
Die Lösung des Problems besteht in der Angabe einer Konstruktionsvorschrift (Schaltung) für ein Schaltwerk mit der durch f beschriebenen Wirkungsweise. Ein solches Schaltwerk nennen wir R e a l i s i e r u n g d e r A b b i l d u n g f .

Noch haben sich auf der mathematischen Seite unseres Problems keinerlei Anhaltspunkte ergeben, wie ein bestimmtes $f \in M_n$ zu realisieren ist.

Versuchen wir also, zunächst auf der technischen Seite einfache Schaltwerke zu konstruieren. Zum Beispiel könnte man für den Anfang nur einen Schalter in einen Kasten mit einem einzigen Hebel einbauen. Es entsteht nichts Aufregendes, ein Lichtschalter. Gemessen an unserem Problem, Schaltwerke mit n Hebeln zu konstruieren, (die Anzahl n der Hebel ergibt sich aus dem jeweils vorgelegten Problem), scheint der Ansatz noch zu einfach. Doch könnte man einen einzigen Schalter auch einmal in einen Kasten mit n Hebeln einbauen. Zum Beispiel so, daß er vom ersten Hebel aus gesteuert wird und genau dann geschlossen ist, wenn dieser Hebel auf a steht. Die restlichen Hebel lassen wir funktionslos.

Obwohl diese Konstruktion auf den ersten Blick nicht leistungsfähig erscheint - es sei denn als Abstimmungsmaschine in einer Diktatur - erhalten wir immerhin ein Schaltwerk mit n Hebeln. Die zugehörige Abbildung, etwa für n = 3, läßt sich in einer Wertetabelle angeben:

$$\begin{array}{lcl} (a,a,a) & \mapsto & 1 \\ (a,a,b) & \mapsto & 1 \\ (a,b,a) & \mapsto & 1 \\ (a,b,b) & \mapsto & 1 \\ (b,a,a) & \mapsto & 0 \\ (b,a,b) & \mapsto & 0 \\ (b,b,a) & \mapsto & 0 \\ (b,b,b) & \mapsto & 0 \end{array}$$

Man kann klar ablesen, daß nur die erste Komponente das Ergebnis beeinflußt. Der Diktator sitzt am ersten Hebel! Wir nennen diese Abbildung deshalb d_1, und weil d_1 von $\{a,b\}^3$ ausgeht, notieren wir noch 3 als Index: ${}_3d_1$.

Ebenso kann man den Schalter unter den 2. bzw. 3. Hebel setzen. Es entstehen ${}_3d_2$ bzw. ${}_3d_3$ (bzw. ${}_nd_2$, ${}_nd_3$, ... für beliebiges $n \in \mathbb{N}$).[1)]

Übung 4: Geben Sie bitte die Wertetabelle für ${}_3d_2 : \{a,b\}^3 \to \{0,1\}$ an.

Man kann den Schalter auch so einbauen, daß er gegensinnig vom 1. (bzw. 2., 3., ...) Hebel beeinflußt wird. Der 1. Hebel auf a bedeutet: Schalter offen, Stellung b bedeutet: Schalter geschlossen. Wir nennen diese Abbildung ${}_n\overline{d}_1$, sie vertauscht gerade 1 und 0 gegenüber ${}_nd_1$.

Übung 5: Geben Sie bitte die Wertetabelle für ${}_3\overline{d}_2 : \{a,b\}^3 \to \{0,1\}$ an.

Als erstes Ergebnis haben wir jetzt gewonnen, daß für jedes n und jedes i mit $1 \leq i \leq n$ die folgenden Abbildungen Realisierungen haben:

$${}_nd_i : \{a,b\}^n \to \{0,1\} \quad \text{mit}$$

$$(x_1,\ldots,x_i,\ldots,x_n) \mapsto \begin{cases} 1 & \text{für } x_i = a \\ 0 & \text{für } x_i = b \end{cases}$$

und

---

1) Wenn keine Verwechslungen zu befürchten sind, schreiben wir später wieder d_i statt ${}_nd_i$.

$_n\bar{d}_i : \{a,b\}^n \rightarrow \{0,1\}$ mit

$$(x_1,\ldots,x_i,\ldots,x_n) \mapsto \begin{cases} 0 & \text{für } x_i = a \\ 1 & \text{für } x_i = b \end{cases}$$

für jedes i mit $1 \leq i \leq n$.

Wir wollen diesen Abbildungen einen Namen geben:

Definition 1: Die Abbildungen $_nd_1,\ldots,{}_nd_n$ und $_n\bar{d}_1,\ldots,{}_n\bar{d}_n$ heißen D i k t a t o r a b - b i l d u n g e n.

Damit haben wir für jedes n bereits $2 \cdot n$ Abbildungen aus M_n - die Diktatorabbildungen - realisiert. Zwei weitere simple Abbildungen können wir ebenfalls sofort realisieren. Einmal die konstante Abbildung, die jedes n-Tupel auf 1 abbildet, wir nennen sie $_ne$ und die ebenfalls konstante Abbildung, die alles auf die 0 abbildet, wir nennen sie $_n0$.

Für den ersten Fall nehmen wir einen Kasten mit n Hebeln und führen einen geschlossenen Draht durch. Im zweiten Fall unterbrechen wir einfach den Draht im Kasten.

Leider können wir bei weitem noch nicht alle Abbildungen aus M_n realisieren, denn M_n enthält noch wesentlich mehr Elemente. Aber man kann, und das wird das eigentliche Ergebnis dieses Abschnittes sein, alle denkbaren Wirkungsweisen durch Zusammensetzen dieser bisher betrachteten einfachen Schaltwerke realisieren.

Mit anderen Worten, man braucht als elektrische Grundelemente lediglich einfache Ein-Ausschalter und kann damit jedes gewünschte Schaltwerk konstruieren.

Die Frage ist allerdings, wie man zu einem derartigen Ergebnis kommt. Bis jetzt haben wir nur primitive Schaltwerke aufgebaut. Wir könnten auf diesem Wege weitergehen und mehr Schalter in einen Kasten einbauen, die wir mit Draht verbinden. Beispielsweise unter jedem Hebel einen. Dann könnten wir auch mehrere gemeinsam von einem Hebel aus steuern - kurz, das Innenleben eines Schaltwerkes immer mehr anreichern, die zugehörige Abbildung bestimmen und durch Zufall oder mit Intuition etwa auf eine Abstimmungsmaschine stoßen.

Allerdings ist bei diesem Verfahren nicht klar, wie man irgendeine vorgelegte Abbildung $f \in M_n$ s y s t e m a t i s c h realisieren kann. Wir schlagen deshalb vor, dieses "trial and error-Verfahren" nicht weiter zu verfolgen, sondern umgekehrt vorzugehen und zu überlegen, welche Elemente aus M_n realisierbar sein müßten, damit man durch leicht überschaubare systematische Konstruktionsprozesse Realisierungen für a l l e Elemente aus M_n gewinnen kann. Die Aufgabe, Realisierungen für alle Elemente aus M_n anzugeben, werden wir also schrittweise auf das Problem der Realisierung immer kleinerer Teilmengen von M_n reduzieren - solange bis wir auf eine Teilmenge von M_n gestoßen sind, der man leicht ansehen kann, daß jedes Element daraus realisierbar ist. Diese Teilmenge wird gerade aus den betrachteten Diktatorabbildungen bestehen, die sich ja mit einem einfachen Schalter realisieren lassen!

Zunächst aber müssen wir uns Prozesse verschaffen, mit deren Hilfe wir aus mehreren gegebenen Schaltwerken neue zusammensetzen können.

Schaltwerke sind zweipolige elektrische Geräte, und solche Geräte können ohne Mühe parallel oder in Serie geschaltet werden. Es entsteht wieder ein zweipoliges elektrisches Gerät.

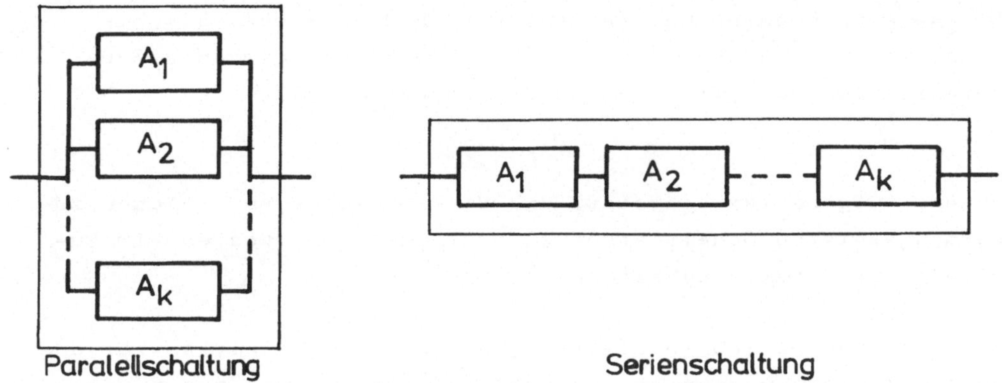

Paralellschaltung

Serienschaltung

Wenn Schaltwerke in der genannten Art miteinander kombiniert werden, entsteht allerdings ein Problem. Das neue Gerät hat wesentlich mehr Hebel als jedes einzelne der beteiligten Schaltwerke, und zwar die Summe der Hebelzahlen der einzelnen Schaltwerke. In bezug auf die Aufgabenstellung - ein Schaltwerk als Realisierung einer vorgegebenen Abbildung $f: \{a,b\}^n \to \{0,1\}$ zu konstruieren - ist nicht absehbar, ob hier eine Lösung durch Parallel- oder Serienschaltung zu finden ist, die genau n Hebel besitzt.

Ein kleiner Kunstgriff kann aber die Situation retten. Wir betrachten nur Schaltwerke mit gleicher Hebelzahl, und wenn wir diese parallel oder in Serie schalten, synchronisieren wir die Hebel. Das heißt, alle ersten Hebel der beteiligten Kästen werden mechanisch so verbunden, daß sie stets gleichzeitig auf a bzw. auf b stehen, genauso alle zweiten, dritten usw.

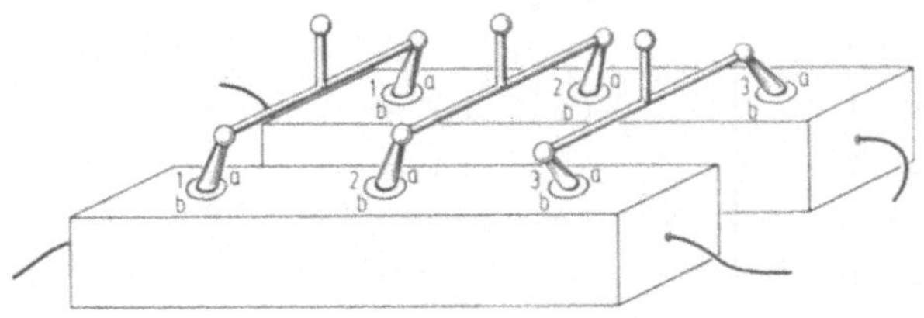

Die so entstehenden Geräte lassen sich dann wieder als ein Schaltwerk mit n Hebeln auffassen. (Technisch wird die Synchronisation natürlich eleganter durchgeführt.)

Unsere Aufgabe ist es jetzt, die Wirkungsweise von solchen zusammengesetzten Schaltwerken zu bestimmen. Betrachten wir zunächst die Parallelschaltung:

Schaltet man beliebige elektrische Geräte parallel, so ist das neue Gerät genau dann stromdurchlässig, wenn m i n d e s t e n s e i n s der Ausgangsgeräte stromdurchlässig ist.

Wenn wir speziell Schaltwerke parallelschalten, bleibt diese Feststellung richtig; darüber hinaus synchronisieren wir die Hebel, das heißt: Stellen wir eine bestimmte Hebelkombination an dem durch Parallelschaltung aufgebauten Gerät ein, so ist diese Kombination automatisch an allen beteiligten Geräten eingestellt.

Diese Parallelschaltung ist also genau dann stromdurchlässig, wenn wenigstens ein Schaltwerk bei der eingestellten Hebelkombination stromdurchlässig ist. Schaltet man beispielsweise zwei Schaltwerke mit den zugehörigen Abbildungen ${}_3d_1$, ${}_3d_3$ parallel, entsteht folgende neue Abbildung:

${}_3d_1: \{a,b\}^3 \to \{0,1\}$	${}_3d_3: \{a,b\}^3 \to \{0,1\}$	$f: \{a,b\}^3 \to \{0,1\}$
$(a,a,a) \mapsto 1$	$(a,a,a) \mapsto 1$	$(a,a,a) \mapsto 1$
$(a,a,b) \mapsto 1$	$(a,a,b) \mapsto 0$	$(a,a,b) \mapsto 1$
$(a,b,a) \mapsto 1$	$(a,b,a) \mapsto 1$	$(a,b,a) \mapsto 1$
$(a,b,b) \mapsto 1$	$(a,b,b) \mapsto 0$	$(a,b,b) \mapsto 1$
$(b,a,a) \mapsto 0$	$(b,a,a) \mapsto 1$	$(b,a,a) \mapsto 1$
$(b,a,b) \mapsto 0$	$(b,a,b) \mapsto 0$	$(b,a,b) \mapsto 0$
$(b,b,a) \mapsto 0$	$(b,b,a) \mapsto 1$	$(b,b,a) \mapsto 1$
$(b,b,b) \mapsto 0$	$(b,b,b) \mapsto 0$	$(b,b,b) \mapsto 0$

Wie verläuft nun die Serienschaltung: Wenn man elektrische Geräte in Serie schaltet, ist das neue Gerät genau dann stromdurchlässig, wenn a l l e beteiligten Geräte stromdurchlässig sind. Das bedeutet für Schaltwerke: Eine Einstellungskombination führt genau dann zu Stromfluß, wenn alle beteiligten Geräte bei dieser Kombination stromdurchlässig sind.

Schalten wir zum Beispiel die vorhin genannten Kästen jetzt in Serie, so entsteht folgende Abbildung:

${}_3d_1$: $\{a,b\}^3 \to \{0,1\}$	${}_3d_3$: $\{a,b\}^3 \to \{0,1\}$	f: $\{a,b\}^3 \to \{0,1\}$
$(a,a,a) \mapsto 1$	$(a,a,a) \mapsto 1$	$(a,a,a) \mapsto 1$
$(a,a,b) \mapsto 1$	$(a,a,b) \mapsto 0$	$(a,a,b) \mapsto 0$
$(a,b,a) \mapsto 1$	$(a,b,a) \mapsto 1$	$(a,b,a) \mapsto 1$
$(a,b,b) \mapsto 1$	$(a,b,b) \mapsto 0$	$(a,b,b) \mapsto 0$
$(b,a,a) \mapsto 0$	$(b,a,a) \mapsto 1$	$(b,a,a) \mapsto 0$
$(b,a,b) \mapsto 0$	$(b,a,b) \mapsto 0$	$(b,a,b) \mapsto 0$
$(b,b,a) \mapsto 0$	$(b,b,a) \mapsto 1$	$(b,b,a) \mapsto 0$
$(b,b,b) \mapsto 0$	$(b,b,b) \mapsto 0$	$(b,b,b) \mapsto 0$

Betrachtet man die Beispiele genauer, so ist zu erkennen, daß wir, um die Wirkungsweise einer Serien- oder Parallelschaltung zu bestimmen, nur die Wirkungsweise der beteiligten Geräte, nicht aber ihren jeweiligen Aufbau benutzt haben. Theoretisch können wir beliebig vorgelegte Abbildungen f,g,h ... von $\{a,b\}^n$ nach $\{0,1\}$, d.h. die Elemente einer Teilmenge $F \subset M_n$ in solcher Weise zu einer neuen Abbildung zusammensetzen - ohne Rücksicht auf ihre Realisierbarkeit. Wir müssen nur darauf achten, daß wir beim Parallelschalten bei der neuen Abbildung für ein Tupel genau dann eine 1 als Bild einsetzen, wenn w e n i g s t e n s e i n e Ausgangsabbildung eine 1 an dieser Stelle hat, beim Serienschalten genau dann, wenn a l l e Ausgangsabbildungen an der entsprechenden Stelle eine 1 haben.

Ist also F eine Menge von Abbildungen von $\{a,b\}^n$ nach $\{0,1\}$, das heißt $F \subset M_n$, dann kann man die Elemente von F auf zwei Weisen zu einer (neuen) Abbildung $\{a,b\} \to \{0,1\}$ zusammensetzen:

1. Zu einer Abbildung p_F: $\{a,b\}^n \to \{0,1\}$ mit $p_F(x) = 1 \Leftrightarrow$ für wenigstens ein $h \in F$ ist $h(x) = 1$.

2. Zu einer Abbildung s_F: $\{a,b\}^n \to \{0,1\}$ mit $s_F(x) = 1 \Leftrightarrow$ für alle $h \in F$ gilt $h(x) = 1$.

Dabei entspricht p_F dem Parallelschalten und s_F der Serienschaltung der Elemente von F. Deshalb definieren wir:

Definition 2: Sei F eine Menge von Abbildungen von $\{a,b\}^n \to \{0,1\}$, d.h. $F \subset M_n$.

1. Die Abbildung p_F heißt Parallelschaltung von F.

2. Die Abbildung s_F heißt Serienschaltung von F.

Für $p_{\{f,g,\ldots,h\}}$ schreiben wir auch $f\ p\ g\ p \ldots p\ h$ und für $s_{\{f,g,\ldots,h\}}$ analog $f\ s\ g\ s \ldots s\ h$.

Damit haben wir, wie im Vortext angekündigt, zwei mathematische Operationen, p und s, definiert, die dem technischen Parallel- und Serienschalten entsprechen.

Allerdings haben wir nur angegeben, wann die 1 Bild unter p_F bzw. s_F ist. Eine Abbildung ist aber nur dann korrekt definiert, wenn für **j e d e s** Element aus der Definitionsmenge **g e n a u e i n** Bild angegeben ist. Es scheint, als würden wir die Abbildungen p_F und s_F unkorrekt definieren: Wohin werden die n-Tupel abgebildet, die nicht durch p_F bzw. s_F auf 1 gehen? Da wir die zweielementige Wertemenge $\{0,1\}$ vorliegen haben, ist hier notwendig 0 das Bild. Wir stellen fest:

Satz 1: Abbildungen f und g von $\{a,b\}^n$ nach $\{0,1\}$ sind genau dann gleich, wenn für jedes $x \in \{a,b\}^n$ gilt: $f(x) = 1 \Leftrightarrow g(x) = 1$.

Also sind p_F und s_F korrekt definiert.

Übung 6: Es sei $F = \{{}_3d_1, {}_3d_2, {}_3\bar{d}_3\}$. Geben Sie bitte in einer Wertetafel die Abbildungen p_F und s_F an.

In der Untersuchung der abstrakt erklärten Operationen p und s spiegelt sich ein wesentlicher Aspekt unseres Problems wider: Bestimmung der Wirkungsweisen von Schaltwerken, die aus anderen durch Parallel- und Serienschaltungen zusammengesetzt sind.

Besteht eine Teilmenge $E \subset M_n$ nur aus Abbildungen, von denen man weiß, wie sie zu realisieren sind, dann sind für jede Teilmenge $F \subset E$ die Abbildungen p_F und s_F ebenfalls realisierbar. Der Bereich der realisierbaren Abbildungen läßt sich also durch die Konstruktionsprozesse "Parallelschalten" und "Serienschalten" schrittweise erweitern.

Wir wollen jetzt nachweisen, daß man durch diese Konstruktionsprozesse alle Abbildungen $f: \{a,b\}^n \to \{0,1\}$ bekommt, wenn man mit der Teilmenge $D \subset M_n$ aller Diktatorabbildungen startet. Dabei bedienen wir uns einer typisch mathematischen Strategie:

Wir werden untersuchen, welche Abbildungen $\{a,b\}^n \to \{0,1\}$ von vornherein realisierbar sein müßten, damit man mit Hilfe von Parallel- und Serienschaltungen aus diesen dann alle anderen erhalten kann. Durch rein mathematische Überlegungen werden wir so nahezu zwangsläufig auf die Diktatorabbildungen stoßen.

1. Schritt

Wir beginnen willkürlich [1)] mit der Parallelschaltung und fragen, welche Abbildungen von $\{a,b\}^n$ nach $\{0,1\}$ nötig sind, damit jede Abbildung von $\{a,b\}^n$ nach $\{0,1\}$ durch Parallelschaltung aus diesen erzeugt werden kann.

Wir suchen also eine Teilmenge E von M_n mit der Eigenschaft: Jedes Element aus M_n ist eine Parallelschaltung von Elementen aus E. Das heißt, zu jeder Abbildung $f \in M_n$ gibt es eine Teilmenge $F \subset E$, so daß $f = p_F$.

> Eine Menge E, wie wir sie eben beschrieben haben, wollen wir kurz ein Erzeugendensystem bezüglich Parallelschaltung für M_n nennen.

Wenn wir ein Erzeugendensystem E bezüglich Parallelschaltung für M_n gewonnen haben, fragen wir als zweites, welche Abbildungen von $\{a,b\}^n$ nach $\{0,1\}$ ausreichen, um jede Abbildung aus E durch Serienschaltung zu erzeugen.

---

1) Siehe Aufgabe 1 zu diesem Kapitel .

Natürlich sind wir nicht auf der Suche nach irgendeinem Erzeugendensystem für M_n (M_n selbst ist zum Beispiel eins), sondern nach einem möglichst kleinen. Der zweite Schritt wird dann vermutlich leichter ausfallen.

Ist F eine Teilmenge von M_n, so hat die Abbildung p_F in der Wertetabelle überall dort die 1, wo wenigstens eine Abbildung $h \in F$ die 1 hat. p_F hat also im allgemeinen m e h r Einsen als jedes $h \in F$. Bei Parallelschaltung gehen keine Einsen verloren!

Zur Darstellung einer Abbildung f als Parallelschaltung von a n d e r e n Abbildungen kommen also nur solche Abbildungen in Frage, die w e n i g e r Einsen als f in der Wertetabelle haben.

Um ein Erzeugendensystem bezüglich Parallelschaltung für M_n zu finden, wird man daher versuchen, Abbildungen mit wenig Einsen zur Darstellung anderer auszuwählen.

In diesem Zusammenhang sind Abbildungen, die nur g e n a u e i n e m Element aus $\{a,b\}^n$ die 1 zuordnen, besonders ausgezeichnet.[1] Intuitiv ist klar, daß eine solche Abbildung h nicht aus anderen durch Parallelschaltung gewonnen werden kann. Man kann dies aber auch beweisen:

Nehmen wir einmal an, eine Abbildung h, die nur einem Element $x \in \{a,b\}^n$ die 1 zuordnet, ließe sich durch Parallelschaltung aus den Elementen einer Teilmenge $F \subset M_n$ gewinnen, d.h. $h = p_F$. Nach Definition von p_F muß es dann wenigstens ein

1) Die Abbildung ${}_n0$, die gar keinem Element die 1 zuordnet, ist hier uninteressant, da sie zwar leicht realisierbar ist, aber nicht dazu dienen kann, neue Abbildungen durch Parallelschalten zu liefern.

$h' \in F$ mit $h'(x) = 1$ geben. Dieses h' kann aber außer x keinem anderen $y \in \{a,b\}^n$ die 1 zuordnen, denn nach Definition von p_F würde dann gelten:

$$h'(y) = 1 \Rightarrow p_F(y) = 1$$

Daraus würde dann wegen $p_F = h$ auch $h(y) = 1$ folgen. Das kann aber nur für $y = x$ gelten, da h n u r dem Element x die 1 zuordnet.

Damit haben wir gezeigt, daß auch h' nur dem Element x die 1 zuordnet. Das bedeutet aber nach Satz 1

$$h' = h \ .$$

Um h zu erzeugen, wird h benötigt!

Damit haben wir folgenden Satz bewiesen:

Satz 2: Eine Abbildung $h: \{a,b\}^n \to \{0,1\}$, die genau einem $x_0 \in \{a,b\}^n$ die 1 zuordnet, liegt in jedem Erzeugendensystem bezüglich Parallelschaltung für M_n.

Die Frage liegt nahe, ob alle derartigen Abbildungen schon ein Erzeugendensystem bilden.

Zur übersichtlichen Darstellung werden wir diesen Abbildungen einen eigenen Namen geben. Da die Wirkungsweise einer Abbildung, die genau ein n-Tupel auf 1 abbildet, an das Kombinationsschloß eines Safes erinnert, das sich bei genau einer Kombination (n-Tupel) öffnen läßt, definieren wir:

Definition 3: Sei $n \in \mathbb{N}$ und $x \in \{a,b\}^n$. Die Abbildung

$$\Delta_x : \{a,b\}^n \to \{0,1\}$$

mit der Eigenschaft

$$\Delta_x(y) = \begin{cases} 1 & \text{wenn} \quad y = x \\ 0 & \text{wenn} \quad y \neq x \end{cases}$$

heißt S a f e a b b i l d u n g bei x.

Um eine Idee zu bekommen, wie man jede Abbildung aus M_n durch Parallelschaltung von Safeabbildungen erhalten kann, betrachten wir das folgende Beispiel:

$\Delta_{(a,a,b)}$	$\Delta_{(b,a,a)}$	$\Delta_{(b,b,b)}$	f
$(a,a,a) \mapsto 0$	$(a,a,a) \mapsto 0$	$(a,a,a) \mapsto 0$	$(a,a,a) \mapsto 0$
$(a,a,b) \mapsto 1$	$(a,a,b) \mapsto 0$	$(a,a,b) \mapsto 0$	$(a,a,b) \mapsto 1$
$(a,b,a) \mapsto 0$	$(a,b,a) \mapsto 0$	$(a,b,a) \mapsto 0$	$(a,b,a) \mapsto 0$
$(a,b,b) \mapsto 0$	$(a,b,b) \mapsto 0$	$(a,b,b) \mapsto 0$	$(a,b,b) \mapsto 0$
$(b,a,a) \mapsto 0$	$(b,a,a) \mapsto 1$	$(b,a,a) \mapsto 0$	$(b,a,a) \mapsto 1$
$(b,a,b) \mapsto 0$	$(b,a,b) \mapsto 0$	$(b,a,b) \mapsto 0$	$(b,a,b) \mapsto 0$
$(b,b,a) \mapsto 0$	$(b,b,a) \mapsto 0$	$(b,b,a) \mapsto 0$	$(b,b,a) \mapsto 0$
$(b,b,b) \mapsto 0$	$(b,b,b) \mapsto 0$	$(b,b,b) \mapsto 1$	$(b,b,b) \mapsto 1$

$f = \Delta_{(a,a,b)} \; p \; \Delta_{(b,a,a)} \; p \; \Delta_{(b,b,b)}$
$(a,a,a) \mapsto 0$
$(a,a,b) \mapsto 1$
$(a,b,a) \mapsto 0$
$(a,b,b) \mapsto 0$
$(b,a,a) \mapsto 1$
$(b,a,b) \mapsto 0$
$(b,b,a) \mapsto 0$
$(b,b,b) \mapsto 1$

f bildet genau die Tripel (a,a,b), (b,a,a) und (b,b,b) auf 1 ab, und wir haben f gerade durch Parallelschaltung der Safeabbildungen bei diesen Tripeln erhalten. Für

$$F = \{\Delta_{(a,a,b)}, \Delta_{(b,a,a)}, \Delta_{(b,b,b)}\}$$

gilt also $\quad f = p_F$.

Dieses Verfahren läßt sich auch auf beliebige Abbildungen $f: \{a,b\}^n \to \{0,1\}$ übertragen: man bestimmt diejenigen Elemente $x \in \{a,b\}^n$, die durch f auf 1 abgebildet werden, für die also gilt $f(x) = 1$. Die Parallelschaltung der Safeabbildungen bei diesen Elementen x liefert gerade die Abbildung f. Man kommt so zu

Satz 3: Jede Abbildung von $\{a,b\}^n$ nach $\{0,1\}$ läßt sich als Parallelschaltung von Safeabbildungen darstellen. Genauer:
Ist $n \in \mathbb{N}$ und $f: \{a,b\}^n \to \{0,1\}$ eine Abbildung, so gilt

$$f = p_F \quad \text{mit}$$
$$F = \{\Delta_x \mid x \in \{a,b\}^n \text{ und } f(x) = 1\}$$

<u>Beweis:</u> Nach Satz 1 genügt es zu zeigen, daß für jedes $y \in \{a,b\}^n$ gilt:

$$p_F(y) = 1 \Leftrightarrow f(y) = 1 \quad \text{d.h.}$$
$$p_F(y) = 1 \Rightarrow f(y) = 1 \quad (\text{"}\Rightarrow\text{"}) \text{ und}$$
$$f(y) = 1 \Rightarrow p_F(y) = 1 \quad (\text{"}\Leftarrow\text{"}) .$$

"⇒": Sei $y \in \{a,b\}^n$ mit $p_F(y) = 1$. Nach Definition von p_F gibt es dann ein $h \in F$ mit $h(y) = 1$.
Wegen $h \in F = \{\Delta_x \mid x \in \{a,b\}^n \text{ und } f(x) = 1\}$

gibt es ein $x \in \{a,b\}^n$ mit folgenden Eigenschaften:

a) $h = \Delta_x$

b) $f(x) = 1$

Aus $h(y) = 1$ folgt mit a) zunächst $\Delta_x(y) = 1$ und nach Definition von Δ_x daraus $x = y$. Dies ergibt zusammen mit b), daß $f(y) = 1$ gilt.

"$\Leftarrow$": Sei $y \in \{a,b\}^n$ mit $f(y) = 1$. $\Rightarrow$ $\Delta_y \in F = \{\Delta_x | x \in \{a,b\}^n \text{ und } f(x) = 1\}$.
Außerdem gilt nach Definition von Δ_y: $\Delta_y(y) = 1$.
Also gibt es ein $h \in F$, nämlich $h = \Delta_y$, mit $h(y) = 1$. Nach Definition von p_F ist dann aber $p_F(y) = 1$. ★

Wir sind jetzt ein ganzes Stück weiter! Mit Satz 3 haben wir das Problem reduziert auf die Realisierung von Safeabbildungen. Leider ist nicht sofort einsichtig, ob und wie man Safeabbildungen realisieren kann.

2. Schritt

Bisher haben wir die Serienschaltung noch nicht ins Spiel gebracht. In Analogie zum 1. Schritt fragen wir jetzt nach einer möglichst kleinen Menge $D \subset M_n$ mit folgender Eigenschaft:

(*) Zu jeder Safeabbildung Δ_x gibt es $G \subset D$ mit $\Delta_x = s_G$

Wenn es außerdem gelingt, D so zu bestimmen, daß nur Abbildungen in D liegen, von denen man sofort sieht, wie sie zu realisieren sind - also etwa Diktatorabbildungen - haben wir unser Problem theoretisch gelöst.

Um mehr Informationen darüber zu bekommen, wie eine solche Teilmenge D aussehen müßte, wählen wir ein für die Entwicklung von Mathematik durchaus typisches Verfahren:

Wir nehmen an, wir hätten bereits eine Teilmenge $D \subset M_n$ mit der Eigenschaft (*). Aus dieser Annahme leiten wir dann weitere Eigenschaften von D her. Dies tun wir in der Hoffnung, dabei auf eine Eigenschaft zu stoßen, der man leichter als der Eigenschaft (*) ansehen kann, daß sie von einer gewissen Teilmenge von M_n, z.B. der Teilmenge aller Diktatorabbildungen, erfüllt wird und aus der man umgekehrt wieder die Eigenschaft (*) folgern kann. Wir suchen also eine zu (*) ä q u i v a l e n t e Eigenschaft:

Angenommen, wir hätten bereits ein $D \subset M_n$ mit der Eigenschaft (*), dann gäbe es zu jeder Safeabbildung Δ_x eine Menge $G \subset D$ mit $\Delta_x = s_G$, also insbesondere $s_G(x) = \Delta_x(x) = 1$. Nach Definition von s_G folgt daraus aber

$$g(x) = 1 \quad \text{für alle} \quad g \in G .$$

Für ein $y \in \{a,b\}^n$ mit $y \neq x$ gilt $s_G(y) = \Delta_x(y) = 0$ (nach Definition von Δ_x). Dann kann aber nicht für alle $g \in G$ $g(y) = 1$ gelten. Sonst wäre ja $s_G(y) = 1$ nach Definition von s_G. Es gibt also wenigstens ein $g \in G$ mit $g(y) = 0$. Für ein derartiges g gilt:

$$g(x) = 1 \quad \text{und} \quad g(y) = 0 .$$

Da wir von $x,y \in \{a,b\}^n$ nur $x \neq y$ vorausgesetzt haben und x,y sonst beliebig waren, ergibt sich:

(**) Zu $x,y \in \{a,b\}^n$ mit $x \neq y$ gibt es $g \in D$ mit $g(x) = 1$ und $g(y) = 0$.

Dieses Ergebnis folgte aus der Annahme, daß sich alle Safeabbildungen durch Serienschaltung von Elementen aus D gewinnen lassen - wir haben also mit (**) eine notwendige Bedingung für (*) gefunden. Ist diese auch hinreichend, das heißt, wenn von einer Teilmenge $D \subset M_n$ vorausgesetzt wird, daß (**) erfüllt ist, gilt dann auch (*)?

Man müßte zu jeder Safeabbildung Δ_x eine Teilmenge $G \subset D$ bestimmen können mit $\Delta_x = s_G$.
Da $\Delta_x(x) = 1$, darf G nach Definition von s_G nur Elemente g mit $g(x) = 1$ enthalten. Nur dann kann $\Delta_x(x) = s_G(x) = 1$ gelten.

Man wird deshalb zu vorgegebenem x für G die Menge aller derartigen Abbildungen $g \in D$ mit $g(x) = 1$ nehmen. Weil durch Serienschaltung "Einsen" verlorengehen, kann man dann hoffen, daß bei Serienschaltung aller dieser Abbildungen nur noch x die 1 als Bild hat, daß also gilt: $s_G = \Delta_x$.

Diesen Gedankengang wollen wir jetzt formalisieren und beweisen, daß aus der Eigenschaft (**) die Eigenschaft (*) folgt:

Sei also D eine Teilmenge von M_n mit der Eigenschaft (**). Um (*) zu beweisen, betrachten wir eine Safeabbildung Δ_x mit $x \in \{a,b\}^n$. Eine Teilmenge $G \subset D$ definieren wir durch

$$G = \{g \mid g \in D \text{ und } g(x) = 1\}$$

Nach Definition von s_G gilt dann

$$s_G(x) = 1 \quad \text{also} \quad s_G(x) = \Delta_x(x) .$$

Die Abbildungen s_G und Δ_x ordnen also dem Element x dasselbe Bild zu. Es bleibt zu zeigen, daß sie dies auch für $y \in \{a,b\}^n$ mit $y \neq x$ tun.

Zu einem derartigen y gibt es aber nach (**) eine Abbildung $g \in D$ mit

$$g(x) = 1 \quad \text{und} \quad g(y) = 0 \; .$$

Wegen $g(x) = 1$ gilt $g \in G$. Wegen $g(y) = 0$ kann dann nach Definition von s_G nur noch $s_G(y) = 0$ gelten. Also haben wir

$$s_G(y) = \Delta_x(y) = 0 \; .$$

Insgesamt ist damit bewiesen, daß es zu Δ_x eine Teilmenge $G \subset D$ mit $\Delta_x = s_G$ gibt.

Aus (**) folgt also auch (*). Wir erhalten damit folgendes Ergebnis:

Satz 4: Es sei D eine Teilmenge von M_n mit der Eigenschaft:

Zu $x,y \in \{a,b\}^n$ mit $x \neq y$ gibt es $d \in D$ mit $d(x) = 1$ und $d(y) = 0$.

Dann gibt es zu jeder Safeabbildung Δ_x eine Teilmenge $G \subset D$ mit $\Delta_x = s_G$. Für G kann man

$$G = \{g \mid g \in D \;\text{ und }\; g(x) = 1\}$$

wählen.

3. Schritt

Wir können unsere bisherigen Ergebnisse zusammenfassen und feststellen:
Um jede Abbildung $f \in M_n$ realisieren zu können, genügt es, ei-

ne Teilmenge D von M_n anzugeben,

- deren Elemente nur realisierbare Abbildungen sind,
- die zu je zwei verschiedenen Elementen $x,y \in \{a,b\}^n$ immer eine Abbildung g enthält mit $g(x) = 1$ und $g(y) = 0$ (Eigenschaft (**))

Uns steht bereits ein Repertoire realisierbarer Abbildungen zur Verfügung, nämlich die Menge D aller Diktatorabbildungen, denen ja einfache Schalter entsprechen.

Die Frage liegt nahe, ob diese Menge die zweite Eigenschaft (**) hat, ob es also zu $x \neq y$ stets eine Diktatorabbildung d gibt mit $d(x) = 1$ und $d(y) = 0$.

Betrachten wir also $x,y \in \{a,b\}^n$ mit $x \neq y$; x und y sind n-Tupel:

$$x = (x_1,\dots,x_n) \;;\; y = (y_1,\dots,y_n)$$

Da $x \neq y$, gibt es eine Stelle i $(1 \leq i \leq n)$ mit $x_i \neq y_i$. Dabei können zwei Fälle eintreten:

I. $x_i = a,\ y_i = b$.
II. $x_i = b,\ y_i = a$.

Im ersten Fall setzen wir $d = {}_n d_i$, im zweiten Falle $d = {}_n\overline{d}_i$. Nach Definition der Diktatorabbildungen ist klar, daß dann gilt:

$$d(x) = 1 \quad \text{und} \quad d(y) = 0 .$$

Durch Anwendung von Satz 4 erhält man nun

Satz 5: Jede Safeabbildung läßt sich als Serienschaltung von Diktatorabbildungen darstellen.

Faßt man Satz 3 und Satz 5 zusammen, ergibt sich

Satz 6: Jede Abbildung $f: \{a,b\}^n \to \{0,1\}$ läßt sich durch Parallel- und Serienschaltung aus Diktatorabbildungen gewinnen und ist damit realisierbar.

Das ist ein schönes theoretisches Ergebnis; was aber fängt der Praktiker damit an?

Technische Realisierung

Ist $f: \{a,b\}^n \to \{0,1\}$ vorgelegt, so kann man f, wie wir schon gezeigt haben, leicht als Parallelschaltung von Safeabbildungen erhalten. Anschließend muß man jede der betreffenden Safeabbildungen als Serienschaltung von Diktatorabbildungen darstellen.

Wie findet man nun zu einer Safeabbildung Δ_x die zugehörige Menge G von Diktatorabbildungen mit $\Delta_x = s_G$? In Satz 4 steht schon alles: Man muß die Menge a l l e r Diktatorabbildungen nehmen, die x auf 1 abbilden.

Übung 7: Welche Diktatorabbildungen von $\{a,b\}^3$ nach $\{0,1\}$ bilden (a,b,a) auf 1 ab?

Wie erhält man die Lösung?

Da an der ersten Stelle des vorgelegten Tripels a steht, kommt von den beiden Diktatorabbildungen, die auf den ersten Hebel reagieren, nur ${}_3d_1$ in Frage.

Da an der zweiten Stelle des Tripels b steht, kommt von den beiden Diktatorabbildungen, die auf den zweiten Hebel reagieren, nur ${}_3\overline{d}_2$ in Frage.

Da an der dritten Stelle des Tripels wieder a steht, kommt hier nur ${}_3d_3$ in Frage.

Diese Schlußweise können wir auch allgemein anwenden: Suchen wir alle Diktatorabbildungen, die einem vorgelegten n-Tupel $x = (x_1,...,x_n)$ den Funktionswert 1 zuordnen, so können wir folgendermaßen verfahren:

Wir mustern die einzelnen Komponenten des n-Tupels und wählen jeweils eine der beiden Diktatorabbildungen, die auf den entsprechenden Hebel reagieren, auf folgende Weise aus:

Ist $x_i = a$, wählen wir ${}_nd_i$.

Ist $x_i = b$, wählen wir ${}_n\overline{d}_i$.

Es ist klar, daß man auf diese Weise tatsächlich alle Diktatorabbildungen d mit $d(x) = 1$ erhält.

Insgesamt haben wir jetzt ein "Rezept" gefunden, wie man jede Abbildung $f \in M_n$ realisieren kann. Wir werden es auf die Abstimmungsmaschine mit 3 Hebeln anwenden:

Folgende Abbildung entspricht der Wirkungsweise dieser Abstimmungsmaschine:

$f: \{a,b\}^3 \to \{0,1\}$
$(a,a,a) \mapsto 1$
$(a,a,b) \mapsto 1$
$(a,b,a) \mapsto 1$
$(a,b,b) \mapsto 0$
$(b,a,a) \mapsto 1$
$(b,a,b) \mapsto 0$
$(b,b,a) \mapsto 0$
$(b,b,b) \mapsto 0$

Zuerst erhalten wir (Satz 3):

(I) $$f = \Delta_{(a,a,a)} \,p\, \Delta_{(a,a,b)} \,p\, \Delta_{(a,b,a)} \,p\, \Delta_{(b,a,a)}$$

Dieser Ausdruck läßt sich weiter umformen (Satz 5)

(II) $$f = (d_1 \, s \, d_2 \, s \, d_3) \, p \, (d_1 \, s \, d_2 \, s \, \overline{d}_3) \, p \, (d_1 \, s \, \overline{d}_2 \, s \, d_3) \, p \, (\overline{d}_1 \, s \, d_2 \, s \, d_3)$$

In der Darstellung (II) tauchen nur Diktatorabbildungen auf, also realisierbare Abbildungen.

Darstellung (II), in die Form einer Schaltskizze gebracht, liefert dann dem Praktiker die gewünschte Konstruktionsvorschrift: Es tauchen nur zweipolige Schalter auf, die wir mit dem Zeichen

——— i ———

angeben. Die Numerierung i gibt den Hebel an, von dem der Schalter bedient wird. (Synchronisierte Schalter erhalten also die gleiche Nummer.) Im Normalfall - so verabreden wir - entspreche der geschlossenen Position eines Schalters die Hebelstellung a; ist es umgekehrt, so deuten wir das durch einen zusätzlichen Querstrich an; ——i—— und

——— $\overline{i}$ ———

arbeiten also "im Gegentakt". Mit diesen Verabredungen läßt sich der Ausdruck (II) in eine Schaltskizze übersetzen:

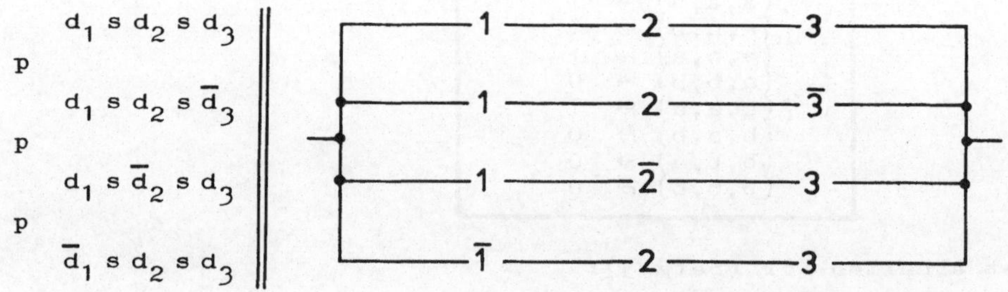

Übung 8: Man wende das entwickelte Verfahren auf den Wechselschalter an.

LÖSUNGEN

Übung 1: $\{a,b\}^2$, $\{a,b\}^3$, $\{a,b\}^4$

Übung 2:

(a,a)	(a,a,a)	(a,a,a,a)
(a,b)	(a,a,b)	(a,a,a,b)
(b,a)	(a,b,a)	(a,a,b,a)
(b,b)	(a,b,b)	(a,a,b,b)
	(b,a,a)	(a,b,a,a)
	(b,a,b)	(a,b,a,b)
	(b,b,a)	(a,b,b,a)
	(b,b,b)	(a,b,b,b)
		(b,a,a,a)
		(b,a,a,b)
		(b,a,b,a)
		(b,a,b,b)
		(b,b,a,a)
		(b,b,a,b)
		(b,b,b,a)
		(b,b,b,b)

Übung 3:

$w: \{a,b\}^2 \to \{0,1\}$		$w': \{a,b\}^2 \to \{0,1\}$
$(a,a) \mapsto 1$	mög-	$(a,a) \mapsto 0$
$(a,b) \mapsto 0$	lich	$(a,b) \mapsto 1$
$(b,a) \mapsto 0$	wäre	$(b,a) \mapsto 1$
$(b,b) \mapsto 1$	auch	$(b,b) \mapsto 0$

Übung 4:

${}_3d_2: \{a,b\}^3 \to \{0,1\}$	
$(a,a,a) \mapsto 1$	$(b,a,a) \mapsto 1$
$(a,a,b) \mapsto 1$	$(b,a,b) \mapsto 1$
$(a,b,a) \mapsto 0$	$(b,b,a) \mapsto 0$
$(a,b,b) \mapsto 0$	$(b,b,b) \mapsto 0$

Übung 5:

$_3\bar{d}_2$: $\{a,b\}^3 \to \{0,1\}$
(a,a,a) ↦ 0
(a,a,b) ↦ 0
(a,b,a) ↦ 1
(a,b,b) ↦ 1
(b,a,a) ↦ 0
(b,a,b) ↦ 0
(b,b,a) ↦ 1
(b,b,b) ↦ 1

Übung 6:

p_F: $\{a,b\}^3 \to \{0,1\}$	s_F: $\{a,b\}^3 \to \{0,1\}$
(a,a,a) ↦ 1	(a,a,a) ↦ 0
(a,a,b) ↦ 1	(a,a,b) ↦ 1
(a,b,a) ↦ 1	(a,b,a) ↦ 0
(a,b,b) ↦ 1	(a,b,b) ↦ 0
(b,a,a) ↦ 1	(b,a,a) ↦ 0
(b,a,b) ↦ 1	(b,a,b) ↦ 0
(b,b,a) ↦ 0	(b,b,a) ↦ 0
(b,b,b) ↦ 1	(b,b,b) ↦ 0

Übung 7: $_3d_1$, $_3\bar{d}_2$, $_3d_3$

Übung 8:

f: $\{a,b\}^2 \to \{0,1\}$
(a,a) ↦ 1
(a,b) ↦ 0
(b,a) ↦ 0
(b,b) ↦ 1

$$f = \Delta_{(a,a)} \; p \; \Delta_{(b,b)}$$
$$= (d_1 \; s \; d_2) \; p \; (\bar{d}_1 \; s \; \bar{d}_2)$$

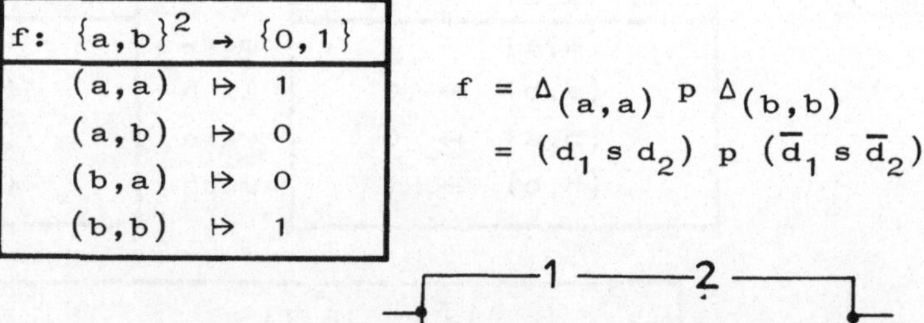

ÜBERBLICK

Schaltwerk: Ein Schaltwerk ist ein zweipoliges elektrisches Gerät, das in Abhängigkeit von den Stellungen einer Anzahl von Hebeln entweder stromdurchlässig ist oder nicht. Jeder Hebel kann zwei Stellungen einnehmen.

Wirkungsweise: Die Wirkungsweise eines Schaltwerkes mit n Hebeln läßt sich charakterisieren durch eine Abbildung
$f\colon \{a,b\}^n \to \{0,1\}$.
$M_n = \{f \mid f\colon \{a,b\}^n \to \{0,1\}\}$.

Ergebnis dieses Kapitels: Man kann zu jedem $f \in M_n$ durch Serien-Parallelschaltungen von zweipoligen Ein-Aus-Schaltern ein Schaltwerk konstruieren, dessen Wirkungsweise f entspricht.

Gang der Handlung: Eine Abbildung $d\colon\{a,b\}^n \to \{0,1\}$, die nur auf eine Komponente (Hebel) des Arguments "reagiert", heißt D i k t a t o r a b b i l d u n g .
Diktatorabbildungen lassen sich jeweils mit Hilfe eines einzigen Ein-Aus-Schalters leicht realisieren.

(Definition) $F \subset M_n$. Die Abbildung $p_F \in M_n$ mit

$$p_F(x) = \begin{cases} 1, & \text{falls für wenigstens ein } h \in F \\ & h(x) = 1 \text{ ist} \\ 0 & \text{sonst, d.h. falls } h(x) = 0 \\ & \text{für alle } h \in F \end{cases}$$

heißt P a r a l l e l s c h a l t u n g der Elemente von F.

(Definition) $F \subset M_n$. Die Abbildung $s_F \in M_n$ mit

$$s_F(x) = \begin{cases} 1, \text{ falls } h(x) = 1 \text{ für alle } h \in F \\ 0 \text{ sonst, d.h. falls für wenigstens ein } h \in F \ \ h(x) = 0 \text{ ist.} \end{cases}$$

heißt S e r i e n s c h a l t u n g der Elemente von F.

1. Schritt: Die Abbildung $\Delta_x: \{a,b\}^n \to \{0,1\}$ mit

(Definition)
$$\Delta_x(y) = \begin{cases} 1, \text{ falls } y = x \\ 0, \text{ falls } y \neq x \end{cases}$$

heißt S a f e a b b i l d u n g bei x.

(Satz 3) Jedes $f \in M_n$ läßt sich als Parallelschaltung von Safeabbildungen darstellen.

$f = p_F$ mit $F = \{\Delta_x | x \in \{a,b\}^n$ und $f(x) = 1\}$

2. Schritt: Es sei D eine Teilmenge von M_n mit der Eigen-
(Satz 4) schaft:

Zu $x,y \in \{a,b\}^n$ mit $x \neq y$ gibt es $d \in D$ mit $d(x) = 1$ und $d(y) = 0$.

Dann gibt es zu jeder Safeabbildung Δ_x eine Teilmenge $G \subset D$ mit $\Delta_x = s_G$. Für G kann man

$G = \{g | g \in D$ und $g(x) = 1\}$

wählen.

<u>3. Schritt:</u> (Satz 5)	Jede Safeabbildung läßt sich als Serienschaltung von Diktatorabbildungen darstellen.
<u>Gesamtergebnis:</u> (Satz 6)	Jede Abbildung $f: \{a,b\}^n \to \{0,1\}$ läßt sich durch Parallel- und Serienschaltung aus Diktatorabbildungen gewinnen und ist damit realisierbar.

Ü B U N G S A U F G A B E N

Aufgabe 1:

Das Vorgehen in diesem Kapitel war an einer Stelle sehr willkürlich: Wir haben z u e r s t die Parallelschaltung ins Spiel gebracht und a n s c h l i e ß e n d die Serienschaltung. Man zeige, daß auch der umgekehrte Weg möglich ist. Anleitung: Man vertausche die Rollen von 0 und 1.

Aufgabe 2:

Am St.-Patrick's-Tag müssen die Gäste zu einer Party mit einer grünen Krawatte oder grünen Socken oder grünem Hemd oder grünem Band erscheinen und jede der folgenden Regeln beachten:

A) Wenn man eine grüne Krawatte trägt, muß man auch ein grünes Hemd tragen.
B) Wenn man grüne Socken und ein grünes Hemd trägt, muß man auch eine grüne Krawatte oder ein grünes Band tragen.
C) Wer ein grünes Hemd oder ein grünes Band oder keine grünen Socken trägt, muß eine grüne Krawatte tragen.

Wer die Regeln bricht, muß ein Pfand zahlen.

An der Tür wird ein Schiedsrichter postiert, der entscheidet, ob der Hereinkommende ein Pfand zahlen muß. Um ihm seine Aufgabe zu erleichtern, konstruiere man ein kleines elektrisches "Gehirn".
Der Apparat soll ein grünes Licht haben, sowie vier Hebel entsprechend Krawatte, Hemd, Socken und Band, die der Schiedsrichter, je nach Kleidung des Gastes, betätigt. Das grüne Licht soll genau dann aufleuchten, wenn der Hereinkommende die Regeln erfüllt.

Man gebe eine Abbildung $f: \{a,b\}^4 \to \{0,1\}$ an, die die Wirkungsweise des Apparates beschreibt und stelle f als Parallel- und Serienschaltung von Diktatorabbildungen und in einer Schaltskizze dar.

Aufgabe 3:

Ein Beispiel aus der Regelungstechnik:
In einem Flüssigkeitsbehälter, der durch eine Pumpe P gespeist wird und einen Abfluß besitzt, soll der Flüssigkeitsspiegel zwischen den Marken 1 und 2 pendeln:

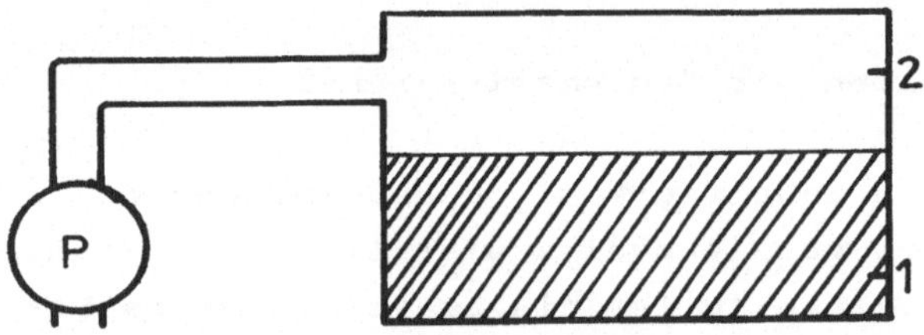

Es ist ein Schaltwerk zu entwerfen, das die Pumpe immer dann einschaltet, wenn der Flüssigkeitsspiegel unter 1 sinkt und sie ausschaltet, wenn er über 2 steigt. Die notwendige Information über die Höhe des Flüssigkeitsspiegels erhält man etwa über bei 1 und 2 befindliche Schwimmer innerhalb des Behälters, deren Bewegung mechanisch oder elektrisch auf die Hebel 1 und 2 des zu entwerfenden Schaltwerkes übertragen wird. Hebel 3 gibt an, ob P läuft oder nicht.

Aufgabe 4:

Für die elektronische Verarbeitung von Daten ist es nützlich, Zahlen im D u a l s y s t e m darzustellen. Man verwendet dafür nur die Ziffern 0 und 1. Ebenso, wie die Ziffernfolge 123 im Dezimalsystem die Zahl

$$(123 =)\ 1\cdot 10^2 + 2\cdot 10^1 + 3\cdot 10^0$$

beschreibt, bezeichnet 1010 im Dualsystem die Zahl

$$(1010 =)\ 1\cdot 2^3 + 0\cdot 2^2 + 1\cdot 2^1 + 0\cdot 2^0$$

Die Dualzahl 1010 entspricht also der Zahl 10 im Dezimalsystem.
"Längere" Dualzahlen werden in Analogie zu dem für die Addition von Dezimalzahlen bekannten Schema addiert:

```
 1010
  111
  11   ←— Übertrag
-----
10001
```

Diese Addition wollen wir "automatisieren":

a) Man entwerfe ein Schaltwerk mit 4 Hebeln, das die erste Stelle der Summe von je zwei zweistelligen Dualzahlen liefert. (Die erste Stelle ist die am weitesten rechts stehende.)
Die 4 Hebel werden zur "Eingabe" der beiden Dualzahlen benötigt (z.B. die ersten beiden für die erste, die anderen für die zweite).

b) Analog zu a) entwerfe man Schaltwerke, die die zweite und dritte Stelle der Summe von je zwei zweistelligen Dualzahlen liefern.

Wenn man die Hebel der Kästen aus a) und b) "synchronisiert", hat man eine Addiermaschine für zweistellige Dualzahlen. Es ist wohl nicht nötig zu bemerken, daß es technisch elegantere Lösungen gibt. Wir werden darauf zurückkommen.

Schaltalgebra

In vielen Fällen können wir ein vorgegebenes Problem durch eine Schaltung realisieren, die wesentlich einfacher ist als diejenige, die uns unser Konstruktionsverfahren liefert. Das zeigt schon die Abstimmungsmaschine mit 3 Hebeln. Wir hatten folgende Schaltung gefunden:

$$\begin{array}{l} d_1 \text{ s } d_2 \text{ s } d_3 \\ \text{P} \\ d_1 \text{ s } d_2 \text{ s } \overline{d}_3 \\ \text{P} \\ d_1 \text{ s } \overline{d}_2 \text{ s } d_3 \\ \text{P} \\ \overline{d}_1 \text{ s } d_2 \text{ s } d_3 \end{array}$$

Der "geübte Praktiker" würde diese Schaltung mit Sicherheit verwerfen und vielleicht durch folgende ersetzen:

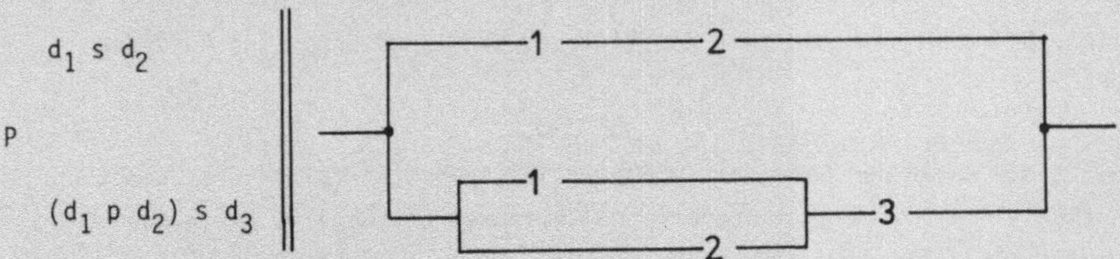

Zweifellos ist diese Schaltung nicht nur übersichtlicher, sondern auch weniger verschwenderisch bei der Verwendung von Ein-Aus-Schaltern (im ersten Fall sind es 12, im zweiten Fall nur 5).

Es kann also verschiedene Schaltungen geben, deren Wirkungsweisen gleich sind.

Unser bisher entwickeltes Konstruktionsverfahren ermöglicht es, zu j e - d e r vorgegebenen Wirkungsweise eine zugehörige Schaltung anzugeben - darin liegt der Vorteil. Der Nachteil ist, daß man auf diese Weise nicht immer die besten Lösungen erhält.

Leider ist eine praktikable Methode, die in jedem Fall optimale Lösungen liefert, nicht bekannt. Das liegt zum Beispiel daran, daß der Begriff "optimal" von den jeweiligen Anforderungen abhängt.

Wir wollen uns einmal bemühen, mit Parallel- und Serienschaltungen von möglichst wenigen Ein-Aus-Schaltern auszukommen.

Da die mit Hilfe unseres Konstruktionsverfahrens entworfene Schaltung für eine Abstimmungsmaschine dieselbe Wirkungsweise hat wie die Schaltung des "geübten Praktikers" muß

$$\begin{aligned} &(d_1 \text{ s } d_2 \text{ s } d_3) \text{ p } (d_1 \text{ s } d_2 \text{ s } \overline{d}_3) \\ &\qquad \text{p } (d_1 \text{ s } \overline{d}_2 \text{ s } d_3) \text{ p } (\overline{d}_1 \text{ s } d_2 \text{ s } d_3) \\ &= (d_1 \text{ s } d_2) \text{ p } ((d_1 \text{ p } d_2) \text{ s } d_3) \end{aligned}$$

gelten. Offenbar kann man sehr komplizierte und lange derartige Ausdrücke durch kürzere ersetzen.

Braucht man dafür den mehr oder minder zufälligen Scharfblick des "geübten Praktikers" oder gibt es systematische Verfahren und Regeln, die dasselbe Ergebnis mit Hilfe rein mathematischer Überlegungen liefern?

Um solche Regeln zu entdecken, orientieren wir uns an vorhandenen Erfahrungen. Auch beim Rechnen mit Zahlen werden häufig komplizierte Ausdrücke durch einfachere ersetzt, z.B.

$$18 \cdot (25 + 17) - 25 \cdot 18 = 18 \cdot 17 \ .$$

Um einzusehen, daß diese Rechnung richtig ist, brauchen wir das "Einmaleins" nicht zu bemühen; es genügt, gewisse Regeln für die Rechenoperationen Addition und Multiplikation auf der Menge der reellen Zahlen zu kennen, die es im vorliegenden Falle etwa gestatten, 18 "auszuklammern". Für alle reellen Zahlen a,b,c gilt nämlich

$$a \cdot b + a \cdot c = a \cdot (b + c)\ .$$

Um analoge Rechenregeln auch für die Vereinfachung von Schaltbildern einsetzen zu können, müssen wir das Serien- und Parallelschalten zunächst als Rechenoperationen oder *Verknüpfungen* auf der Menge M_n betrachten.

Schaltalgebra

Ideen zur Vereinfachung von Schaltbildern

Ausgehend von dem Problem der Vereinfachung überlegen wir uns: Wie kann man Schaltwerke so verändern, daß die zugehörigen Wirkungsweisen dennoch gleich bleiben?

Wir beschränken uns dabei auf Serien-Parallelschaltungen, deren elektrische Grundelemente lediglich Schalter sind.

Erinnern wir uns: Die Wirkungsweise eines Schaltwerkes mit n Hebeln läßt sich mathematisch durch eine Abbildung

$$f\colon \{a,b\}^n \to \{0,1\}$$

beschreiben.

Die Darstellung einer solchen Abbildung als Serien-Parallelschaltung von Diktatorabbildungen läßt sich in ein Schaltbild übersetzen. Umgekehrt gewinnt man aus einem vorgelegten Schaltbild die zugehörige Wirkungsweise, dargestellt durch eine Serien-Parallelschaltung von Diktatorabbildungen.

Beispielsweise entspricht der Wirkungsweise des Schaltwerkes mit 4 Hebeln, das durch folgendes Schaltbild gegeben ist:

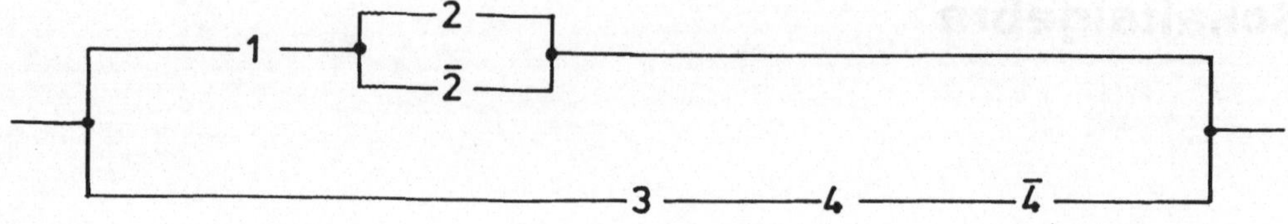

die Abbildung

$$f\colon \{a,b\}^4 \to \{0,1\}$$

mit

$$f = (d_1\ s\ (d_2\ p\ \overline{d}_2))\ p\ (d_3\ s\ d_4\ s\ \overline{d}_4)\ .$$

Betrachten wir dieses Schaltbild noch einmal etwas genauer.

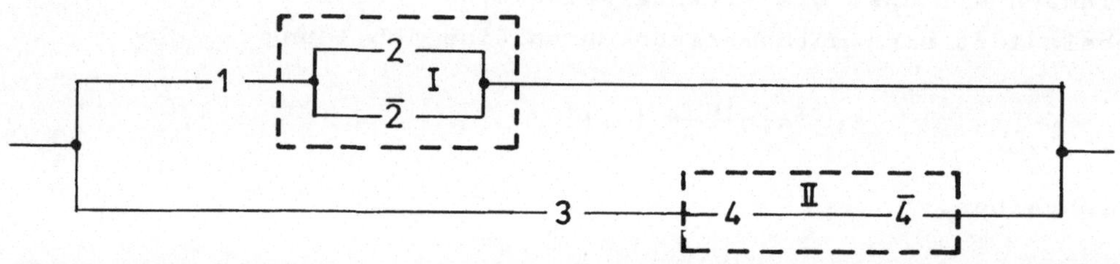

Wir haben zwei Ausschnitte umrahmt (I und II).

Bei I sind zwei Schalter parallel geschaltet. Sie werden gleichzeitig vom 2. Hebel g e g e n s i n n i g bedient. Bei jeder Hebelstellung ist einer der beiden Schalter geschlossen, der andere offen. Teil I ist daher immer stromdurchlässig. Wir könnten ihn durch eine schalterlose Verbindung ersetzen.

Im Abschnitt II liegen zwei gegensinnig arbeitende Schalter in Serie. Einer der beiden Schalter ist immer geöffnet, der andere geschlossen. Daher ist Teil II bei keiner Hebelstellung stromdurchlässig. Wir könnten in unserem Schaltbild den ganzen unteren Zweig weglassen, ohne die Wirkungsweise des zugehörigen Schaltwerkes zu verändern. Die betrachtete Schaltung läßt sich also durch folgende ersetzen:

——•——1——————•—— (4 Hebel!)

Mit anderen Worten, wir brauchen in diesem Fall nur einen Ein-Aus-Schalter und 3 Attrappen (der Diktator sitzt am ersten Hebel).

Für die Abbildung f , die die Wirkungsweise dieses Schaltwerkes beschreibt, gilt $f = d_1$. Vorher hatten wir f aber schon aus der komplizierteren Schaltung ermittelt:

$$f = (d_1 \mathrm{s} (d_2 \mathrm{p} \overline{d}_2)) \mathrm{p} (d_3 \mathrm{s} d_4 \mathrm{s} \overline{d}_4)$$

Es müßte somit gelten:

$$d_1 = (d_1 \mathrm{s} (d_2 \mathrm{p} \overline{d}_2)) \mathrm{p} (d_3 \mathrm{s} d_4 \mathrm{s} \overline{d}_4) .$$

Wie können wir das beweisen? Wir müssen die Gleichheit der beiden Abbildungen nachweisen. Eine Möglichkeit ist der Vergleich ihrer Wertetafeln. Dieses Verfahren ist aber umständlich, da wir dazu viele und lange Wertetafeln aufstellen müßten. Es wäre daher sehr angenehm, wenn wir allgemeine Regeln hätten, nach denen man Ausdrücke, wie sie soeben aufgetaucht sind, umformen könnte.

Das Umformen von Ausdrücken erinnert an das Rechnen mit Zahlen, dabei haben wir oft komplizierte Rechenausdrücke durch einfachere ersetzt. Zum Beispiel:

$$18 \cdot (25 + 17) - 25 \cdot 18 = 18 \cdot 17 .$$

Um einzusehen, daß diese Rechnung richtig ist, kann man bestimmte Rechenregeln anwenden:

$$
\begin{aligned}
&18\,(25 + 17) - 25 \cdot 18 \\
&\overset{I}{=} (18 \cdot 25 + 18 \cdot 17) - 25 \cdot 18 \\
&\overset{II}{=} (18 \cdot 17 + 18 \cdot 25) - 25 \cdot 18 \\
&\overset{III}{=} (18 \cdot 17 + 18 \cdot 25) - 18 \cdot 25 \\
&\overset{IV}{=} 18 \cdot 17 + (18 \cdot 25 - 18 \cdot 25) \\
&\overset{V}{=} 18 \cdot 17 + 0 \\
&\overset{VI}{=} 18 \cdot 17
\end{aligned}
$$

Bei dieser Umformung haben wir der Reihe nach folgende Rechenregeln benutzt, die für alle reellen Zahlen a,b,c gelten:

I	$a \cdot (b + c)$	$= a \cdot b + a \cdot c$
II	$a + b$	$= b + a$
III	$a \cdot b$	$= b \cdot a$
IV	$(a + b) - c$	$= a + (b - c)$
V	$a - a$	$= 0$
VI	$a + 0$	$= a$

Gibt es ähnliche Gesetzmäßigkeiten auch für das Parallel- und Serienschalten von Abbildungen aus M_n ?

Verknüpfungen

Sowohl beim Zahlenrechnen als auch bei unseren Schaltungsproblemen geht es um bestimmte Objekte (Zahlen - Abbildungen), zwischen denen "Operationen" (Addition, Multiplikation, Subtraktion - Parallelschaltung, Serienschaltung) erklärt sind.

Die Addition liefert zu je zwei Zahlen eine neue - ihre Summe. Ebenso gewinnt man beim Subtrahieren oder Multiplizieren aus zwei Zahlen eine weitere.

Bei Abbildungen aus M_n ist es ähnlich:
Durch Parallel- oder Serienschalten erhält man zu Elementen der Menge M_n ein neues Element der Menge M_n.

Diese Gemeinsamkeiten führen uns zu einem neuen Begriff. Dabei müssen wir beachten, daß bei einigen Rechenoperationen immer nur zwei Elementen ein weiteres Element zugeordnet wird und das Ergebnis von der Reihenfolge der beiden Elemente abhängt (zum Beispiel der bei der Subtraktion: $3 - 4 \neq 4 - 3$).

Es muß also folgendes ausgedrückt werden: Bei einer Rechenoperation, oder wie man auch sagt, bei einer Verknüpfung, wird jedem geordneten Paar von Elementen einer Menge ein weiteres Element dieser Menge zugeordnet.

Definition 1: M sei eine Menge.
Eine Abbildung $v: M \times M \to M$ heißt eine **V e r k n ü p f u n g** auf M.

Ist $v: M \times M \to M$ eine Verknüpfung auf M und $(m,n) \in M \times M$, so schreibt man statt $v((m,n))$ oft mvn . Das kennen wir schon von den "bürgerlichen Rechenarten", die wir als Verknüpfungen auf Zahlenmengen (zum Beispiel auf $\mathbb{R}$) auffassen können:

$$+ : \mathbb{R} \times \mathbb{R} \to \mathbb{R}$$
$$(x,y) \mapsto +((x,y)) = x + y$$

$$\cdot : \mathbb{R} \times \mathbb{R} \to \mathbb{R}$$
$$(x,y) \mapsto \cdot((x,y)) = x \cdot y$$

In Anlehnung an diese Rechenoperationen werden wir meistens statt Buchstaben Zeichen wie $+$, $\cdot$, $\circ$, $*$, $\otimes$, $\wedge$, $\vee$ für Verknüpfungen verwenden.

Parallel- und Serienverknüpfung

Das Parallel- und Serienschalten von Abbildungen liefert zwei Verknüpfungen auf der Menge M_n:

Definition 2: Die Abbildung

$$\vee: M_n \times M_n \to M_n \quad \text{mit} \quad f \vee g = p_{\{f,g\}}$$

heißt P a r a l l e l v e r k n ü f u n g auf M_n.

Definition 3: Die Abbildung

$$\wedge: M_n \times M_n \to M_n \quad \text{mit} \quad f \wedge g = s_{\{f,g\}}$$

heißt S e r i e n v e r k n ü p f u n g auf M_n.

Es mag verwundern, daß wir an dieser Stelle neue Zeichen ($\vee$,$\wedge$ statt p,s) und eine neue Benennung (Parallelverknüpfung und Serienverknüpfung statt Parallelschaltung und Serienschaltung) für den im Grunde gleichen Sachverhalt gewählt haben.
Was sich geändert hat, ist die mathematische Sichtweise unserer Problemstellung. Im vorigen Abschnitt haben wir das Parallel- und das Serienschalten von Abbildungen als einen Vorgang verstanden, bei dem jeder T e i l m e n g e von M_n ein weiteres Element aus M_n zugeordnet wird. Jetzt haben wir einen anderen Standpunkt: Wir sehen das Parallel- und Serienschalten als Vorgänge an, bei denen jedem g e o r d n e t e n P a a r von Elementen aus M_n ein weiteres Element aus M_n zugeordnet wird - also als Verknüpfungen auf M_n. Zu dieser Sichtweise sind wir durch Vergleich mit Rechenoperationen gekommen. In der Tat ist in der Analogie zum Zahlenrechnen ein Grund für unser Vorgehen zu sehen.
Verknüpfungen spielen in der heutigen Mathematik an sehr vielen weiteren Stellen eine Rolle. Auch sie tragen dazu bei, eine einheitliche und übersichtliche Auffassung verschiedener Gebiete der Mathematik zu gewinnen.

Übung 1: Bitte überzeugen Sie sich anhand der Definition von p und s , daß für $f,g \in M_n$ und jedes $x \in \{a,b\}^n$ gilt:

$$(f \vee g)(x) = 1 \Leftrightarrow f(x) = 1 \text{ oder } g(x) = 1$$
$$(f \wedge g)(x) = 1 \Leftrightarrow f(x) = 1 \text{ und } g(x) = 1$$

Aufgrund der Definitionen 2 und 3 lassen sich zunächst nur zwei Abbildungen parallel- oder serienverknüpfen. Wollen wir mehrere verknüpfen, so müssen wir schrittweise vorgehen. Bei drei Abbildungen f,g,h können wir folgendermaßen verfahren: Wir verknüpfen erst zwei Abbildungen und dann das Ergebnis mit der dritten. Dieses Verfahren ist aber nicht eindeutig. Es gibt zwei Möglichkeiten: Wir können erst f mit g und dann das Ergebnis mit h verknüpfen: $(f \vee g) \vee h$, oder wir bilden $f \vee (g \vee h)$. Für welche Möglichkeit sollen wir uns entscheiden?

Als Ergebnis wollen wir doch diejenige Abbildung erhalten, die wir bisher mit

$$p_{\{f,g,h\}} = f \text{ p } g \text{ p } h$$

bezeichnet haben. Versuchen wir darum, folgenden Satz zu beweisen:

Satz 1: Sind f,g,h Abbildungen von $\{a,b\}^n$ nach $\{0,1\}$, so gilt:

$$(f \vee g) \vee h = p_{\{f,g,h\}} = f \vee (g \vee h).$$

Beweis: Wir haben die Gleichheit von drei Abbildungen nachzuweisen. Wir müssen zeigen:

Für jedes $x \in \{a,b\}^n$ gilt

$$((f \vee g) \vee h)(x) = (p_{\{f,g,h\}})(x)$$
$$= (f \vee (g \vee h))(x) \qquad (*)$$

Nach Definition der Parallelverknüpfung ist (*) gleichbedeutend mit:

Für jedes $x \in \{a,b\}^n$ gilt

$$(p_{\{p_{\{f,g\}},h\}})(x) = (p_{\{f,g,h\}})(x)$$
$$= (p_{\{f,p_{\{g,h\}}\}})(x) \qquad (**)$$

Nach Definition der Parallelschaltung ist jeder der drei Funktionswerte in der Reihe (**) durch f(x), g(x) und h(x) eindeutig bestimmt. Wir können daher zum Beweis folgende Fallunterscheidung treffen:

Fall 1: f(x) = 1, g(x) = 1, h(x) = 1
Fall 2: f(x) = 1, g(x) = 1, h(x) = 0
Fall 3: f(x) = 1, g(x) = 0, h(x) = 1
Fall 4: f(x) = 1, g(x) = 0, h(x) = 0
Fall 5: f(x) = 0, g(x) = 1, h(x) = 1
Fall 6: f(x) = 0, g(x) = 1, h(x) = 0
Fall 7: f(x) = 0, g(x) = 0, h(x) = 1
Fall 8: f(x) = 0, g(x) = 0, h(x) = 0.

Da für f,g und h als Funktionswerte nur 1 oder 0 in Frage kommen, tritt einer der aufgeführten 8 Fälle stets ein. Verfolgen wir jeden Fall für sich und notieren die einzelnen Fälle übersichtlich in einer Funktionstabelle:

	f(x)	g(x)	h(x)	$(p_{\{f,g\}})(x)$	$(p_{\{g,h\}})(x)$	$(p_{\{f,g,h\}})(x)$	$(p_{\{p_{\{f,g\}},h\}})(x)$	$(p_{\{f,p_{\{g,h\}}\}})(x)$
1	1	1	1					
2	1	1	0					
3	1	0	1					
4	1	0	0					
5	0	1	1					
6	0	1	0					
7	0	0	1					
8	0	0	0					

Durch Anwenden der Definition der Parallelschaltung von Abbildungen können wir jede Zeile dieser Tabelle (jeden Fall) ausfüllen.

Übung 2: Bitte füllen Sie diese Tabelle aus.

Die Tabelle zeigt, daß für jeden der Fälle 1 - 8 gilt:

$$
\begin{aligned}
(p_{\{p_{\{f,g\}},h\}})(x) &= (p_{\{f,g,h\}})(x) \\
&= (p_{\{f,p_{\{g,h\}}\}})(x)
\end{aligned}
$$

Dann gilt aber (**), also auch (*), und somit ist unser Satz bewiesen. ★

Ein entsprechender Satz gilt auch für die Serienverknüpfung:

Satz 1': Sind f,g,h Abbildungen von $\{a,b\}^n$ nach $\{0,1\}$, so gilt:

$$(f \wedge g) \wedge h = s_{\{f,g,h\}} = f \wedge (g \wedge h)$$

<u>Beweis:</u> Wir stellen wieder eine Funktionstabelle auf:

	$f(x)$	$g(x)$	$h(x)$	$(s_{\{f,g\}})(x)$	$(s_{\{g,h\}})(x)$	$(s_{\{f,g,h\}})(x)$	$(s_{\{s_{\{f,g\}},h\}})(x)$	$(s_{\{f,s_{\{g,h\}}\}})(x)$
1	1	1	1	1	1	1	1	1
2	1	1	0	1	0	0	0	0
3	1	0	1	0	0	0	0	0
4	1	0	0	0	0	0	0	0
5	0	1	1	0	1	0	0	0
6	0	1	0	0	0	0	0	0
7	0	0	1	0	0	0	0	0
8	0	0	0	0	0	0	0	0

Aus dieser Funktionstabelle schließen wir, daß für jedes $x \in \{a,b\}^n$ gilt:

$$(s_{\{s_{\{f,g\}},h\}})(x) = (s_{\{f,g,h\}})(x)$$
$$= (s_{\{f,s_{\{g,h\}}\}})(x)$$

Das bedeutet aber nach Definition der Serienverknüpfung, daß für jedes $x \in \{a,b\}^n$ gilt:

$$((f \wedge g) \wedge h)(x) = (f \wedge (g \wedge h))(x)$$

Damit ist unsere Behauptung bewiesen. ★

Mit den Sätzen 1 und 1' haben wir schon zwei "Rechenregeln" gefunden. Sie besagen, daß es weder bei der Parallel- noch bei der Serienverknüpfung von drei Abbildungen aus M_n auf das Setzen von Klammern ankommt. Eine Verknüpfung mit dieser Eigenschaft nennt man assoziativ.

Definition 4: M sei eine Menge und $\circ: M \times M \to M$ eine Verknüpfung auf M. Die Verknüpfung $\circ$ heißt a s s o z i a t i v , wenn für beliebige Elemente $a,b,c \in M$ stets gilt:

$$(a \circ b) \circ c = a \circ (b \circ c)$$

Das Assoziativgesetz sagt zunächst nur aus, daß es bei Verknüpfung von d r e i Elementen nicht auf die Klammersetzung ankommt. Man kann sich aber überlegen, daß bei schrittweiser Anwendung dieses Gesetzes auch bei der Verknüpfung von mehr als drei Elementen Klammern beliebig gesetzt werden können, ohne daß sich das Ergebnis ändert.

Oft kommt es bei einer Verknüpfung auf die Reihenfolge der Elemente an - etwa bei der Subtraktion (um das auszudrücken, haben wir ja gerade Verknüpfungen als Abbildungen von $M \times M$ nach M erklärt). Eine Verknüpfung, bei der die Reihenfolge der beteiligten Elemente keine Rolle spielt, nennt man kommutativ.

Definition 5: M sei eine Menge und $\circ: M \times M \to M$ eine Verknüpfung auf M. Die Verknüpfung $\circ$ heißt k o m m u t a t i v , wenn für beliebige Elemente a,b $\in$ M stets gilt:

$$a \circ b = b \circ a$$

Bei der Parallel- und Serienschaltung kommt es nur auf die Menge der zusammengeschalteten Abbildungen an, nicht auf ihre Reihenfolge. Daher gelten folgende Sätze:

Satz 2: Die Parallelverknüpfung auf der Menge M_n ist kommutativ.

Satz 2': Die Serienverknüpfung auf der Menge M_n ist kommutativ.

Beweis: Für $f,g \in M_n$ gilt:

$$f \vee g = p_{\{f,g\}} = p_{\{g,f\}} = g \vee f$$

$$f \wedge g = s_{\{f,g\}} = s_{\{g,f\}} = g \wedge f$$ ★

Aus der Schule wissen wir, daß die Multiplikation und die Addition von Zahlen assoziativ und kommutativ sind.

Lassen wir uns auch weiterhin von Rechengesetzen über Zahlen leiten. Welche Gesetze kennen wir noch? Es gibt ziemlich viele.

Hier einige Beispiele:

a) $a(b + c) = a \cdot b + a \cdot c$
b) $a + 0 = a;\ a \cdot 1 = a$
c) $a - a = 0$
d) $(a + b)^2 = a^2 + 2ab + b^2$

Woher kommen diese Gesetze? Viele wurden in langjähriger Schulpraxis einfach eingeübt. Der binomische Lehrsatz, also d), wurde sogar bewiesen:

$$
\begin{aligned}
\underline{(a+b)^2} \quad & \overset{1)}{=} (a+b)\cdot(a+b) \\
& \overset{2)}{=} (a+b)\cdot a + (a+b)\cdot b \\
& \overset{3)}{=} a\cdot(a+b) + b\cdot(a+b) \\
& \overset{4)}{=} a\cdot a + a\cdot b + b\cdot a + b\cdot b \\
& \overset{5)}{=} a^2 + a\cdot b + b\cdot a + b^2 \\
& \overset{6)}{=} a^2 + a\cdot b + a\cdot b + b^2 \\
& \overset{7)}{=} a^2 + a\cdot b\cdot 1 + a\cdot b\cdot 1 + b^2 \\
& \overset{8)}{=} a^2 + a\cdot b(1+1) + b^2 \\
& \overset{9)}{=} a^2 + a\cdot b\cdot 2 + b^2 \\
& \overset{10)}{=} \underline{a^2 + 2\cdot a\cdot b + b^2}
\end{aligned}
$$

Dabei wurden der Reihe nach folgende Definitionen und Rechengesetze benutzt:

1) Die Definition von x^2: $x^2 = x \cdot x$
2) Das Gesetz a)
3) Das Kommutativgesetz der Multiplikation
4) Zweimal das Gesetz a)
5) Die Definition von x^2: $x^2 = x \cdot x$
6) Das Kommutativgesetz der Multiplikation
7) Das Gesetz b)
8) Das Gesetz a)
9) Die Definition von 2: $2 = 1 + 1$
10) Das Kommutativgesetz der Multiplikation

Außerdem haben wir in dieser Herleitung das Assoziativgesetz der Multiplikation und der Addition stillschweigend verwendet - sonst hätten wir viel mehr Klammern setzen müssen.

Die binomische Formel wurde also aus gewissen Grundgesetzen abgeleitet. Man erkennt daraus, daß man neue Rechenregeln unter alleiniger Benutzung von anderen Rechenregeln gewinnen kann.

Dann wäre es auch in unserem Fall sinnvoll, nach möglichst einfachen aber grundlegenden Regeln für die Parallel- und Serienverknüpfung zu suchen.

Bei Zahlen scheint das Gesetz a) eine solche Grundregel zu sein. Auffällig ist, daß es nicht nur eine Verknüpfung allein betrifft, sondern einen Zusammenhang von Addition und Multiplikation beschreibt.

Untersuchen wir, ob ein derartiges Gesetz auch für die Parallel- und Serienverknüpfung gilt. Dabei taucht eine kleine Schwierigkeit auf: Welche Verknüpfung soll der Addition und welche soll der Multiplikation entsprechen?
Prüfen wir deshalb beide Möglichkeiten:

$$f \vee (g \wedge h) \overset{?}{=} (f \vee g) \wedge (f \vee h)$$
$$f \wedge (g \vee h) \overset{?}{=} (f \wedge g) \vee (f \wedge h)$$

Die Frage ist, ob eine dieser Formeln oder sogar beide für beliebige Abbildungen $f,g,h \in M_n$ stets richtig sind.

Vorweg bringt uns diese Überlegung auf die Idee, auch im Gesetz a) einmal die Rollen der Multiplikation und der Addition zu vertauschen:

$$a + (b \cdot c) \overset{?}{=} (a + b) \cdot (a + c)$$

Diese Beziehung ist nicht immer richtig, z.B.:

$$1 + (2 \cdot 3) = 7 \neq 12 = (1 + 2)(1 + 3)$$

Addition und Multiplikation sind also zwei Verknüpfungen, für die nur eins der beiden Gesetze dieses Typs - man nennt sie Distributivgesetze - gilt.

Definition 6: M sei eine Menge und $\circ, *: M \times M \to M$ seien Verknüpfungen auf M.
Die Verknüpfung $\circ$ heißt d i s t r i b u t i v über der Verknüpfung $*$, wenn für beliebige Elemente $a,b,c \in M$ gilt:

$$a \circ (b * c) = (a \circ b) * (a \circ c) .$$

Fragen wir uns nun zuerst einmal, ob die Parallelverknüpfung distributiv über der Serienverknüpfung ist.

Sei also $n \in \mathbb{N}$ und $f,g,h \in M_n$. Unser Ziel ist es nachzuprüfen, ob

$$f \vee (g \wedge h) = (f \vee g) \wedge (f \vee h)$$

gilt. Dazu stellen wir wieder eine Funktionstafel auf:

	f(x)	g(x)	h(x)	(g ∧ h)(x)	(f ∨(g ∧ h))(x)	(f ∨ g)(x)	(f ∨ h)(x)	((f ∨ g) ∧ (f ∨ h))(x)
1	1	1	1	1	1	1	1	1
2	1	1	0	0	1	1	1	1
3	1	0	1	0	1	1	1	1
4	1	0	0	0	1	1	1	1
5	0	1	1	1	1	1	1	1
6	0	1	0	0	0	1	0	0
7	0	0	1	0	0	0	1	0
8	0	0	0	0	0	0	0	0

Durch Vergleich der umrahmten Spalten erkennen wir, daß für jedes $x \in \{a,b\}^n$ gilt:

$$(f \vee (g \wedge h))(x) = ((f \vee g) \wedge (f \vee h))(x).$$

Das bedeutet aber:

$$f \vee (g \wedge h) = (f \vee g) \wedge (f \vee h).$$

Halten wir das Ergebnis in einem Satz fest:

Satz 3: Sei $n \in \mathbb{N}$ und seien $f,g,h \in M_n$, dann gilt:

$$f \vee (g \wedge h) = (f \vee g) \wedge (f \vee h)$$

(Die Parallelverknüpfung ist distributiv über der Serienverknüpfung).

Untersuchen wir nun auch die zweite Möglichkeit für $f,g,h \in M_n$:

$$f \wedge (g \vee h) \stackrel{?}{=} (f \wedge g) \vee (f \wedge h).$$

In der Tat ist auch die Serienverknüpfung distributiv über der Parallelverknüpfung:

Satz 3': Sei $n \in \mathbb{N}$ und seien $f,g,h \in M_n$ dann gilt:

$$f \wedge (g \vee h) = (f \wedge g) \vee (f \wedge h) .$$

Übung 3: Führen Sie den Beweis bitte selbst!

Dieses Ergebnis ist überraschend! Wir sind auf eine erste Abweichung von Gesetzen des Zahlenrechnens gestoßen. Gegenüber der Addition und Multiplikation weisen die Parallel- und Serienverknüpfung eine zusätzliche Symmetrie auf - wir können auf zwei Arten ausklammern.

Mit den bisher gefundenen Gesetzen haben wir schon Möglichkeiten gewonnen, durch Parallel- und Serienverknüpfung zusammengesetzte Ausdrücke umzuformen.

Zusätzlich kann man beim Zahlenrechnen einen Ausdruck zum Beispiel dann verkürzen, wenn ein Summand 0 oder ein Faktor 1 wird. Man kann dann 0 oder 1 einfach weglassen:

$$a + 0 = a; \quad a \cdot 1 = a .$$

Bezüglich der Addition und bezüglich der Multiplikation gibt es also jeweils ein besonders ausgezeichnetes Element. Derartige Elemente nennen wir neutrale Elemente.

Definition 7: M sei eine Menge und $\circ : M \times M \to M$ eine Verknüpfung auf M. Ein Element $e \in M$ heißt ein n e u t r a l e s E l e m e n t bezüglich der Verknüpfung $\circ$, wenn für jedes $a \in M$ gilt:

$$a \circ e = e \circ a = a$$

Ist $\circ$ eine kommutative Verknüpfung, so ist e genau dann neutral, wenn $a \circ e = a$ für alle a aus M gilt.

Gehen wir der Frage nach, ob es auch bezüglich der Parallelverknüpfung oder bezüglich der Serienverknüpfung solche Elemente gibt. Beginnen wir mit der Parallelverknüpfung:

Gesucht ist also eine Abbildung $e \in M_n$ mit $f \vee e = f$ für alle $f \in M_n$.

Erinnern wir uns: Beim Parallelverknüpfen "verschwindet" keine

1 der Ausgangsabbildungen. Es ist daher einleuchtend, daß - wenn überhaupt - nur die konstante Abbildung $_n o$ (die jedes n-Tupel auf die Null abbildet), neutral sein kann. In der Tat gilt folgender Satz:

Satz 4: Für jedes $f \in M_n$ ist $f \vee {_n o} = f$.

__Beweis:__ Wir benutzen Satz 1 des vorigen Kapitels und zeigen, daß für jedes $x \in \{a,b\}^n$ gilt:

$$(f \vee {_n o})(x) = 1 \Leftrightarrow f(x) = 1$$

"$\Rightarrow$": Sei $x \in \{a,b\}^n$ mit $(f \vee {_n o})(x) = 1$
$\Rightarrow f(x) = 1$ oder $_n o(x) = 1$ (nach Definition der Verknüpfung $\vee$).
Weil $_n o(x) = 1$ stets falsch ist, folgt daraus
$f(x) = 1$.

"$\Leftarrow$": Sei $x \in \{a,b\}^n$ mit $f(x) = 1$.
Dann bildet mindestens eine der beiden Abbildungen f, $_n o$ das Element x auf 1 ab.
Das heißt aber
$(f \vee {_n o})(x) = 1$. ★

$_n o$ ist also ein neutrales Element bezüglich der Parallelverknüpfung auf der Menge M_n.

Dieses Ergebnis können wir technisch so interpretieren: Die Wirkungsweise eines Schaltwerks wird durch zusätzliches Parallelschalten eines stets stromundurchlässigen Schaltwerks nicht verändert.

Entsprechende Überlegungen, wie bei den Parallelverknüpfungen, führen zu dem Schluß, daß als neutrales Element bezüglich der

Serienverknüpfung nur die Abbildung $_ne$ in Frage kommt, die jedes n-Tupel auf die 1 abbildet.

Satz 4': Für jedes $f \in M_n$ ist $f \wedge {}_ne = f$.

Übung 4: Bitte führen Sie den Beweis selbst!

Auch diesen Satz kann man technisch interpretieren: Die Wirkungsweise eines Schaltwerks wird durch Serienschalten eines stets stromdurchlässigen Schaltwerks nicht verändert.

Eine weitere Operation, die wir mit Elementen aus M durchführen können, haben wir bislang bei der Untersuchung von Rechenregeln für Abbildungen $f: \{a,b\}^n \to \{0,1\}$ noch nicht berücksichtigt.

Wir hatten bei der Realisierung von Schaltwerken zu jeder Diktatorabbildung $d: \{a,b\}^n \to \{0,1\}$ die Abbildung $\bar{d}: \{a,b\}^n \to \{0,1\}$ gebildet, für die gilt:

$$\bar{d}(x) = 1 \Leftrightarrow d(x) = 0 .$$

Eine solche Abbildung kann man offenbar zu jeder Abbildung $f \in M_n$ angeben, etwa für:

$f : \{a,b\}^3 \rightarrow \{0,1\}$	$\overline{f} : \{a,b\}^3 \rightarrow \{0,1\}$
$(a,a,a) \mapsto 0$	$(a,a,a) \mapsto 1$
$(a,a,b) \mapsto 1$	$(a,a,b) \mapsto 0$
$(a,b,a) \mapsto 1$	$(a,b,a) \mapsto 0$
$(a,b,b) \mapsto 0$	$(a,b,b) \mapsto 1$
$(b,a,a) \mapsto 0$	$(b,a,a) \mapsto 1$
$(b,a,b) \mapsto 0$	$(b,a,b) \mapsto 1$
$(b,b,a) \mapsto 1$	$(b,b,a) \mapsto 0$
$(b,b,b) \mapsto 0$	$(b,b,b) \mapsto 1$

Definition 8: Für $f \in M_n$ heißt die Abbildung $\overline{f} \in M_n$ mit

$$\overline{f}(x) = 1 \Leftrightarrow f(x) = 0 \text{ für jedes } x \in \{a,b\}^n$$

K o m p l e m e n t von f.

Sind A und B Schaltwerke, durch die f bzw. $\overline{f}$ realisiert werden, so ist A genau dann stromdurchlässig, wenn B strom u n - durchlässig ist.

Die Zuordnung $f \mapsto \overline{f}$ definiert eine Abbildung $\overline{} : M_n \rightarrow M_n$, die K o m p l e m e n t b i l d u n g.

Wie verhält sich nun die Komplementbildung zu unseren schon untersuchten Rechenoperationen?

Eine Marschrichtung kann uns wieder das Zahlenrechnen geben. Auch hier (etwa in $\mathbb{R}$) gibt es eine ähnliche Abbildung von $\mathbb{R}$ nach $\mathbb{R}$, nämlich die Abbildung, die jeder Zahl ihren negativen Wert zuordnet ($x \mapsto -x$). Diese Abbildung ist charakterisiert durch die Eigenschaft:

$$\text{Für jedes } x \in \mathbb{R} \text{ gilt: } x + (-x) = 0.$$

Untersuchen wir nun die möglichen Verknüpfungen von f mit $\overline{f}$.

Sei also $f \in M_n$. Was ist zunächst $f \vee \overline{f}$? Für $x \in \{a,b\}^n$ gilt:

$$(f \vee \overline{f})(x) = 1 \Leftrightarrow f(x) = 1 \quad \text{oder} \quad \overline{f}(x) = 1$$

Nun ist aber für $x \in \{a,b\}^n$

entweder $f(x) = 1$ (erster Fall)
oder $f(x) = 0$ (zweiter Fall).

Im ersten Fall ist $f(x) = 1$, also auch $(f \vee \overline{f})(x) = 1$.
Im zweiten Fall ist nach Definition 8 $\overline{f}(x) = 1$, also auch $(f \vee \overline{f})(x) = 1$.
Daher gilt für jedes $x \in \{a,b\}^n$:

$$(f \vee \overline{f})(x) = 1$$

Dann ist aber $f \vee \overline{f}$ gerade die Abbildung, die alle Elemente aus $\{a,b\}^n$ auf 1 abbildet, also die Abbildung ${}_ne \in M_n$.

Satz 5: Für jedes $f \in M_n$ ist $f \vee \overline{f} = {}_ne$.

Entsprechend erhält man

Satz 5': Für jedes $f \in M_n$ ist $f \wedge \overline{f} = {}_n0$.

Diese Ergebnisse sind etwas verblüffend! Denn in Analogie zum Zahlenrechnen hätten wir eher $f \vee \overline{f} = {}_n0$ erwartet, da ${}_n0$ das neutrale Element bezüglich $\vee$ ist.

Die Rechenoperationen, die wir auf der Menge M_n entdeckt haben, weichen also trotz gewisser Ähnlichkeiten sehr stark vom Zahlenrechnen ab. (Das konnten wir schon beim Beweis der Distributivgesetze feststellen.)

Fassen wir unsere Ergebnisse zusammen:

Die Parallel- und Serienschaltung legen auf der Menge M_n zwei Verknüpfungen $\vee: M_n \times M_n \to M_n$; $\wedge: M_n \times M_n \to M_n$ und eine Abbildung $\bar{\ }: M_n \to M_n$ fest.

Es gelten folgende Regeln:

I)	$(f \vee g) \vee h = f \vee (g \vee h)$	Assoziativ-
I')	$(f \wedge g) \wedge h = f \wedge (g \wedge h)$	gesetze
II)	$f \vee g = g \vee f$	Kommutativ-
II')	$f \wedge g = g \wedge f$	gesetze
III)	$f \vee (g \wedge h) = (f \vee g) \wedge (f \vee h)$	Distributiv-
III')	$f \wedge (g \vee h) = (f \wedge g) \vee (f \wedge h)$	gesetze

IV) Es gibt ein neutrales Element bezüglich der Parallelverknüpfung $\vee$, nämlich ${}_n0$:

$f \vee {}_n0 = f$ für jedes $f \in M_n$.

IV') Es gibt ein neutrales Element bezüglich der Serienverknüpfung $\wedge$, nämlich ${}_ne$:

$f \wedge {}_ne = f$ für jedes $f \in M_n$.

V) $f \vee \bar{f} = {}_ne$; $f \wedge \bar{f} = {}_n0$.

Vereinfachung von Schaltungen

Wir wollen nun zeigen, daß man mit diesen Ergebnissen tatsächlich Schaltungen vereinfachen kann.

Nehmen wir unser Eingangsbeispiel.

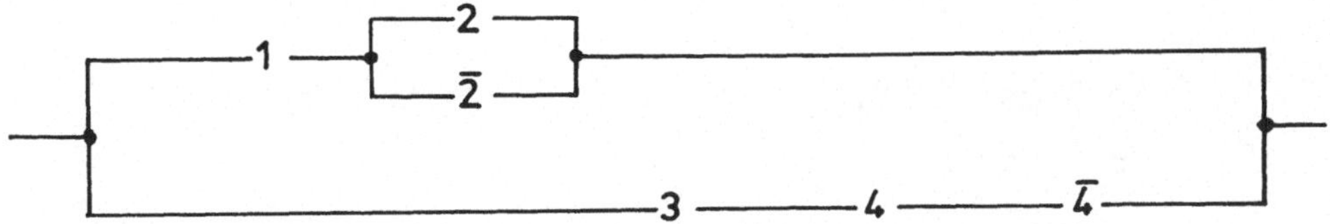

Für die Abbildung f, die die Wirkungsweise dieses Schaltwerks beschreibt, hatten wir zunächst herausbekommen:

$$f = (d_1 \text{ s } (d_2 \text{ p } \bar{d}_2)) \text{ p } (d_3 \text{ s } d_4 \text{ s } \bar{d}_4).$$

Also mit unseren Verknüpfungen $\vee$ und $\wedge$:

$$f = (d_1 \wedge (d_2 \vee \bar{d}_2)) \vee (d_3 \wedge d_4 \wedge \bar{d}_4).$$

Auf diesen Ausdruck können wir unsere soeben hergeleiteten Regeln anwenden:

$$\begin{aligned}
f &= (d_1 \wedge (d_2 \vee \bar{d}_2)) \vee (d_3 \wedge d_4 \wedge \bar{d}_4) & \\
&= (d_1 \wedge {}_n e) \vee (d_3 \wedge d_4 \wedge \bar{d}_4) & \text{V} \\
&= d_1 \vee (d_3 \wedge d_4 \wedge \bar{d}_4) & \text{IV'} \\
&= d_1 \vee (d_3 \wedge (d_4 \wedge \bar{d}_4)) & \text{I'} \\
&= d_1 \vee (d_3 \wedge {}_n o) & \text{V} \\
&= d_1 \vee ((d_3 \wedge {}_n o) \vee {}_n o) & \text{IV} \\
&= d_1 \vee ({}_n o \vee (d_3 \wedge {}_n o)) & \text{II} \\
&= d_1 \vee ((d_3 \wedge \bar{d}_3) \vee (d_3 \wedge {}_n o)) & \text{V} \\
&= d_1 \vee (d_3 \wedge (\bar{d}_3 \vee {}_n o)) & \text{III'} \\
&= d_1 \vee (d_3 \wedge \bar{d}_3) & \text{IV} \\
&= d_1 \vee {}_n o & \text{V} \\
&= d_1 & \text{IV}
\end{aligned}$$

Betrachten wir als weiteres Beispiel noch einmal die Abstimmungsmaschine mit 3 Hebeln. Unser Konstruktionsverfahren lieferte folgenden Ausdruck:

$$f = (d_1 \wedge d_2 \wedge d_3) \vee (d_1 \wedge d_2 \wedge \overline{d}_3) \vee (d_1 \wedge \overline{d}_2 \wedge d_3) \vee$$
$$(\overline{d}_1 \wedge d_2 \wedge d_3) \ .$$

Bei der Vereinfachung dieses Ausdruckes geben wir nur die wesentlichen Schritte an.

$$\begin{aligned}
f &= ((d_1 \wedge d_2) \wedge (d_3 \vee \overline{d}_3)) \vee (d_3 \wedge ((d_1 \wedge \overline{d}_2) \vee (\overline{d}_1 \wedge d_2))) \\
&= (d_1 \wedge d_2) \vee \\
&\quad (d_3 \wedge ((d_1 \vee \overline{d}_1) \wedge (d_1 \vee d_2) \wedge (\overline{d}_2 \vee \overline{d}_1) \wedge (\overline{d}_2 \vee d_2))) \\
&= (d_1 \wedge d_2) \vee (d_3 \wedge (d_1 \vee d_2) \wedge \overline{(d_1 \wedge d_2)}) \\
&= ((d_1 \wedge d_2) \vee d_3) \wedge ((d_1 \wedge d_2) \vee (d_1 \vee d_2)) \wedge \\
&\quad ((d_1 \wedge d_2) \vee \overline{(d_1 \wedge d_2)}) \\
&= ((d_1 \wedge d_2) \vee d_3) \wedge ((d_1 \wedge d_2) \vee (d_1 \vee d_2)) \\
&= (d_1 \wedge d_2) \vee (d_3 \wedge (d_1 \vee d_2)) \\
&= (d_1 \wedge d_2) \vee ((d_1 \vee d_2) \wedge d_3)
\end{aligned}$$

Dieses Ergebnis entspricht der Schaltung des "geübten Praktikers".

LÖSUNGEN

Übung 1: Es gilt:

$(f \vee g)(x) = p_{\{f,g\}}(x) = 1 \Leftrightarrow$

Für wenigstens ein $h \in \{f,g\}$ ist $h(x) = 1$.

Das bedeutet aber:

$f(x) = 1$ oder $g(x) = 1$.

Außerdem gilt:

$(f \wedge g)(x) = s_{\{f,g\}}(x) = 1 \Leftrightarrow$

Für alle $h \in \{f,g\}$ ist $h(x) = 1$.

Das bedeutet aber:

$f(x) = 1$ und $g(x) = 1$.

Übung 2:

	$f(x)$	$g(x)$	$h(x)$	$(p_{\{f,g\}})(x)$	$(p_{\{g,h\}})(x)$	$(p_{\{f,g,h\}})(x)$	$(p_{\{p_{\{f,g\}},h\}})(x)$	$(p_{\{f,p_{\{g,h\}}\}})(x)$
1	1	1	1	1	1	1	1	1
2	1	1	0	1	1	1	1	1
3	1	0	1	1	1	1	1	1
4	1	0	0	1	0	1	1	1
5	0	1	1	1	1	1	1	1
6	0	1	0	1	1	1	1	1
7	0	0	1	0	1	1	1	1
8	0	0	0	0	0	0	0	0

Übung 3: Man kann wieder eine Funktionstafel aufstellen:

	$f(x)$	$g(x)$	$h(x)$	$(g \vee h)(x)$	$(f \wedge (g \vee h))(x)$	$(f \wedge g)(x)$	$(f \wedge h)(x)$	$((f \wedge g) \vee (f \wedge h))(x)$
1	1	1	1	1	1	1	1	1
2	1	1	0	1	1	1	0	1
3	1	0	1	1	1	0	1	1
4	1	0	0	0	0	0	0	0
5	0	1	1	1	0	0	0	0
6	0	1	0	1	0	0	0	0
7	0	0	1	1	0	0	0	0
8	0	0	0	0	0	0	0	0

Durch Vergleich der umrahmten Spalten erkennt man, daß für jedes $x \in \{a,b\}^n$ gilt:

$$(f \wedge (g \vee h))(x) = ((f \wedge g) \vee (f \wedge h))(x) \quad \text{also}$$
$$f \wedge (g \vee h) = (f \wedge g) \vee (f \wedge h) .$$

Übung 4: Auch in diesem Fall könnte man eine geeignete Funktionstafel aufstellen. Man kann aber auch Satz 1 des vorigen Kapitels benutzen und zeigen, daß für jedes $x \in \{a,b\}^n$ gilt:

$$(f \wedge {}_n e)(x) = 1 \Leftrightarrow f(x) = 1$$

"⇒": Sei $x \in \{a,b\}^n$ mit $(f \wedge {}_ne)(x) = 1$ ⇒
$f(x) = 1$ und ${}_ne(x) = 1$ (Übung 1) ⇒
$f(x) = 1$

"⇐": Sei $x \in \{a,b\}^n$ mit $f(x) = 1$.
Nach Definition von ${}_ne$ gilt für dieses x auch ${}_ne(x) = 1$, also nach Übung 1 :
$(f \wedge {}_ne)(x) = 1$.

ÜBERBLICK

Verknüpfungen: (Definition 1) M sei eine Menge. Eine Abbildung $v: M \times M \to M$ heißt Verknüpfung auf M.

Schreibweise: Statt $v((m,n))$ meistens $m\, v\, n$

(Definition 4) Eine Verknüpfung $\circ : M \times M \to M$ heißt assoziativ, wenn für $a,b,c \in M$ gilt:

$$(a \circ b) \circ c = a \circ (b \circ c).$$

(Definition 5) Eine Verknüpfung $\circ : M \times M \to M$ heißt kommutativ, wenn für $a,b \in M$ gilt:

$$a \circ b = b \circ a .$$

(Definition 6) Eine Verknüpfung $\circ : M \times M \to M$ heißt distributiv über einer Verknüpfung $* : M \times M \to M$, wenn für $a,b,c \in M$ gilt:

$$a \circ (b * c) = (a \circ b) * (a \circ c) .$$

(Definition 7) Ein Element $e \in M$ heißt ein neutrales Element bezüglich einer Verknüpfung $\circ : M \times M \to M$, wenn für jedes $a \in M$ gilt:

$$a \circ e = e \circ a = a$$

Wenn $\circ$ kommutativ ist, genügt $a \circ e = a$

Schaltalgebra: Die Abbildung $\vee: M_n \times M_n \to M_n$ mit

(Definition 2) $f \vee g = p_{\{f,g\}}$ heißt P a r a l l e l v e r - k n ü p f u n g auf M_n.

(Definition 3) Die Abbildung $\wedge: M_n \times M_n \to M_n$ mit

$f \wedge g = s_{\{f,g\}}$ heißt S e r i e n v e r - k n ü p f u n g auf M_n.

(Definition 8) Für $f \in M_n$ heißt die Abbildung $\overline{f} \in M_n$ mit

$\overline{f}(x) = 1 \Leftrightarrow f(x) = 0$ für jedes $x \in \{a,b\}^n$

K o m p l e m e n t von f.

Durch die Zuordnung $f \mapsto \overline{f}$ erhält man eine Abbildung $^{-}: M_n \to M_n$, die K o m p l e - m e n t b i l d u n g .

Regeln:

I) $(f \vee g) \vee h = f \vee (g \vee h)$ Assoziativ-
I') $(f \wedge g) \wedge h = f \wedge (g \wedge h)$ gesetze

II) $f \vee g = g \vee f$ Kommutativ-
II') $f \wedge g = g \wedge f$ gesetze

III) $f \vee (g \wedge h) = (f \vee g) \wedge (f \vee h)$
III') $f \wedge (g \vee h) = (f \wedge g) \vee (f \wedge h)$
Distributivgesetze

IV) Es gibt ein neutrales Element bezüglich $\vee$, nämlich ${}_n0$:
$f \vee {}_n0 = f$ für jedes $f \in M_n$

IV') Es gibt ein neutrales Element bezüglich $\wedge$, nämlich ${}_ne$:
$f \wedge {}_ne = f$ für jedes $f \in M_n$

V) $f \vee \overline{f} = {}_ne$, $f \wedge \overline{f} = {}_n0$

ÜBUNGSAUFGABEN

Aufgabe 1:

Man vereinfache durch Rechnen in M_4 folgende Schaltung:

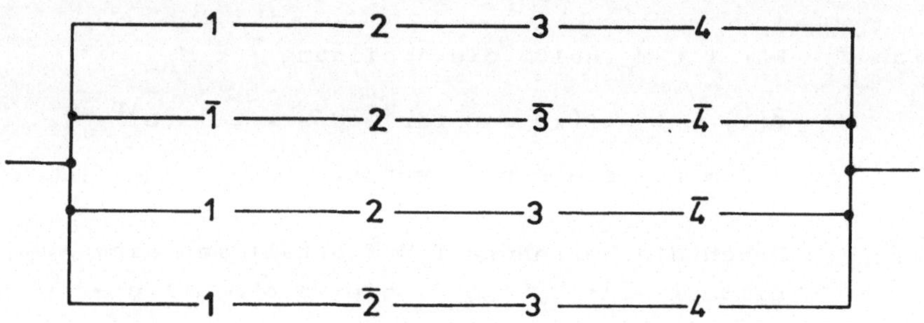

Aufgabe 2:

a) Man vereinfache die zu Aufgabe 4a) und b) in Kapitel 3 gefundenen Schaltbilder durch Rechnen in M_4 .

b) Tatsächlich wird ein Dualzahladdierer "stufenweise" aufgebaut:

Um die i-te Stelle der Summe zu berechnen, benötigt man nämlich nur die i-ten Stellen der Summanden und einen eventuellen "Übertrag" aus der Addition der (i-1)-ten Stelle. Dies kann ein Schaltwerk mit 3 Hebeln leisten (zwei für die i-ten Stellen der Summanden, ein Hebel für den Übertrag). Man konstruiere ein möglichst einfaches!

Außerdem benötigt man ein Schaltwerk, das den "Übertrag" berechnet. Man konstruiere auch dieses möglichst einfach.

Die folgende Skizze gibt einen Ausschnitt aus einer schematischen Darstellung eines Dualzahladdierers

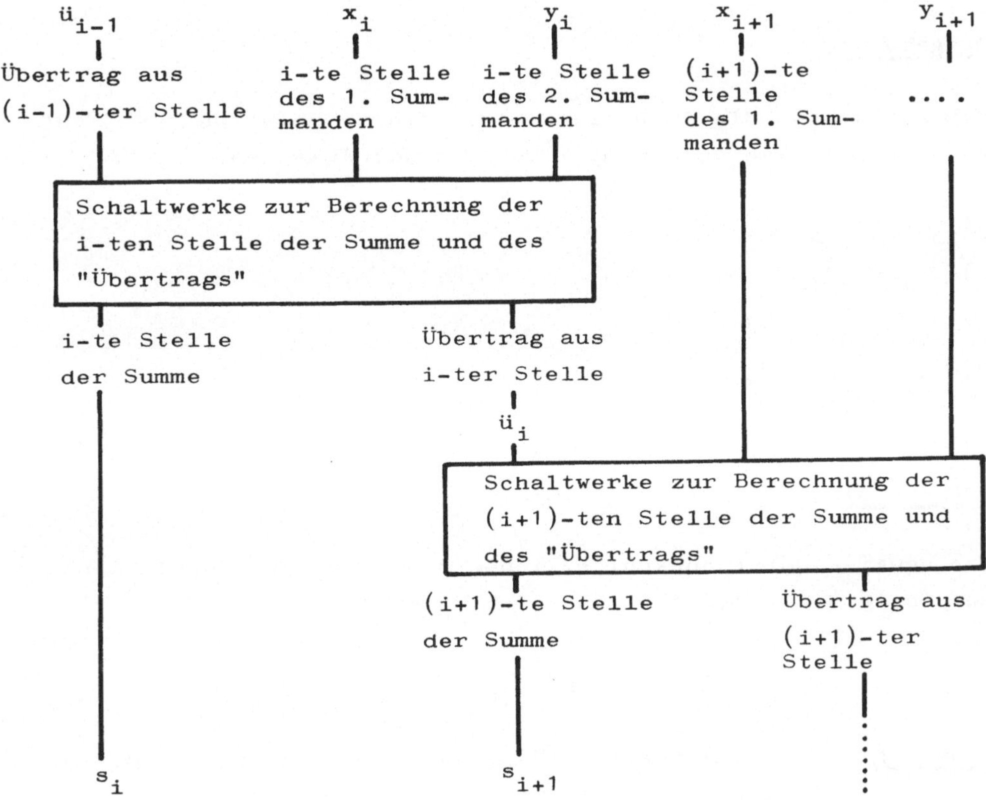

Aufgabe 3:

Man betrachte die durch

$$f \prec g \Leftrightarrow f \wedge g = f$$

erklärte Relation $\prec$ auf M_n und beweise, daß für alle $f,g \in M_n$ gilt:

$$f < g \iff \text{Für jedes } x \in \{a,b\}^n \text{ gilt: } f(x) = 1 \Rightarrow g(x) = 1 \,.$$

Aufgabe 4:

Wir betrachten die in Aufgabe 3 definierte Relation "<" auf M_n. Man beweise oder widerlege folgende Aussagen:

a) $_3d_1 < {}_3d_2$

b) $_3d_2 < {}_3d_1$

c) $\Delta_{(a,a,a)} < {}_3d_1$

d) $_3d_1 \wedge {}_3d_3 < {}_3d_2 \dot{\vee} \Delta_{(a,b,a)}$.

Aufgabe 5:

Man beweise unter ausschließlicher Benutzung der Regeln I bis V auf Seite 4|26, daß für jedes $f \in M_n$ gilt:

$$f \vee {}_ne = {}_ne$$

Hinweis: Man forme $f \vee {}_ne$ solange um, bis e_n herauskommt und benutze dazu nacheinander die folgenden Regeln:
IV' , II' , V , III , IV' , V .

Boolesche Algebren

Einige Regeln über die Parallel- und Serienverknüpfung auf M_n, nämlich I - V, haben wir bereits kennengelernt. Mit ihrer Hilfe konnten wir Schaltbilder durch rein mathematische Überlegungen vereinfachen.

Die dabei durchzuführenden Umformungen waren zum Teil sehr mühselig und kompliziert. Das Rechnen in M_n ist noch ziemlich unkomfortabel! Man würde sich mehr und bessere Regeln wünschen, die für größere Übersicht sorgen und den Schreibaufwand reduzieren.

In der Tat gibt es noch mehr Regeln, etwa

$$f \vee f = f \;,\quad f \wedge f = f$$
$$f \vee {}_ne = {}_ne \;,\quad f \wedge {}_no = {}_no$$
$$\bar{f} \vee \bar{g} = \overline{(f \wedge g)} \;,\quad \bar{f} \wedge \bar{g} = \overline{(f \vee g)}$$

usw., die man alle durch einen Vergleich von Funktionstafeln beweisen könnte.

Zum Glück gibt es eine weniger aufwendige Methode, diese Regeln zu beweisen. Man kann sie nämlich unter ausschließlicher Benutzung der Regeln I - V herleiten. Beispielsweise gilt

$$\begin{aligned} f \vee f &= (f \vee f) \wedge {}_ne && \text{nach IV'} \\ &= (f \vee f) \wedge (f \vee \bar{f}) && \text{nach V} \\ &= f \vee (f \wedge \bar{f}) && \text{nach III} \\ &= f \vee {}_no && \text{nach V} \\ &= f && \text{nach IV} \end{aligned}$$

Damit haben wir die Regel $f \vee f = f$ bewiesen.

Dieses Vorgehen ist nun keineswegs neu. Auch beim Rechnen mit Zahlen werden bestimmte Regeln aus anderen Grundregeln abgeleitet, z.B.

$$
\begin{aligned}
(a + b)^2 &= (a + b)\cdot(a + b) \\
&= a\cdot(a + b) + b\cdot(a + b) && \text{(Distributivgesetz)} \\
&= (a^2 + a\cdot b) + (b\cdot a + b^2) && \text{(Distributivgesetz)} \\
&= a^2 + ab + ba + b^2 && \text{(Assoziativgesetz für "+")} \\
&= a^2 + ab + ab + b^2 && \text{(Kommutativgesetz für "}\cdot\text{")} \\
&= a^2 + 2ab + b^2 \quad .
\end{aligned}
$$

Dabei haben wir an keiner Stelle benutzt, daß a,b,c Zahlen sind. Für die Argumentation war nur wichtig, daß sich die Objekte a,b,c durch "+" und "·" verknüpfen lassen und daß diese Verknüpfungen gewisse Grundregeln erfüllen. Dies ist zum Beispiel für die Addition und die Multiplikation in den Mengen $\mathbb{N}$ der natürlichen Zahlen, $\mathbb{Z}$ der ganzen Zahlen, $\mathbb{Q}$ der rationalen Zahlen, $\mathbb{R}$ der reellen Zahlen sowie $\mathbb{C}$ der komplexen Zahlen der Fall. Die Regel

$$(a + b)^2 = a^2 + 2ab + b^2$$

gilt dementsprechend in jeder dieser Zahlenmengen.

Auch bei der Herleitung der Regel $f \vee f = f$ in M_n wurde nur die Existenz von Verknüpfungen "$\vee$" und "$\wedge$" gebraucht, die den Grundregeln I - V genügen. Darin liegt nun ein entscheidender Vorteil dieses Vorgehens.

Immer wenn eine Menge zusammen mit Verknüpfungen vorliegt, die gewisse G r u n d r e g e l n erfüllen, gelten in ihr automatisch alle aus diesen a b l e i t b a r e Regeln.

Gibt es denn außer M_n überhaupt noch weitere Mengen zusammen mit zwei Verknüpfungen, die die Regeln I - V erfüllen?

Denken wir dazu einmal an das Kapitel I. Wir haben dort zu je zwei Mengen M,N die Vereinigung $M \cup N$ und den Durchschnitt $M \cap N$ erklärt. Das Bilden von Vereinigung und Durchschnitt erinnert an zwei Verknüpfungen. Die Frage ist nur, auf welcher Grundmenge? Offenbar müßten deren Elemente Mengen sein.

Eine solche Menge können wir beispielsweise dadurch bekommen, daß wir die Menge aller Teilmengen einer festen Menge M bilden. Diese Menge bekommt einen eigenen Namen, nämlich P o t e n z m e n g e von M; sie wird mit $\mathfrak{P}(M)$ bezeichnet,

$$\mathfrak{P}(M) = \{T \mid T \subset M\} .$$

Vereinigung und Durchschnitt sind Verknüpfungen auf dieser Menge, die ganz offensichtlich die Regeln I - V erfüllen. Für Teilmengen R,S und T von M gilt nämlich:

I $(R \cup S) \cup T = R \cup (S \cup T)$
I' $(R \cap S) \cap T = R \cap (S \cap T)$

II $R \cup S = S \cup R$
II' $R \cap S = S \cap R$

III $R \cup (S \cap T) = (R \cup S) \cap (R \cup T)$
III' $R \cap (S \cup T) = (R \cap S) \cup (R \cap T)$

IV $R \cup \emptyset = R$
IV' $R \cap M = R$

V Für $\overline{R} = \{x \mid x \in M \text{ und } x \notin R\}$ gilt
$R \cup \overline{R} = M$ und $R \cap \overline{R} = \emptyset$

Die Regeln III' und V kann man sich z.B. wie folgt veranschaulichen:

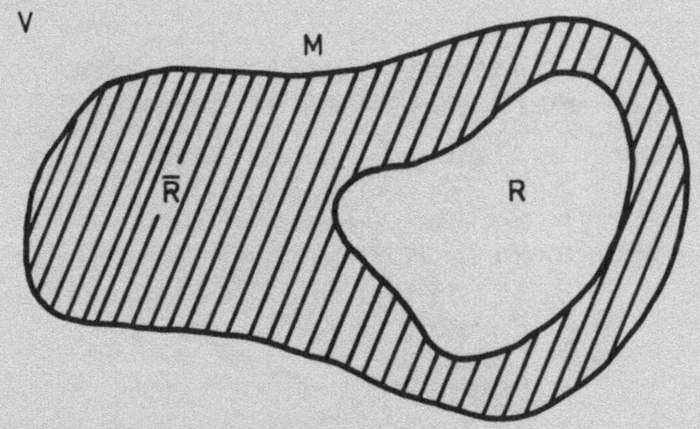

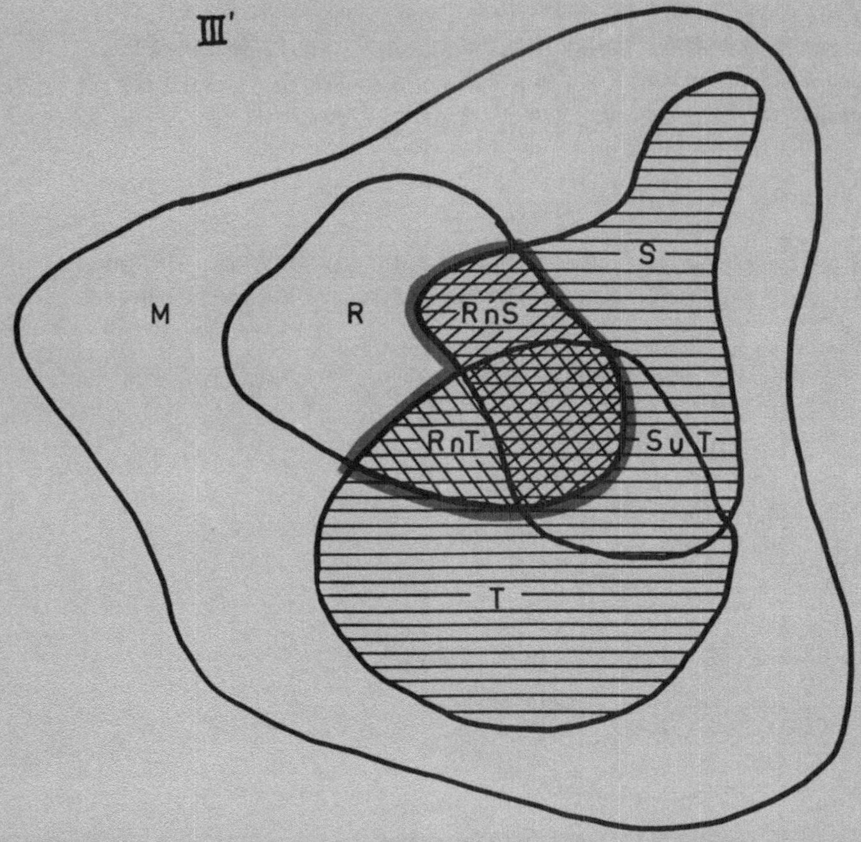

Wenn wir in den Regeln I - III' die Elemente f,g und h aus M_n durch Zeichen für A u s s a g e n A,B und C , die Verknüpfungen "∨" bzw. "∧" durch die Aussageverknüpfung "oder" bzw. "und" sowie das Gleichheitszeichen durch "⇔" ersetzen, erhalten wir ebenfalls gültige Regeln für den Umgang mit Aussagen:

I (A oder B) oder C ⇔ A oder (B oder C)
I' (A und B) und C ⇔ A und (B und C)

II A oder B ⇔ B oder A
II' A und B ⇔ B und A

III A oder (B und C) ⇔ (A oder B) und (A oder C)
III' A und (B oder C) ⇔ (A und B) oder (A und C)

Als "neutrales Element" bezüglich "oder" kann jede falsche Aussage (z.B. 1 = 0) und als "neutrales Element" bezüglich "und" jede wahre Aussage (z.B. 1 = 1) dienen. Die Rolle der Komplementbildung übernimmt die Negation von Aussagen:

IV A oder (1 = 0) ⇔ A
IV' A und (1 = 1) ⇔ A

V A oder (nicht A) ⇔ (1 = 1)
A und (nicht A) ⇔ (1 = 0)

George Boole (1815 - 1864) hat als erster derartige Grundregeln für den Umgang mit Aussagen systematisch untersucht. Nach ihm werden Mengen mit zwei Verknüpfungen, die die Regeln I - V erfüllen, auch *Boolesche Algebren* genannt. Seine Formalisierung der "Gesetze des Denkens" ist die Grundlage für jenen Grad an formaler Exaktheit, der die reine Mathematik heute vor allen anderen Wissenschaften auszeichnet.

Außer den eben angedeuteten Beispielen für Boolesche Algebren werden wir noch weitere kennenlernen.

Boolesche Algebren

Der Begriff der Booleschen Algebra und einige Folgerungen

Um einige Konsequenzen aus den Grundregeln I - V systematisch ziehen zu können, lösen wir uns von der speziellen Menge M_n und definieren allgemein:

Definition 1: Eine (beliebige) Menge B zusammen mit zwei Verknüpfungen $\vee, \wedge: B \times B \to B$ und einer Abbildung $\bar{\ }: B \to B$ heißt eine Boolesche Algebra, wenn für alle $a,b,c \in B$ folgende Grundregeln gelten:

BA 1 : $(a \vee b) \vee c = a \vee (b \vee c)$,
d.h. die Verknüpfung $\vee$ ist assoziativ.
BA 1': $(a \wedge b) \wedge c = a \wedge (b \wedge c)$,
d.h. die Verknüpfung $\wedge$ ist assoziativ.

BA 2 : $a \vee b = b \vee a$,
d.h. die Verknüpfung $\vee$ ist kommutativ.
BA 2': $a \wedge b = b \wedge a$,
d.h. die Verknüpfung $\wedge$ ist kommutativ.

BA 3 : $a \vee (b \wedge c) = (a \vee b) \wedge (a \vee c)$,
d.h. die Verknüpfung $\vee$ ist distributiv über $\wedge$.
BA 3': $a \wedge (b \vee c) = (a \wedge b) \vee (a \wedge c)$,
d.h. die Verknüpfung $\wedge$ ist distributiv über $\vee$.

BA 4 : Es gibt ein neutrales Element $o \in B$ bezüglich der Verknüpfung $\vee$, also ein $o \in B$ mit $a \vee o = a$.

BA 4': Es gibt ein neutrales Element $e \in B$ bezüglich der Verknüpfung $\wedge$, also ein $e \in B$ mit $a \wedge e = a$.

BA 5 : $a \vee \bar{a} = e$ und $a \wedge \bar{a} = o$.

Wir stellen als erstes fest, daß für jedes $n \in \mathbb{N}$ die Menge M_n zusammen mit der Parallel- und Serienverknüpfung und der Komplementbildung eine Boolesche Algebra ist. Das haben wir im vorigen Kapitel gezeigt.

Sätze, die in jeder Booleschen Algebra gelten, gelten also insbesondere für unsere Menge M_n .

Im weiteren sei B stets eine Menge und $\vee, \wedge$ Verknüpfungen auf B und $\bar{\ }: B \rightarrow B$ eine Abbildung mit denen zusammen B eine Boolesche Algebra bildet. Man schreibt für diesen Sachverhalt auch kürzer: "$(B, \vee, \wedge, \bar{\ })$ ist eine Boolesche Algebra" und nennt die Menge B ihre T r ä g e r m e n g e , die Abbildungen $\vee, \wedge, \bar{\ }$ ihre (Boolesche) A l g e b r a s t r u k t u r. Die Menge B trägt also die Algebrastruktur $\vee, \wedge, \bar{\ }$. Wenn klar ist, welche Algebrastruktur auf B gemeint ist, sagt man auch: "B ist eine Boolesche Algebra."

Bevor wir nun einzelne Regeln herleiten, wollen wir uns noch mit einem für die Theorie der Booleschen Algebren nützlichen Prinzip vertraut machen, das man unmittelbar aus Definition 1 ablesen kann:

Es fällt nämlich auf, daß die Verknüpfungen "$\vee$" und "$\wedge$" stets dieselben Grundregeln erfüllen. Wir haben dies schon in der

Bezeichnungsweise BA i und BA i' zum Ausdruck gebracht. Die Grundregeln sind also s y m m e t r i s c h , d.h. sie bleiben insgesamt erhalten, wenn man "∧" und "e" durch "∨" und "o" ersetzt und umgekehrt.

Die Grundregel BA 5 verändert sich durch diesen Vertauschungsprozeß - man nennt ihn auch D u a l i s i e r e n - überhaupt nicht. Diese Beobachtungen wollen wir festhalten:

Satz 1: (Dualitätsprinzip)
Ist $(B,\vee,\wedge,\bar{\ })$ eine Boolesche Algebra, so trifft dies auch auf $(B,\vee',\wedge',\bar{\ })$ mit $\vee' = \wedge$ und $\wedge' = \vee$ zu.

Das Dualitätsprinzip gestattet nicht nur, aus gegebenen Booleschen Algebren durch Vertauschen der Verknüpfungen neue zu gewinnen, es hilft auch Beweisarbeit zu sparen:

Regeln oder Sätze, die für b e l i e b i g e Boolesche Algebren $(B,\vee,\wedge,\bar{\ })$ bewiesen wurden, gelten insbesondere auch für eine Boolesche Algebra der Form $(B,\vee',\wedge',\bar{\ })$. Das heißt, sie bleiben gültig, wenn man in ihnen die Zeichen "∧" und "e" durch "∨" und "o" ersetzt und umgekehrt! Durch Dualisieren erhält man aus allen Sätzen und Regeln für Boolesche Algebren ihre d u a l e n , die dann nicht mehr bewiesen werden müssen.

Beispielsweise gibt es nach BA 4 ein neutrales Element bezüglich der Verknüpfung ∨. Es ist nicht verlangt, daß es g e n a u ein neutrales Element bezüglich ∨ gibt - das müssen wir erst beweisen. Wenn dies gelingt, haben wir auf Grund des Dualitätsprinzips auch gezeigt, daß es in einer Booleschen Algebra genau ein neutrales Element bezüglich der Verknüpfung ∧ gibt:

Satz 2: Es gibt genau ein $o \in B$ mit $a \vee o = a$ für jedes $a \in B$.

Beweis: Die Existenz eines $o \in B$ mit $a \vee o = a$ für jedes $a \in B$ ist nach BA 4 gesichert. Es bleibt die Eindeutigkeit zu zeigen:

Seien also $o, o' \in B$ mit

$a \vee o = a$ für jedes $a \in B$ (I)

$a \vee o' = a$ für jedes $a \in B$ (II)

Wir müssen $o = o'$ zeigen. Wegen (I) gilt insbesondere

$o' \vee o = o'$.

Wegen (II) gilt insbesondere

$o \vee o' = o$.

Wegen BA 2 gilt

$o' \vee o = o \vee o'$.

Also gilt

$o = o \vee o' = o' \vee o = o'$. ★

Durch Dualisieren erhält man:

Satz 2': Es gibt genau ein $e \in B$ mit $a \wedge e = a$ für jedes $a \in B$.

Nach BA 5 gilt $a \vee \overline{a} = e$ und $a \wedge \overline{a} = o$. Wir wollen nun nachweisen, daß auch $\overline{a}$ durch diese Gleichungen eindeutig bestimmt ist:

Satz 3: Zu jedem $a \in B$ gibt es g e n a u ein $x \in B$ mit
$a \vee x = e$ und $a \wedge x = o$.

Beweis: Nach BA 5 gibt es zu jedem $a \in B$ ein x – nämlich $\bar{a}$ – mit $a \vee x = e$ und $a \wedge x = o$.
Es bleibt wieder die Eindeutigkeit zu zeigen:

Seien also $a, x, x' \in B$ mit

$a \vee x = e$ und $a \wedge x = o$ (I)

$a \vee x' = e$ und $a \wedge x' = o$ (II)

Wir zeigen $x = x'$:

$$
\begin{aligned}
x &= x \wedge e && \text{nach BA 4'}\\
&= x \wedge (a \vee x') && \text{nach (II)}\\
&= (x \wedge a) \vee (x \wedge x') && \text{nach BA 3'}\\
&= (a \wedge x) \vee (x \wedge x') && \text{nach BA 2'}\\
&= \quad o \quad \vee (x \wedge x') && \text{nach (I)}\\
&= (a \wedge x') \vee (x \wedge x') && \text{nach (II)}\\
&= (x' \wedge a) \vee (x' \wedge x) && \text{nach BA 2'}\\
&= x' \wedge (a \vee x) && \text{nach BA 3'}\\
&= x' \wedge e && \text{nach (I)}\\
&= x' && \text{nach BA 4'} .
\end{aligned}
$$

★

Übung 1: Man beweise mit Hilfe von Satz 3:
$\bar{e} = o$ und $\bar{o} = e$

Durch Dualisieren verändert sich Satz 3 nicht. Das gilt auch für den folgenden, in dem $\vee$, $\wedge$, o und e gar nicht auftreten:

Satz 4: Für jedes $a \in B$ gilt: $\overline{(\overline{a})} = a$.

Beweis: Nach BA 5 gilt: $\overline{a} \vee \overline{(\overline{a})} = e$; $\overline{a} \wedge \overline{(\overline{a})} = o$.
Wenn wir

$\overline{a} \vee a = e$; $\overline{a} \wedge a = o$

zeigen können, ist nach Satz 3 die Behauptung bewiesen:

$\overline{a} \vee a = a \vee \overline{a} = e$ nach BA 2, BA 5
$\overline{a} \wedge a = a \wedge \overline{a} = o$ nach BA 2', BA 5 ★

Nun zu den schon im Vortext erwähnten Regeln:

Satz 5: Für jedes Element $a \in B$ gilt: $a \vee a = a$.

Beweis:

$a \vee a = (a \vee a) \wedge e$ nach BA 4'
$= (a \vee a) \wedge (a \vee \overline{a})$ nach BA 5
$= a \vee (a \wedge \overline{a})$ nach BA 3
$= a \vee o$ nach BA 5
$= a$ nach BA 4 ★

Durch Dualisieren erhält man:

Satz 5': Für jedes Element $a \in B$ gilt: $a \wedge a = a$.

Im folgenden werden wir den zu einem Satz dualen gleich mit notieren:

Satz 6 : Für jedes Element $a \in B$ gilt: $a \vee e = e$.

Satz 6': Für jedes Element $a \in B$ gilt: $a \wedge o = o$.

<u>Beweis:</u> (zu Satz 6)

$$
\begin{aligned}
a \vee e &= (a \vee e) \wedge e && \text{BA 4'}\\
&= e \wedge (a \vee e) && \text{BA 2'}\\
&= (a \vee \overline{a}) \wedge (a \vee e) && \text{BA 5}\\
&= a \vee (\overline{a} \wedge e) && \text{BA 3}\\
&= a \vee \overline{a} && \text{BA 4'}\\
&= e && \text{BA 5} \quad \bigstar
\end{aligned}
$$

Satz 7 : Für beliebige Elemente $a,b \in B$ gilt: $\overline{(a \wedge b)} = \overline{a} \vee \overline{b}$.

Satz 7': Für beliebige Elemente $a,b \in B$ gilt: $\overline{(a \vee b)} = \overline{a} \wedge \overline{b}$

<u>Beweis:</u> (zu Satz 7)

Nach BA 5 gilt:

$(a \wedge b) \vee \overline{(a \wedge b)} = e$,

$(a \wedge b) \wedge \overline{(a \wedge b)} = o$.

Wenn wir

(I) $(a \wedge b) \vee (\overline{a} \vee \overline{b}) = e$

(II) $(a \wedge b) \wedge (\overline{a} \vee \overline{b}) = o$

zeigen können, so ist nach Satz 3 unsere Behauptung bewiesen. Wir zeigen also (I) und (II).

(I) : $(a \wedge b) \vee (\overline{a} \vee \overline{b})$

$$
\begin{aligned}
&= ((a \wedge b) \vee \overline{a}) \vee \overline{b} && \text{BA 1}\\
&= ((a \vee \overline{a}) \wedge (b \vee \overline{a})) \vee \overline{b} && \text{BA 3, BA 2}\\
&= (e \wedge (b \vee \overline{a})) \vee \overline{b} && \text{BA 5}\\
&= (b \vee \overline{a}) \vee \overline{b} && \text{BA 4', BA 2'}\\
&= (\overline{a} \vee b) \vee \overline{b} && \text{BA 2}
\end{aligned}
$$

$$= \bar{a} \vee (b \vee \bar{b}) \qquad \text{BA 1}$$
$$= \bar{a} \vee e \qquad \text{BA 5}$$
$$= e \qquad \text{Satz 6}$$

(II): $(a \wedge b) \wedge (\bar{a} \vee \bar{b})$

$$= ((a \wedge b) \wedge \bar{a}) \vee ((a \wedge b) \wedge \bar{b}) \qquad \text{BA 3'}$$
$$= (a \wedge b \wedge \bar{a}) \vee (a \wedge b \wedge \bar{b}) \qquad \text{BA 1'}$$
$$= ((a \wedge \bar{a}) \wedge b) \vee (a \wedge (b \wedge \bar{b})) \qquad \text{BA 2'}$$
$$= (o \wedge b) \vee (a \wedge o) \qquad \text{BA 5}$$
$$= (b \wedge o) \vee (a \wedge o) \qquad \text{BA 2'}$$
$$= o \vee o \qquad \text{Satz 6'}$$
$$= o \qquad \text{Satz 5}$$

★

Für die Vereinfachung von Ausdrücken in der Booleschen Algebra M_n ist der folgende Satz besonders nützlich:

Satz 8 : Für beliebige Elemente $a,b \in B$ gilt:
$a \vee (a \wedge b) = a$.

Satz 8': Für beliebige Elemente $a,b \in B$ gilt:
$a \wedge (a \vee b) = a$.

Übung 2: Bitte beweisen Sie Satz 8 selbst, indem Sie nacheinander die Regeln BA 4', BA 3', BA 2, BA 2', Satz 6, BA 2', BA 4' benutzen.

Die Theorie der Booleschen Algebren soll hier nicht ausführlich behandelt werden. Die vorangegangenen Sätze waren nur eine kleine Kostprobe. Bevor wir uns einzelnen Beispielen zuwenden, wollen wir aber noch ein theoretisches Ergebnis festhalten, das besagt, daß die Grundregeln BA 1 und BA 1' entbehrlich sind. Sie lassen sich aus den übrigen herleiten.

Dies ist dann von Interesse, wenn man in einem konkreten Fall nachweisen muß, daß eine Boolesche Algebra vorliegt. Wir hätten uns zum Beispiel im letzten Kapitel den recht aufwendigen Beweis der Assoziativgesetze ersparen können.

Satz 9: Ist B eine Menge zusammen mit zwei Verknüpfungen $\vee: B \times B \to B$, $\wedge: B \times B \to B$ und einer Abbildung $\bar{\ }: B \to B$, die die Grundregeln BA 2 - BA 5 erfüllen, dann ist $(B, \vee, \wedge, \bar{\ })$ eine Boolesche Algebra.

Beweis: Wieder genügt es, eine der Regeln BA 1 bzw. BA 1' nachzuweisen, die andere erhält man dann durch Dualisieren. Wir beweisen einmal BA 1' und zeigen zunächst, daß für $a, b, c \in B$ die folgenden Gleichungen zutreffen:

G 1 $\quad a \vee ((a \wedge b) \wedge c) = a \vee (a \wedge (b \wedge c))$

G 2 $\quad \bar{a} \vee ((a \wedge b) \wedge c) = \bar{a} \vee (a \wedge (b \wedge c))$

Anschließend bilden wir $G\,1 \wedge G\,2$ und erhalten mit Hilfe von BA 3 und BA 5 das gewünschte Assoziativgesetz.

Beweis von G 1:

$a \vee ((a \wedge b) \wedge c)$

$= (a \vee (a \wedge b)) \wedge (a \vee c)$ BA 3

$= a \wedge (a \vee c)$ Satz 8

$= a$ Satz 8' [1]

$= a \vee (a \wedge (b \wedge c))$ Satz 8

Beweis von G 2:

$\bar{a} \vee ((a \wedge b) \wedge c)$

$= (\bar{a} \vee (a \wedge b)) \wedge (\bar{a} \vee c)$ BA 3

$= ((\bar{a} \vee a) \wedge (\bar{a} \vee b)) \wedge (\bar{a} \vee c)$ BA 3

$= (e \wedge (\bar{a} \vee b)) \wedge (\bar{a} \vee c)$ BA 2, BA 5

$= (\bar{a} \vee b) \wedge (\bar{a} \vee c)$ BA 2, BA 4'

$= \underline{\bar{a} \vee (b \wedge c)}$ BA 3

Andererseits gilt auch

$\bar{a} \vee (a \wedge (b \wedge c))$

$= (\bar{a} \vee a) \wedge (\bar{a} \vee (b \wedge c))$ BA 3

$= e \wedge (\bar{a} \vee (b \wedge c))$ BA 2, BA 5

$= \underline{\bar{a} \vee (b \wedge c)}$ BA 2', BA 4'

Damit ist G 2 bewiesen.

---

[1]) Zum Beweis der Sätze 8, 8' wurden BA 1, BA 1' nicht benötigt.

Aus den Gleichungen G 1 und G 2 gewinnt man jetzt

$$(a \vee ((a \wedge b) \wedge c)) \wedge (\overline{a} \vee ((a \wedge b) \wedge c)) = (a \vee (a \wedge (b \wedge c))) \wedge (\overline{a} \vee (a \wedge (b \wedge c)))$$

Nach BA 2 und BA 3 folgt daraus

$$((a \wedge b) \wedge c) \vee (a \wedge \overline{a}) = (a \wedge (b \wedge c)) \vee (a \wedge \overline{a})$$

und schließlich mit Hilfe von BA 5 und BA 4

$$(a \wedge b) \wedge c = a \wedge (b \wedge c) \ .$$ ★

Die Boolesche Algebra der Wahrheitswerte - Beweistypen

Schon im Kapitel "Mengen und Aussagen" haben wir einen kleinen Ausflug in das Gebiet der Logik unternommen. Ein wichtiger Begriff war der der Aussage. Zur Erinnerung:

> Aussagen sind sprachliche Gebilde, denen genau einer der Wahrheitswerte
>
> W (für wahr)
>
> F (für falsch)
>
> zugeordnet ist.

Den Wahrheitswert einer Aussage A wollen wir einmal mit $w(A)$ bezeichnen. Man kann w auch als Abbildung interpretieren, die in einer Menge von Aussagen "startet" und in der Menge der Wahrheitswerte $\{W,F\}$ "landet":

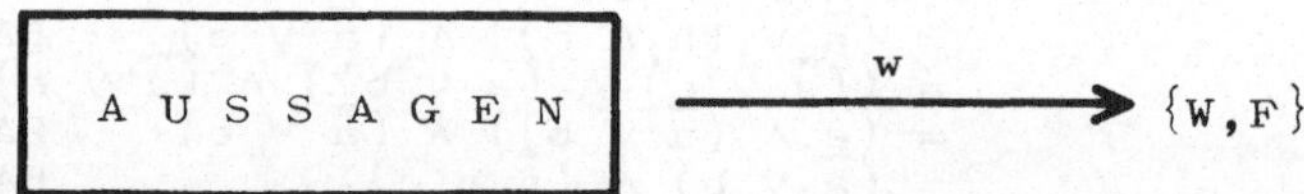

Die Abbildung w ordnet äquivalenten Aussagen denselben Wahrheitswert zu, d.h. falls $A \Leftrightarrow B$ gilt, ist $w(A) = w(B)$.

Aus gegebenen Aussagen A,B,... konnten wir neue gewinnen, wie zum Beispiel

A oder B , A und B , nicht A , ...

Die Wahrheitswerte dieser Aussagen haben wir in Abhängigkeit von den Wahrheitswerten der beteiligten Aussagen A,B ... mit Hilfe von W a h r h e i t s t a f e l n festgelegt:

A	B	A oder B
W	W	W
W	F	W
F	W	W
F	F	F

A	B	A und B
W	W	W
W	F	F
F	W	F
F	F	F

A	nicht A
W	F
F	W

In den ersten beiden Fällen wird für jedes mögliche Paar von Wahrheitswerten der Aussagen A,B ein Wahrheitswert der aus ihnen zusammengesetzten Aussage festgelegt. Auf diese Weise wird jedem Paar von Elementen aus der Menge $\{W,F\}$ wieder ein Element aus $\{W,F\}$ zugeordnet. Die ersten beiden Tafeln beschreiben offenbar Abbildungen

$$\{W,F\} \times \{W,F\} \rightarrow \{W,F\} .$$

Die Wahrheitstafel für die Negation definiert entsprechend eine Abbildung

$$\{W,F\} \rightarrow \{W,F\} .$$

Schon im Vortext haben wir einige Regeln über den Umgang mit Aussagen erwähnt, die große Ähnlichkeit mit den Grundregeln BA 1 - BA 5 für Boolesche Algebren aufweisen. Wenn wir die durch "oder" definierte Verknüpfung auf der Menge $\{W,F\}$ mit $\vee$, die durch "und" definierte mit $\wedge$ und die von der Negation herrührende Abbildung mit $\overline{}$ bezeichnen, kann uns der folgende Satz nicht mehr überraschen:

Satz 10: Die Menge $\{W,F\}$ bildet zusammen mit den Verknüpfungen $\wedge$, $\vee$ und der Abbildung $\overline{}$ eine Boolesche Algebra.
Neutrales Element bezüglich $\vee$ ist F, bezüglich $\wedge$ ist es W.

Beweis: Nach Satz 9 braucht man nur noch BA 2 - BA 5 nachzuweisen, was man durch Ausrechnen anhand von Wahrheitstafeln leicht erledigen kann.

Alle bisher gewonnenen Erkenntnisse über Boolesche Algebren können wir nun auf die Boolesche Algebra $\{W,F\}$ anwenden. Wir können mit Wahrheitswerten rechnen. Aber was nützt das? Schließlich geht es in der Mathematik darum, bestimmte Aussagen ihrem Inhalt nach als wahr oder falsch zu erkennen. Jetzt haben wir uns aber vom Inhalt der Aussagen vollständig gelöst und betrachten nur noch ihre Wahrheitswerte. Immerhin besteht aufgrund der Konstruktion der Algebrastruktur auf $\{W,F\}$ ein gewisser Zusammenhang zwischen den Aussageverknüpfungen "oder", "und" sowie der Negation "nicht" und den Verknüpfungen $\vee$, $\wedge$ bzw. der Abbildung $\overline{}$:

Satz 11: Für Aussagen A,B gilt:

$$\text{(i)} \quad w(A \text{ oder } B) = w(A) \vee w(B)$$
$$\text{(II)} \quad w(A \text{ und } B) = w(A) \wedge w(B)$$
$$\text{(iii)} \quad w(\text{nicht } A) = \overline{w(A)}$$

Wahrheitswerte von Aussagen, die mit Hilfe von "oder", "und" bzw. "nicht" zusammengesetzt sind, können nun mit Hilfe von

Satz 11 durch Rechnen in der Booleschen Algebra $\{W,F\}$ miteinander verglichen werden. Hierzu ein Beispiel:

Satz 12: Für Aussagen A,B gilt:

(i) $w(\text{nicht}(\text{nicht } A)) = w(A)$

(ii) $w(\text{nicht}(A \text{ oder } B)) = \overline{w(A)} \wedge \overline{w(B)}$

(iii) $w(\text{nicht}(A \text{ und } B)) = \overline{w(A)} \vee \overline{w(B)}$.

Die Beweise ergeben sich unmittelbar aus Satz 11 sowie den Sätzen 4 und 7.

Übung 3: Man zeige mit Hilfe von Satz 11 sowie der Sätze 8,8', daß für Aussagen A,B gilt:

(i) $w(A \text{ oder } (A \text{ und } B)) = w(A)$

(ii) $w(A \text{ und } (A \text{ oder } B)) = w(A)$.

Eine schon im Kapitel "Mengen und Aussagen" ausführlicher behandelte Aussageverknüpfung, nämlich

wenn ..., dann ...

haben wir hier noch nicht betrachtet. Dabei sind alle bisher bewiesenen Sätze im Prinzip von der Form

wenn A, dann B .

A nennt man auch *Voraussetzung* und B *Behauptung*.

Die bisher behandelten Sätze über Boolesche Algebren lassen sich jedenfalls in diese Form bringen:

W e n n a,b ... Elemente einer Booleschen Algebra B sind, d a n n gelten folgende Regeln ....

Bewiesen haben wir derartige Sätze dadurch, daß wir die Gültigkeit der Behauptung, also einer bestimmten Regel, mit Hilfe der Voraussetzung, das sind in diesem Fall die Grundregeln BA 1 - BA 5 und gegebenenfalls schon bewiesene Sätze, durch Umformen nachgeprüft haben.

Aber nicht immer ist es sinnvoll, eine Behauptung so d i r e k t zu beweisen. Nehmen wir zum Beispiel folgenden Satz über natürliche Zahlen n:

Wenn n^2 gerade ist, dann ist auch n gerade.

Man müßte zeigen, daß n die Form $n = 2 \cdot k$ mit $k \in \mathbb{N}$ hat. Man könnte dabei benutzen, daß sich n^2 in der Form $n^2 = 2 \cdot m$ mit $m \in \mathbb{N}$ schreiben läßt. Wie kann man aber die Gleichung $n^2 = 2 \cdot m$ so umformen, daß am Ende $n = 2 \cdot k$ herauskommt?

Hier hilft ein einfacher Trick: Anstatt den Satz direkt zu beweisen, betrachtet man eine andere Aussage, von der man durch Rechnen in der Booleschen Algebra $\{W,F\}$ feststellen kann, daß sie denselben Wahrheitswert wie unser Satz hat, und zeigt von dieser Aussage, daß sie wahr ist.

Es geht also darum, (zusammengesetzte) Aussagen zu finden, die denselben Wahrheitswert haben wie "A ⇒ B". Durch Vergleich von Wahrheitstafeln kann man zunächst folgendes feststellen:

Übung 4: Man zeige:

$w(A \Rightarrow B) = w((\text{nicht } A) \text{ oder } B)$

Die rechte Seite dieser Gleichung kann man nun mit Hilfe von Satz 11 und Satz 12 umformen. Man erhält so das folgende Prinzip des i n d i r e k t e n B e w e i s e s .

Satz 13: Für Aussagen A,B gilt:
$w(A \Rightarrow B) = w((\text{nicht } B) \Rightarrow (\text{nicht } A))$.

<u>Beweis:</u>

$$
\begin{aligned}
& w(A \Rightarrow B) & \\
&= w((\text{nicht } A) \text{ oder } B) & \text{Übung 4} \\
&= w(\text{nicht } A) \vee w(B) & \text{Satz 11, (i)} \\
&= w(\text{nicht } A) \vee w(\text{nicht}(\text{nicht } B)) & \\
& & \text{Satz 12, (i)} \\
&= w(\text{nicht } (\text{nicht } B)) \vee w(\text{nicht } A) & \\
& & \text{BA 2} \\
&= w((\text{nicht } B) \Rightarrow (\text{nicht } A)) & \text{Übung 4}
\end{aligned}
$$

★

Um einzusehen, daß ein Satz der Form "A ⇒ B" zutrifft, kann man auch den Satz "nicht B ⇒ nicht A" beweisen, in unserem Beispiel also

wenn n ungerade ist, dann ist auch n^2 ungerade.

Diesen Satz kann man nun leicht direkt beweisen:
Wenn n ungerade ist, dann hat es die Form

$$n = 2\cdot k + 1 \quad \text{mit } k \in \mathbb{N}$$

Für n^2 erhält man

$$
\begin{aligned}
n^2 = (2\cdot k + 1)^2 &= 4\cdot k^2 + 4\cdot k + 1 \\
&= 2\cdot(2\cdot k^2 + 2\,k) + 1 .
\end{aligned}
$$

Also ist n^2 ebenfalls von der Form $n = 2\cdot m + 1$ mit $m = 2\cdot k^2 + 2\cdot k \in \mathbb{N}$ und damit ungerade.

Halten wir das Wesentliche am Prinzip des indirekten Beweises noch einmal fest:

Anstatt aus einer Voraussetzung A eine Behauptung B zu folgern, kann man auch aus der Negation von B die Negation von A schließen.

Prinzipiell kann man nun für kompliziertere Satzstrukturen (z.B. (A oder B) $\Rightarrow$ C) durch Rechnen in der Booleschen Algebra $\{W,F\}$ die unterschiedlichsten Beweisprinzipien erfinden. Wir werden darauf zurückkommen.

Mengenalgebra

Das Bilden von Vereinigung und Durchschnitt definiert zwei Verknüpfungen auf der Menge aller Teilmengen einer festen Menge M.

Definition 2: M sei eine Menge. Die Menge aller Teilmengen von M heißt P o t e n z m e n g e von M und wird mit $\mathfrak{P}(M)$ bezeichnet.
$\mathfrak{P}(M) = \{T \mid T \subset M\}$.

Die Elemente von $\mathfrak{P}(M)$ sind Mengen; es gilt:

$$T \subset M \Leftrightarrow T \in \mathfrak{P}(M) .$$

Die durch Vereinigung und Durchschnitt definierten Verknüpfungen auf einer Potenzmenge, für die wir wie früher die Zeichen $\cup$ und $\cap$ wählen wollen, erfüllen ganz offensichtlich die Regeln BA 2 und BA 2'. Ein neutrales Element bezüglich $\cup$ ist sicher die leere Menge $\emptyset$ ($T \cup \emptyset = T$), bezüglich $\cap$ ist es die ganze Menge M ($T \cap M = T$). Also sind auch BA 4 und BA 4' erfüllt.

Um BA 5 nachzuweisen, müssen wir eine Abbildung $\overline{}$ von $\mathfrak{P}(M)$ nach $\mathfrak{P}(M)$ angeben, so daß für jedes $T \in \mathfrak{P}(M)$ gilt

$$T \cup \overline{T} = M \quad \text{und} \quad T \cap \overline{T} = \emptyset$$

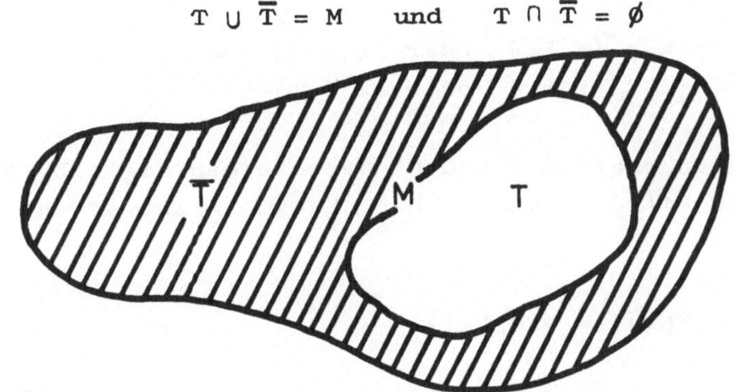

Diese Veranschaulichung zeigt nun, wie man zu T eine solche Menge $\overline{T}$ finden kann. Offensichtlich liegen in $\overline{T}$ genau diejenigen Elemente von M, die nicht in T liegen, also

$$\overline{T} = \{x \mid x \in M \quad \text{und} \quad x \notin T\} .$$

Wie man leicht nachprüfen kann, hat diese Menge $\overline{T}$ tatsächlich die gewünschten Eigenschaften. Sie heißt *Komplement* von T in M.

Um (endgültig) einzusehen, daß $\mathfrak{P}(M)$ zusammen mit den Verknüpfunfungen $\cup$ und $\cap$ sowie der durch $T \mapsto \overline{T}$ definierten Abbildung $\overline{}: \mathfrak{P}(M) \to \mathfrak{P}(M)$ eine Boolesche Algebra ist, brauchen wir nach Satz 9 nur noch BA 3 und BA 3' zu beweisen. Wir müssen zeigen, daß für Teilmengen R,S,T von M gilt:

$$R \cup (S \cap T) = (R \cup S) \cap (R \cup T)$$
$$R \cap (S \cup T) = (R \cap S) \cup (R \cap T) \quad .$$

Mengen sind genau dann gleich, wenn in ihnen dieselben Elemente liegen. In $R \cup (S \cap T)$ befinden sich alle Objekte x mit

$$E(x) : x \in R \text{ oder } (x \in S \text{ und } x \in T) .$$

Ein Objekt x liegt genau dann in $(R \cup S) \cap (R \cup T)$ wenn,

$$E'(x): (x \in R \text{ oder } x \in S) \text{ und } (x \in R \text{ oder } x \in T)$$

wahr ist. Die Eigenschaften E und E' beschreiben dieselbe Menge, wenn E(x) und E'(x) für dieselben Objekte x zutreffen, das heißt, wenn stets

$$w(E(x)) = w(E'(x))$$

gilt. Solche Gleichungen können wir aber durch Rechnen in der Booleschen Algebra $\{W,F\}$ überprüfen:

$$\begin{aligned} & w(E(x)) \\ &= w(x \in R) \vee (w(x \in S) \wedge w(x \in T)) && \text{Satz 11} \\ &= (w(x \in R) \vee w(x \in S)) \wedge (w(x \in R) \vee w(x \in T)) && \text{BA 3} \\ &= w(E'(x)) && \text{Satz 11} \end{aligned}$$

Übung 5: Man zeige durch Rechnen in der Booleschen Algebra $\{W,F\}$, daß für Teilmengen R,S,T der Menge M gilt:
$R \cap (S \cup T) = (R \cap S) \cup (R \cap T)$.

Insgesamt haben wir damit bewiesen:

Satz 14: Für jede Menge M ist $(\mathfrak{P}(M),\cup,\cap,\bar{\ })$ eine Boolesche Algebra.

Wir wissen nun, daß alle Sätze, die in Booleschen Algebren allgemein gelten, speziell auf die Potenzmengen zutreffen.

Ereignisalgebra

In der Wahrscheinlichkeitsrechnung versteht man unter *Ereignissen* mögliche Ergebnisse von *Zufallsexperimenten*. Wir wollen uns mit diesen Begriffen anhand der folgenden Beispiele vertraut machen.

Wenn wir als Zufallsexperiment das Werfen einer Münze nehmen, können zwei Ereignisse eintreten. Das Ergebnis kann Kopf (K) oder Zahl (Z) sein.

Beim Würfeln mit einem normalen Würfel können zunächst einmal die durch die gewürfelte Augenzahl gegebenen Ereignisse $E_1,\dots,E_6$ eintreten. Es gibt aber noch weitere, z.B. das Ereignis E_g, eine gerade Zahl zu würfeln, und entsprechend das Ereignis E_u für eine ungerade Zahl als Ergebnis des Zufallsexperiments. Auch eine Zahl kleiner als 4 zu würfeln ist ein Ereignis: $E_{<4}$.

Diese Ereignisse kann man zu weiteren zusammensetzen, z.B. E_1 und E_3 zu dem Ereignis "eine 1 oder eine 3" zu würfeln. Wir wollen es mit

$$E_1 \vee E_3 \qquad (E_1 \text{ oder } E_3 \text{ tritt ein}).$$

bezeichnen. Es ist übrigens identisch mit dem Ereignis eine ungerade Zahl kleiner als 4 zu würfeln, also mit

$$E_u \wedge E_{<4} \qquad (E_u \text{ und } E_{<4} \text{ treten ein})$$

Außerdem gibt es zu jedem dieser Ereignisse E ein *komplementäres* Ereignis $\overline{E}$, das genau dann vorliegt, wenn E nicht eintritt; z.B. ist

$$\overline{E_u} = E_g .$$

Wenn man $E_u \vee E_g$ bildet, so wird dann damit das Ereignis, eine gerade oder eine ungerade Zahl zu würfeln, beschrieben. Dieses Ereignis tritt aber immer ein. Es ist das s i c h e r e Ereignis. Wir wollen es mit S bezeichnen.

Das Ereignis $E_u \wedge E_g$, also eine Zahl zu würfeln, die ungerade und gerade ist, kann dagegen niemals eintreten. Es ist das u n m ö g l i c h e Ereignis. Nennen wir es U.

Mit diesen Vorbereitungen können wir festhalten

> Die Menge $\mathfrak{E}$ der beim Würfeln mit einem Würfel eintretenden Ereignisse (zu denen wir auch das unmögliche Ereignis U und das sichere Ereignis S rechnen wollen) bildet zusammen mit den Ereignisverknüpfungen $\vee, \wedge$ und der durch Übergang zum komplementären Ereignis definierten Abbildung $\overline{} : \mathfrak{E} \to \mathfrak{E}$ eine Boolesche Algebra.

Da die Ereignisverknüpfungen $\vee, \wedge$ mit Hilfe der Aussageverknüpfungen "oder", "und" definiert sind und das komplementäre Ereignis mit Hilfe der Negation gebildet wurde, kann man die Regeln BA 1 - BA 5 für Ereignisse wieder mit Hilfe der Booleschen Algebra $\{W, F\}$ der Wahrheitswerte beweisen. Wir wollen dies nicht im einzelnen durchführen.

Die am Beispiel des "Würfelns" angestellten Überlegungen lassen sich auf beliebige Zufallsexperimente übertragen. Die zugehörigen Ereignismengen bilden stets eine Boolesche Algebra.

Teileralgebra

Auch bei zahlentheoretischen Überlegungen können Boolesche Algebren auftreten. Wir betrachten einmal eine *quadratfreie* natürliche Zahl n. Damit ist eine von Null verschiedene natürliche Zahl gemeint, die von keinem Quadrat r^2 einer von Null und 1 verschiedenen natürlichen Zahl r geteilt wird. In der eindeutigen Primfaktorzerlegung von n

$$n = p_1 \cdot \ldots \cdot p_k$$

taucht deshalb keine Primzahl p doppelt auf, sonst wäre n nämlich durch p^2 teilbar, also nicht quadratfrei. Es gilt demnach

$$p_i \neq p_j \qquad \text{für} \quad i \neq j \;.$$

Mit n ist auch jeder Teiler s von n, also jede natürliche Zahl s, für die es eine natürliche Zahl x mit $n = s \cdot x$ gibt, quadratfrei. In der eindeutigen Primfaktorzerlegung von s

$$s = q_1 \cdot \ldots \cdot q_l$$

tritt ebenfalls keine Primzahl q doppelt auf. Außerdem enthält sie nur solche Primfaktoren q, die auch in dem Produkt $p_1 \cdot \ldots \cdot p_k$ auftreten, denn jede Primzahl, die s teilt, teilt auch n. Es gilt demnach

$$\{q_1,\ldots,q_l\} \subset \{p_1,\ldots,p_k\} \quad .$$

Zu jedem Teiler s von n gehört also eine Teilmenge $S = \{q_1,\ldots,q_l\}$ der Menge $N = \{p_1,\ldots,p_k\}$ aller Primfaktoren von n. Umgekehrt liefert jede Teilmenge T von N einen Teiler t von n, wenn man das Produkt der Elemente von T bildet. Wir wollen es mit $t = \Pi\, T$ bezeichnen und $\Pi\, \emptyset = 1$ verabreden.

$$s \text{ mit } s \text{ teilt } n \quad \mapsto \quad S \subset N$$
$$\Pi\, T = t \text{ mit } t \text{ teilt } n \quad \leftarrow\!\shortmid \quad T \subset N$$

Zu Teilern s,t von n erhält man weitere durch ihr kleinstes gemeinsames Vielfaches (KGV(s,t)) und ihren größten gemeinsamen Teiler (GGT(s,t)). Man kann sie mit Hilfe der zu s,t gehörenden Teilmengen S,T von N berechnen:

Satz 15: Es sei n eine quadratfreie natürliche Zahl und N die Menge ihrer Primfaktoren; ferner seien s,t Teiler von n und S,T die Mengen ihrer Primfaktoren. Dann gilt:
$KGV(s,t) = \Pi\,(S \cup T)$ und $GGT(s,t) = \Pi\,(S \cap T)$.

Beweis: Weil n quadratfrei ist, gilt

$$s = \Pi\, S \quad \text{und} \quad t = \Pi\, T ,$$

da in den Primfaktorzerlegungen von s und t keine Primzahl doppelt vorkommt. Wegen $S,T \subset S \cup T$ ist dann $\Pi\,(S \cup T)$ ein gemeinsames Vielfaches von s,t. Für das kleinste gemeinsame Vielfache von s,t muß demnach gelten:

$$KGV(s,t) \leq \Pi\,(S \cup T) .$$

Weil KGV(s,t) ein gemeinsames Vielfaches von s,t ist, umfaßt die Menge K seiner Primfaktoren die Mengen S,T:
$S \subset K$ und $T \subset K$ also auch $S \cup T \subset K$
Damit haben wir

$$\Pi\,(S \cup T) \leq \Pi\, K .$$

Da auch KGV(s,t) als Teiler von n quadratfrei ist, kann man es als Produkt der Elemente der Menge K seiner Primfaktoren darstellen:

$$KGV(s,t) = \Pi K \quad .$$

Insgesamt haben wir damit gezeigt
$KGV(s,t) = \Pi K \leq \Pi (S \cup T) \leq \Pi K = KGV(s,t)$,
also

$$KGV(s,t) = \Pi (S \cup T) \ .$$

Die zweite Formel kann man ganz analog beweisen. ★

Übung 6: Bitte beweisen Sie die Formel
$GGT(s,t) = \Pi (S \cap T)$.
Gilt Satz 15 auch für n = 9 ?

KGV und GGT sind Verknüpfungen auf der Menge aller Teiler von von n, die eine enge Verwandtschaft mit den Mengenoperationen Vereinigung und Durchschnitt aufweisen. Außerdem können wir eine Zuordnung $t \mapsto \bar{t}$ durch $\bar{t} = \Pi \bar{T}$ definieren. Dabei ist T die Menge aller Primfaktoren von t und $\bar{T} = \{p \mid p \in N \text{ und } p \notin T\}$ das Komplement von T in N.

Satz 16: Die Menge $\mathfrak{T}$ aller Teiler einer quadratfreien natürlichen Zahl n bildet zusammen mit den Verknüpfungen KGV, GGT und der Abbildung $\bar{\ }: \mathfrak{T} \to \mathfrak{T}$ eine Boolesche Algebra.

Beweis: Mit Hilfe von Satz 15 und aufgrund der Definition der Abbildung $\bar{\ }$ kann man die Regeln BA 1 - BA 5 auf die entsprechenden Regeln in $(\mathfrak{P}(N),\cup,\cap,^{-})$ zurückführen. ★

Übung 7: Man zeige, daß für einen Teiler t von n gilt:
$\overline{t} = \frac{n}{t}$.

Die allgemein bewiesenen Sätze 7, 7', 8, 8' gelten nun auch für Teiler s,t von n:

$$\frac{n}{GGT(s,t)} = KGV(\frac{n}{s}, \frac{n}{t}) \qquad (\overline{a \wedge b} = \overline{a} \vee \overline{b})$$

$$\frac{n}{KGV(s,t)} = GGT(\frac{n}{s}, \frac{n}{t}) \qquad (\overline{a \vee b} = \overline{a} \wedge \overline{b})$$

$$KGV(s, GGT(s,t)) = s \qquad (a \vee (a \wedge b) = a)$$

$$GGT(s, KGV(s,t)) = s \qquad (a \wedge (a \vee b) = a) .$$

L Ö S U N G E N

Übung 1: Für $o \in B$ gilt:

$e \vee o = e$	BA 4
$e \wedge o = o \wedge e$	BA 2'
$= o$	BA 4'

Da auch $\bar{e} \in B$ die Gleichungen

$e \vee \bar{e} = e$	BA 5
$e \wedge \bar{e} = o$	BA 5

erfüllt, muß nach Satz 3 $\bar{e} = o$ sein.

Entsprechend erhält man aus

$o \vee e = e \vee o$	BA 2
$= e$	BA 4
$o \wedge e = o$	BA 4'

mit Satz 3: $\bar{o} = e$

Übung 2:

$a \vee (a \wedge b) = (a \wedge e) \vee (a \wedge b)$	BA 4'
$= a \wedge (e \vee b)$	BA 3'
$= (b \vee e) \wedge a$	BA 2, BA 2'
$= e \wedge a$	Satz 6
$= a$	BA 2', BA 4'

Übung 3: (i) w(A oder (A und B))

= w(A) $\vee$ w(A und B)	Satz 11
= w(A) $\vee$ (w(A) $\wedge$ w(B))	Satz 11
= w(A)	Satz 8

(ii) $w(A \text{ und } (A \text{ oder } B))$

$= w(A) \wedge (w(A) \vee w(B))$ Satz 11

$= w(A)$ Satz 8'

Übung 4:

A	B	A ⇒ B	(nicht A) oder B
W	W	W	W
W	F	F	F
F	W	W	W
F	F	W	W

Übung 5:

In $R \cap (S \cup T)$ befinden sich alle Objekte x mit

$E(x) : x \in R$ und $(x \in S$ oder $x \in T)$.

Ein Objekt x liegt genau dann in $(R \cap S) \cup (R \cap T)$, wenn

$E'(x)$: $(x \in R$ und $x \in S)$ oder
$(x \in R$ und $x \in T)$

wahr ist. Es gilt:

$w(E(x)) = w(x \in R) \wedge (w(x \in S) \vee w(x \in T))$ Satz 11

$= (w(x \in R) \wedge w(x \in S)) \vee (w(x \in R) \wedge w(x \in T))$ BA 3'

$= w(E'(x))$ Satz 11

Übung 6:

Wegen $S \cap T \subset S$ und $S \cap T \subset T$ ist $\Pi\,(S \cap T)$ Teiler von $s = \Pi\, S$ und $t = \Pi\, T$.
Also gilt:

$\Pi\ (S \cap T) \leq GGT(s,t)$ (1)

Weil GGT(s,t) sowohl s als auch t teilt, gilt für die Menge G seiner Primfaktoren:
$G \subset S$ und $G \subset T$, also auch $G \subset S \cap T$.
Folglich ist:

$GGT(s,t) = \Pi\ G \leq \Pi\ (S \cap T)$ (2).

Aus (1) und (2) folgt die Behauptung.

Satz 15 gilt für $n = 9$ nicht:

$s = 3$, $S = \{3\}$
$t = 9$, $T = \{3\}$
$KGV(3,9) = 9 \neq \Pi\ (S \cup T) = \Pi\ \{3\} = 3$

__Übung 7:__

$t = \Pi\ T$, $\bar{t} = \Pi\ \bar{T} \Rightarrow$

$$\begin{aligned} t \cdot \bar{t} &= (\Pi\ T) \cdot \Pi\ \bar{T} \\ &= \Pi\ (T \cup \bar{T}) && \text{wegen } T \cap \bar{T} = \emptyset \\ &= \Pi\ N && \text{wegen } T \cup \bar{T} = N \\ &= n \end{aligned}$$

Ü B E R B L I C K

Boolesche Algebra: (Definition 1)

Eine (beliebige) Menge B zusammen mit zwei Verknüpfungen $\vee, \wedge$: $B \times B \to B$ und einer Abbildung $\bar{\ }$: $B \to B$ heißt eine B o o l e s c h e A l g e b r a , wenn für alle $a, b, c \in B$ folgende Grundregeln gelten:

BA 1 : $(a \vee b) \vee c = a \vee (b \vee c)$,
d.h. die Verknüpfung $\vee$ ist assoziativ.

BA 1': $(a \wedge b) \wedge c = a \wedge (b \wedge c)$,
d.h. die Verknüpfung $\wedge$ ist assoziativ.

BA 2 : $a \vee b = b \vee a$,
d.h. die Verknüpfung $\vee$ ist kommutativ.

BA 2': $a \wedge b = b \wedge a$,
d.h. die Verknüpfung $\wedge$ ist kommutativ.

BA 3 : $a \vee (b \wedge c) = (a \vee b) \wedge (a \vee c)$,
d.h. die Verknüpfung $\vee$ ist distributiv über $\wedge$.

BA 3': $a \wedge (b \vee c) = (a \wedge b) \vee (a \wedge c)$,
d.h. die Verknüpfung $\wedge$ ist distributiv über $\vee$.

BA 4 : Es gibt ein neutrales Element $o \in B$ bezüglich der Verknüpfung $\vee$, also ein $o \in B$ mit $a \vee o = a$.

BA 4': Es gibt ein neutrales Element $e \in B$ bezüglich der Verknüpfung $\wedge$, also ein $e \in B$ mit $a \wedge e = a$.

BA 5: $a \vee \bar{a} = e$ und $a \wedge \bar{a} = o$.

Schaltalgebra - Boolesche Algebra:

Für jedes $n \in \mathbb{N}$ ist die Menge M_n zusammen mit der Parallel- und Serienverknüpfung und der Komplementbildung eine Boolesche Algebra.

Sätze, die in jeder Booleschen Algebra gelten, gelten insbesondere für die "Wirkungsweisen von Schaltwerken".

Dualitätsprinzip: (Satz 1)

Mit $(B,\vee,\wedge,\bar{\ })$ ist auch $(B,\vee',\wedge',\bar{\ })$, wobei $\vee' = \wedge$ und $\wedge' = \vee$ ist, eine Boolesche Algebra.

Dualisieren:

Zu jedem "Satz i" über Boolesche Algebren gibt es einen d u a l e n "Satz i'", den man durch Vertauschen von "$\vee$" und "o" mit "$\wedge$" und "e" und umgekehrt erhält.

Sätze:

Im folgenden sei $(B,\vee,\wedge,\bar{\ })$ eine Boolesche Algebra.

(Satz 2) Es gibt genau ein neutrales Element bezüglich $\vee$.

(Satz 2') Es gibt genau ein neutrales Element bezüglich $\wedge$.

(Satz 3) Zu jedem $a \in B$ gibt es genau ein $x \in B$ mit $a \vee x = e$ und $a \wedge x = o$.

Für beliebige $a,b \in B$ gelten folgende Regeln:

(Satz 4) $\overline{(\overline{a})} = a$

(Satz 5) $a \vee a = a$

(Satz 5') $a \wedge a = a$

(Satz 6) $a \vee e = e$

(Satz 6') $a \wedge o = o$

(Satz 7) $\overline{(a \wedge b)} = \overline{a} \vee \overline{b}$

(Satz 7') $\overline{(a \vee b)} = \overline{a} \wedge \overline{b}$.

(Satz 8) $a \vee (a \wedge b) = a$

(Satz 8') $a \wedge (a \vee b) = a$

(Satz 9) Ist B eine Menge zusammen mit zwei Verknüpfungen $\vee: B \times B \rightarrow B$, $\wedge: B \times B \rightarrow B$ und einer Abbildung $\overline{}: B \rightarrow B$, die die Grundregeln BA 2 - BA 5 erfüllen, dann ist $(B, \vee, \wedge, \overline{})$ eine Boolesche Algebra.

Boolesche Algebra der Wahrheitswerte: Auf $\{W,F\}$ wird eine Algebrastruktur durch folgende Zuordnungen definiert:

$\vee$	$\wedge$	$\overline{}$
$(W,W) \mapsto W$	$(W,W) \mapsto W$	$W \mapsto F$
$(W,F) \mapsto W$	$(W,F) \mapsto F$	$F \mapsto W$
$(F,W) \mapsto W$	$(F,W) \mapsto F$	
$(F,F) \mapsto F$	$(F,F) \mapsto F$	

Bezeichnet $w(A)$ den Wahrheitswert einer Aussage A, so gilt für Aussagen A,B

(Satz 11)

(i) $w(A \text{ oder } B) = w(A) \vee w(B)$

(ii) $w(A \text{ und } B) = w(A) \wedge w(B)$

(iii) $w(\text{nicht } A) = \overline{w(A)}$

(Satz 12)

(i) $w(\text{nicht (nicht } A)) = w(A)$

(ii) $w(\text{nicht } (A \text{ oder } B)) = \overline{w(A)} \wedge \overline{w(B)}$

(iii) $w(\text{nicht } (A \text{ und } B)) = \overline{w(A)} \vee \overline{w(B)}$

<u>Prinzip des indirekten Beweises:</u>
(Satz 13)

$w(A \Rightarrow B) = w((\text{nicht } B) \Rightarrow (\text{nicht } A)).$

<u>Mengenalgebra:</u>
(Definition 2)

M sei eine Menge. Die Menge aller Teilmengen von M heißt P o t e n z m e n g e von M und wird mit $\mathfrak{P}(M)$ bezeichnet.
$\mathfrak{P}(M) = \{T \mid T \subset M\}$.

Ist M eine Menge, so werden durch

$$\cup : \mathfrak{P}(M) \times \mathfrak{P}(M) \to \mathfrak{P}(M)$$
$$(T,S) \mapsto T \cup S$$
$$\cap : \mathfrak{P}(M) \times \mathfrak{P}(M) \to \mathfrak{P}(M)$$
$$(T,S) \mapsto T \cap S$$

zwei Verknüpfungen $\cup$ und $\cap$ auf $\mathfrak{P}(M)$ erklärt.

Ist T eine Teilmenge von M, dann heißt die Menge $\{x \mid x \in M \text{ und } x \notin T\}$ K o m p l e m e n t von T bezüglich M. Wir bezeichnen diese Menge mit $\overline{T}$.

(Satz 14)

Für jede Menge M ist die Menge $\mathfrak{P}(M)$ zusammen mit der Bildung von Vereinigung, Durchschnitt und Komplement eine Boolesche Algebra.

<u>Ereignisalgebra:</u>

Die Menge $\mathfrak{E}$ der bei einem Zufallsexperiment, z.B. beim Würfeln mit einem Würfel, eintretenden Ereignisse bildet zusammen mit den durch

$E \vee E' \Leftrightarrow$ E oder E' tritt ein

$E \wedge E' \Leftrightarrow$ E und E' tritt ein

definierten Verknüpfungen und der Komplementbildung

$\overline{E} \Leftrightarrow$ E tritt nicht ein

eine Boolesche Algebra.

<u>Teileralgebra:</u>
(Satz 16)

Die Menge $\mathfrak{T}$ aller Teiler einer quadratfreien natürlichen Zahl n bildet zusammen mit den Verknüpfungen KGV und GGT sowie der durch $t = \prod T \mapsto \prod \overline{T} = \overline{t}$ definierten Komplementbildung eine Boolesche Algebra.

ÜBUNGSAUFGABEN

Aufgabe 1:

M sei eine Menge, $A \subset M$ und $B \subset M$ sowie

$$B - A = \{x \mid x \in B \text{ und } x \notin A\} .$$

Man beweise:

$$B - A = B \cap \overline{A} \quad \text{und} \quad \overline{A} = M - A$$

Aufgabe 2:

$(B, \vee, \wedge, \overline{\ })$ sei eine Boolesche Algebra. Für alle $a, b \in B$ bedeute

$$b - a = b \wedge \overline{a}$$

Man beweise:

(1) $(b - a) \wedge a = o$

(2) $(b - a) \vee a = b \vee a$

Aufgabe 3:

Man konstruiere Schaltwerke mit 2 Hebeln, die die Verknüpfungen $\vee, \wedge$ in der Booleschen Algebra $\{W, F\}$ ausführen. Für die Hebelstellungen wähle man W, F statt a, b und entsprechend für $0, 1$ ebenfalls W, F .

Aufgabe 4:

Folgende Statuten regeln die Wahl von Ausschußmitgliedern in einer gewissen Gesellschaft:

a) Die Mitglieder des Sozialausschusses sollen aus der Mitgliederschaft des Exekutivrates gewählt werden.
b) Kein Mitglied des Exekutivrates darf gleichzeitig dem Sozialausschuß und dem Finanzausschuß angehören.
c) Jedes Mitglied, das sowohl dem Finanzausschuß als auch dem Exekutivrat angehört, ist automatisch Mitglied des Sozialausschusses.
d) Kein Mitglied des Presseausschusses darf dem Sozialausschuß angehören, wenn es nicht gleichzeitig dem Exekutivrat angehört.

Man vereinfache diese Regeln durch Rechnen in der Booleschen Algebra $\{W,F\}$, d.h. man ersetze sie durch ein einfacheres System von Vorschriften, das dieselbe Regelung beinhaltet.

Aufgabe 5:

Ist die Menge aller Teiler der Zahl 9 zusammen mit den Verknüpfungen GGT und KGV sowie der durch $t \mapsto \bar{t} = \frac{9}{t}$ definierten Abbildung $\bar{\ }$ eine Boolesche Algebra?

Aufgabe 6:

Sind $(B,\vee,\wedge,\bar{\ })$ eine Boolesche Algebra und M eine Menge, dann kann man auf der Menge

$$B^M = \mathrm{Abb}(M,B) = \{f \mid f: M \to B \ \text{Abbildung}\}$$

Verknüpfungen $\vee^M$, $\wedge^M$ durch folgende Vorschrift definieren:

$$(f \vee^M g)(x) = f(x) \vee g(x) \quad \text{für jedes } x \in M$$
$$(f \wedge^M g)(x) = f(x) \wedge g(x) \quad \text{für jedes } x \in M$$

Eine Abbildung $\bar{\ }^M : B^M \to B^M$ erhält man durch:

$$\bar{f}^M(x) = \overline{f(x)} \quad \text{für jedes } x \in M \ .$$

Man zeige, daß $(B^M, \vee^M, \wedge^M, {}^{-M})$ eine Boolesche Algebra ist.

Aufgabe 7:

Man zeige, daß das folgende Prinzip des Widerspruchsbeweises gilt:

$$w(A \Rightarrow B) = w(A \text{ und } (\text{nicht } B) \Rightarrow (C \text{ und } (\text{nicht } C)))$$

Anstatt "A ⇒ B" direkt zu beweisen, kann man also aus A und der Annahme "nicht B" den Widerspruch "C und (nicht C)" herleiten.

Aufgabe 8:

Man beweise durch Widerspruch:

$$x \in \mathbb{R} \text{ und } x^2 = 2 \Rightarrow x \notin \mathbb{Q}$$

(d.h. $\sqrt{2}$ ist keine rationale Zahl)

Isomorphie

Wer das letzte Kapitel aufmerksam gelesen hat, wird zahlreiche Verwandtschaften zwischen den dort aufgeführten Beispielen von Booleschen Algebren festgestellt haben:

- Rechenregeln in der Mengenalgebra $\mathfrak{P}(M)$ konnte man auf solche in der Booleschen Algebra $\{W,F\}$ der Wahrheitswerte zurückführen.

- In der Ereignisalgebra $\mathfrak{E}$ und in der Schaltalgebra $M_n = \{f \mid f: \{a,b\}^n \to \{0,1\}\}$ standen die Verknüpfungen $\vee$, $\wedge$ und die Komplementbildung $^-$ im Zusammenhang mit den Aussageverknüpfungen "oder", "und" bzw. der Negation "nicht" (siehe hierzu auch Kapitel 4, Übung 1). Kann man das Rechnen in $\mathfrak{E}$ und M_n vielleicht auch mit dem in $\{W,F\}$ oder in einer Mengenalgebra in Verbindung bringen?

- Bei der Teileralgebra schließlich gab es enge Wechselbeziehungen zwischen Teilern s einer quadratfreien natürlichen Zahl n und Teilmengen S der Menge N aller Primfaktoren von n, d.h. $S \in \mathfrak{P}(N)$.

Tauchten diese Verwandtschaften rein zufällig auf, weil unsere Phantasie begrenzt ist und uns keine besseren Beispiele für Boolesche Algebren eingefallen sind? Oder manifestiert sich hier nur in Einzelfällen ein Zusammenhang, der immer zwischen jeder beliebigen Booleschen Algebra und der Algebra der Wahrheitswerte bzw. einer Mengenalgebra besteht? Haben wir demzufolge keine Chance, ganz andersartige Beispiele für Boolesche Algebren zu finden? Und wenn ja, wie könnten wir dies einsehen?

Um diese Fragen zu beantworten, müssen wir die zunächst nur angedeuteten Verwandtschaften etwas genauer und systematischer studieren. Wir wollen dies jetzt exemplarisch anhand eines Zusammenhangs zwischen Schaltalgebra und Mengenalgebra tun:

Die Wirkungsweise eines Schaltwerkes mit n Hebeln läßt sich nicht nur durch eine Abbildung $f\colon \{a,b\}^n \to \{0,1\}$ aus M_n beschreiben sondern auch durch die Menge T derjenigen Hebelkombinationen (n-Tupel), bei denen Stromfluß möglich ist, also durch eine Teilmenge $T \subset \{a,b\}^n$.

Nehmen wir z. B. die folgende Abbildung $f\colon \{a,b\}^3 \to \{0,1\}$, die die Wirkungsweise einer Abstimmungsmaschine mit 3 Hebeln beschreibt:

$f\colon \{a,b\}^3 \to \{0,1\}$
$(a,a,a) \mapsto 1$
$(a,a,b) \mapsto 1$
$(a,b,a) \mapsto 1$
$(a,b,b) \mapsto 0$
$(b,a,a) \mapsto 1$
$(b,a,b) \mapsto 0$
$(b,b,a) \mapsto 0$
$(b,b,b \mapsto 0$

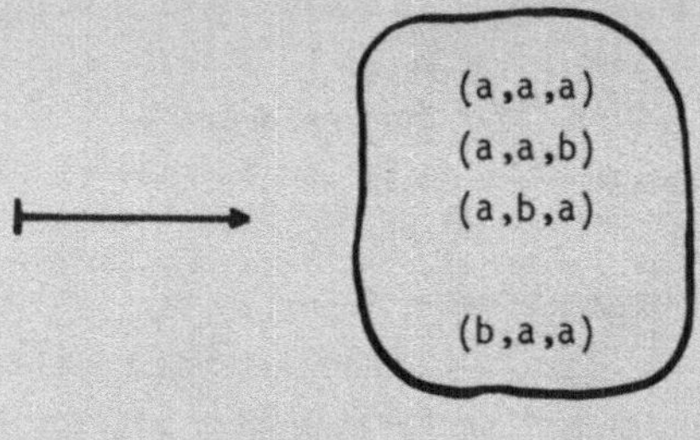

$f \in M_3$

$\longmapsto$

(a,a,a)
(a,a,b)
(a,b,a)

(b,a,a)

T

$T \subset \{a,b\}^3$

Die zu dieser Abbildung f gehörende Teilmenge T hat als Elemente genau diejenigen Abstimmungsergebnisse, bei denen eine Mehrheit von ja-Stimmen (= Hebelstellung "a") vorliegt. In diesen Fällen leuchtet die Lampe an der Abstimmungsmaschine, d.h. es fließt Strom.

Ist umgekehrt eine Teilmenge $T \subset \{a,b\}^3$ gegeben (d.h. wir wissen für welche Hebelkombinationen unser Schaltwerk leitend ist) so können wir zu T eine Abbildung $f\colon \{a,b\}^3 \to \{0,1\}$ finden, die die Elemente von T auf 1 abbildet, alle anderen auf 0 :

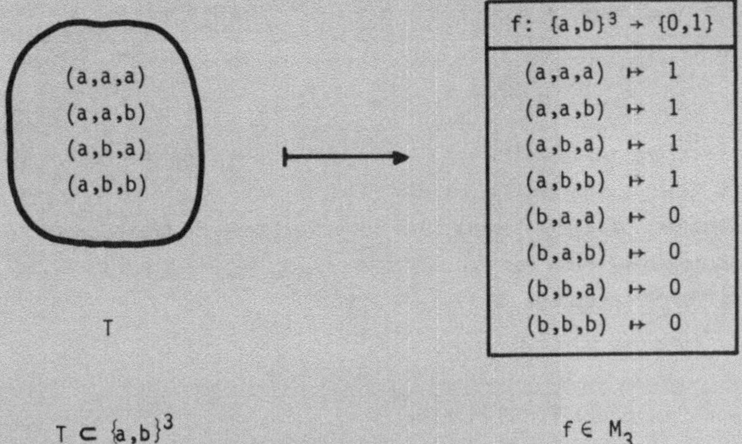

$T \subset \{a,b\}^3$ $\qquad$ $f \in M_3$

Die zu dieser Teilmenge T gehörende Abbildung f ist die Diktatorabbildung ${}_3d_1$. Der Diktator sitzt am 1. Hebel.

Was mit diesen Beispielen demonstriert wurde, gilt auch ganz allgemein:

Jeder Abbildung $f: \{a,b\}^n \to \{0,1\}$ kann man eine bestimmte Teilmenge T von $\{a,b\}^n$ zuordnen, nämlich:

$$f \longmapsto T = \{x \mid x \in \{a,b\}^n,\ f(x) = 1\} .$$

Sie wird D a r s t e l l u n g s m e n g e von f genannt.

Umgekehrt gibt es zu jeder Teilmenge T von $\{a,b\}^n$ eine Abbildung $f: \{a,b\}^n \to \{0,1\}$, die genau die Elemente von T auf 1 abbildet:

$$T \longmapsto f \quad \text{mit} \quad f(x) = \begin{cases} 1 & \text{für } x \in T \\ 0 & \text{sonst} \end{cases} .$$

Man nennt f auch die c h a r a k t e r i s t i s c h e A b b i l d u n g von T .

Diese "Übersetzungsprozesse" von Abbildungen $f \in M_n$ zu Darstellungsmengen $T \subset \{a,b\}^n$ und von Teilmengen $T \subset \{a,b\}^n$ zu charakteristischen Abbildungen $f \in M_n$ lassen sich ihrerseits durch Abbildungen φ und ψ beschreiben, wenn man beachtet, daß eine Teilmenge $T \subset \{a,b\}^n$ ein Element der Potenzmenge $\mathfrak{P}(\{a,b\}^n)$ ist:

$$\varphi: M_n \longrightarrow \mathfrak{P}(\{a,b\}^n)$$
$$f \longmapsto \varphi(f) = \text{Darstellungsmenge von } f$$

$$\psi: \mathfrak{P}(\{a,b\}^n) \longrightarrow M_n$$
$$T \longmapsto \psi(T) = \begin{array}{l}\text{Charakteristische}\\ \text{Abbildungen von } T\end{array} \quad .$$

Mit Hilfe dieser Abbildungen φ und ψ kann man zwischen den Mengen M_n und $\mathfrak{P}(\{a,b\}^n)$ "hin- und hersteigen":

Bildet man die Darstellungsmenge $\varphi(f)$ und dann wieder die zu dieser Teilmenge $T = \varphi(f)$ gehörende charakteristische Abbildung $\psi(T) = \psi(\varphi(f))$, so kommt man zu f zurück, denn die charakteristische Abbildung $\psi(\varphi(f))$ bildet genau die Elemente von $\varphi(f)$ auf 1 ab; das sind aber wegen $\varphi(f) = \{x | x \in \{a,b\}^n, f(x) = 1\}$ genau diejenigen, die auch f auf 1 abbildet. Es gilt also:

$$\psi(\varphi(f)) = f \quad .$$

Ebenso ist die Darstellungsmenge $\varphi(\psi(T))$ der charakteristischen Abbildung $\psi(T)$ einer Teilmenge $T \subset \{a,b\}^n$ die Teilmenge T selbst:

$$\varphi(\psi(T)) = T \; .$$

Die Abbildung ψ macht offensichtlich die Wirkung der Abbildung φ rückgängig und φ die von ψ . Man nennt deshalb ψ eine

U m k e h r a b b i l d u n g von φ und ebenso φ eine Umkehrabbildung von ψ .

Was nützen derartige Abbildungen?

Diese Frage wollen wir vorläufig anhand eines aus der Schule bekannten Musterbeispiels beantworten:

Das Rechnen mit Zahlen kann man sich durch die Benutzung einer Logarithmentafel erleichtern. Um ein etwas kompliziertes Produkt, z. B.

$$1,597 \cdot 1,248$$

zu bestimmen, ermittelt man die Logarithmen von 1,597 bzw. 1,248 und addiert sie:

$$\begin{aligned} \lg\ 1,597 &= 0,2033 \\ \lg\ 1,248 &= \underline{0,0962} \\ &\ 0,2995 \quad . \end{aligned}$$

Durch Entlogarithmieren von 0,2995 erhält man als Ergebnis

$$1,993 \ .$$

Eine umfangreiche Multiplikation wird so auf eine einfache Addition zurückgeführt.

Den theoretischen Hintergrund für dieses Verfahren liefert eine Abbildung, die L o g a r i t h m u s f u n k t i o n (zur Basis 10) . Meistens wird sie mit "lg" bezeichnet. Diese Abbildung ordnet jeder positiven reellen Zahl x die reelle Zahl $y = \lg x$ mit $x = 10^y$ zu:

$$\begin{aligned} \lg\colon \mathbb{R}^+ &\longrightarrow \mathbb{R} \\ x &\longmapsto \lg x \quad . \end{aligned}$$

$\mathbb{R}^+$ ist die Menge der positiven reellen Zahlen. Offensichtlich kehrt die durch die folgende Zuordnungsvorschrift

$$y \longmapsto 10^y$$

definierte Abbildung von $\mathbb{R}$ nach $\mathbb{R}^+$ die Wirkung der Abbildung lg um:

$$10^{\lg x} = x \quad \text{und} \quad \lg 10^y = y \quad .$$

Die Umkehrabbildung zu lg ist nichtsanderes als das Entlogarithmieren.

Logarithmieren und Entlogarithmieren sind nützlich, weil die Logarithmusfunktion Produkte in Summen, also eine komplizierte Rechenoperation in eine einfache überführt:

$$\lg (x \cdot x') = \lg x + \lg x' \quad .$$

Macht auch die Abbildung $\varphi\colon M_n \to \mathfrak{P}(\{a,b\}^n)$ aus komplizierten Rechenoperationen einfache?

Die Antwort auf diese Frage hängt natürlich davon ab, was man als kompliziert und was als einfach empfindet:

- In der Menge M_n haben wir es mit der Parallel- und Serienverknüpfung sowie der Komplementbildung zu tun.

- In $\mathfrak{P}(\{a,b\}^n)$ sind dies die Vereinigung, der Durchschnitt und die Komplementbildung von Mengen.

Die Parallelschaltung von $f,g \in M_n$ ist als diejenige Abbildung $f \vee g$ definiert, die einem n-Tupel $x \in \{a,b\}^n$ genau dann die 1 zuordnet, wenn es von f oder von g auf 1 abgebildet wird. Für die Darstellungsmenge von $f \vee g$ gilt demnach:

$$\begin{aligned}\varphi(f \vee g) &= \{x \mid x \in \{a,b\}^n, f(x) = 1 \text{ oder } g(x) = 1\} \\ &= \{x \mid x \in \{a,b\}^n, f(x)=1\} \cup \{x \mid x \in \{a,b\}^n, g(x)=1\} \\ &= \varphi(f) \cup \varphi(g) \quad .\end{aligned}$$

Die Abbildung φ überführt also die Parallelverknüpfung $f \vee g$ in die Vereinigung $\varphi(f) \cup \varphi(g)$.

Wenn wir das bereits in Kapitel 3 gewußt hätten, wäre uns einige Mühe erspart geblieben. Im "1. Schritt" haben wir dort nämlich nachgewiesen, daß sich jede Abbildung $f \in M_n$ als Parallelschaltung von Safeabbildungen gewinnen läßt. Das sind solche Abbildungen Δ_x , die nur das n-Tupel x auf 1 abbilden. Ihre Darstellungsmengen sind also einelementig:

$$\varphi(\Delta_x) = \{x\} \quad .$$

Nun ist aber jede Menge T Vereinigung ihrer einelementigen Teilmengen:

$$T = \{x\} \cup \{y\} \cup \ldots , \quad x,y,\ldots \in T$$

Damit gilt speziell für $T = \varphi(f)$ und wegen $\{x\} = \varphi(\Delta_x), \{y\} = \varphi(\Delta_y), \ldots$:

$$\begin{aligned} \varphi(f) &= \varphi(\Delta_x) \cup \varphi(\Delta_y) \cup \ldots \\ &= \varphi(\Delta_x \vee \Delta_y \vee \ldots) \quad , \end{aligned}$$

denn φ überführt Parallelverknüpfungen in Vereinigungen. Wendet man auf beide Seiten dieser Gleichung noch die Umkehrabbildung ψ an, so erhält man:

$$\begin{aligned} f = \psi(\varphi(f)) &= \psi(\varphi(\Delta_x \vee \Delta_y \vee \ldots)) \\ &= \Delta_x \vee \Delta_y \vee \ldots \quad . \end{aligned}$$

Dies ist bereits die gesuchte Darstellung von f als Parallelschaltung von Safeabbildungen. Sie kann mit Hilfe der Vereinigung in $\mathfrak{P}(\{a,b\}^n)$ sowie mit φ und ψ leichter hergestellt werden, als nur mit Hilfe der Parallelschaltung in M_n - ebenso wie ein Produkt reeller Zahlen durch die Summe ihrer Logarithmen einfacher zu berechnen ist.

Abbildungen φ bzw. lg , für die es eine Umkehrabbildung gibt, können also durchaus nützlich sein, wenn sie mit vorhandenen Verknüpfungen bzw. Operationen "verträglich" sind, also Parallelschaltungen (Serienschaltungen, Komplemente) in Vereinigungen (Durchschnitte, Mengenkomplemente) bzw. Produkte in Summen überführen.

Solche Abbildungen nennt man I s o m o r p h i s m e n .

Isomorphie

Umkehrbare Abbildungen

Eine wesentliche Eigenschaft von Isomorphismen ist ihre Umkehrbarkeit:

Definition 1: Eine Abbildung f von einer Menge M nach einer Menge N heißt **umkehrbar**, wenn es eine Abbildung g von N nach M mit folgenden Eigenschaften gibt:

$$(g \circ f)(x) = x \quad \text{für jedes } x \in M$$
$$(f \circ g)(y) = y \quad \text{für jedes } y \in N\,.$$

Die Abbildung g heißt dann **Umkehrabbildung** von f.

Die Abbildungen

$$g \circ f : M \to M$$
$$f \circ g : N \to N$$

bewirken offensichtlich "nichts". Sie bilden $x \in M$ auf x ab, bzw. $y \in N$ auf y. Eigentlich erscheint es überflüssig, dabei von Abbildungen zu sprechen. Da sie aber im Zusammenhang mit Isomorphismen eine besondere Rolle spielen, wollen wir uns dennoch mit ihnen befassen:

Definition 2: Ist M eine Menge, dann nennen wir die durch die Vorschrift $x \mapsto x$ für alle $x \in M$ definierte Abbildung von M nach M Identität oder identische Abbildung auf M und bezeichnen sie mit

$$id_M: M \to M \quad .$$

(Es ist also $id_M(x) = x$ für alle $x \in M$.)

Damit hätten wir in Definition 1 auch schreiben können

$$g \circ f = id_M \quad \text{und} \quad f \circ g = id_N \quad .$$

Diese Gleichungen sind offenbar symmetrisch in f und g: Besitzt f eine Umkehrabbildung g, dann hat auch g eine Umkehrabbildung, nämlich f. Außerdem kann eine Abbildung f höchstens eine Umkehrabbildung besitzen, wie der folgende Satz zeigt:

Satz 1: Ist f eine Abbildung von M nach N und sind g, g' Abbildungen von N nach M mit

$$g \circ f = id_M \quad \text{und} \quad f \circ g = id_N$$
$$g' \circ f = id_M \quad \text{und} \quad f \circ g' = id_N \quad ,$$

dann gilt $g = g'$.

Beweis: Komponiert man beide Seiten der Gleichung
$f \circ g = id_N$
"von links" mit g', dann erhält man
$g' \circ f \circ g = g' \circ id_N = g'$
und daraus wegen $g' \circ f = id_M$:
$id_M \circ g = g = g'$. ★

Wir können also von d e r Umkehrabbildung einer umkehrbaren Abbildung f sprechen. Sie wird in der Regel mit f^{-1} bezeichnet.

Übung 1: Man zeige, daß die durch $f(x) = 3x + 4$ gegebene Abbildung $f\colon \mathbb{R} \to \mathbb{R}$ umkehrbar ist und gebe f^{-1} an.

Will man die Umkehrbarkeit einer Abbildung $f\colon M \to N$ nachweisen, so ist die Suche nach einer entsprechenden Umkehrabbildung nicht immer ganz einfach. Deshalb werden wir jetzt Eigenschaften von Abbildungen f betrachten, mit deren Hilfe man die Umkehrbarkeit direkt an f "testen" kann:

Ist z. B. die folgende Abbildung $f\colon M \to N$ umkehrbar?

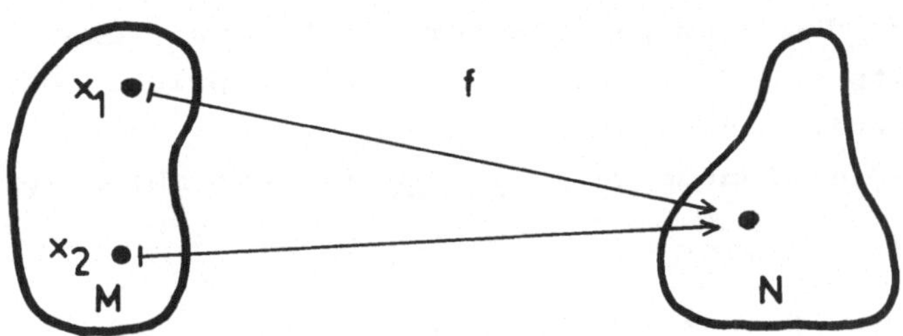

Falls eine Umkehrabbildung $g\colon N \to M$ existiert, muß $g \circ f = id_M$ gelten, d.h. jedes $x \in M$ wird durch $g \circ f$ wieder auf sich selbst abgebildet. Dies trifft insbesondere auf $x_1 \in M$ zu.

Die Umkehrabbildung g müßte demnach wie folgt aussehen:

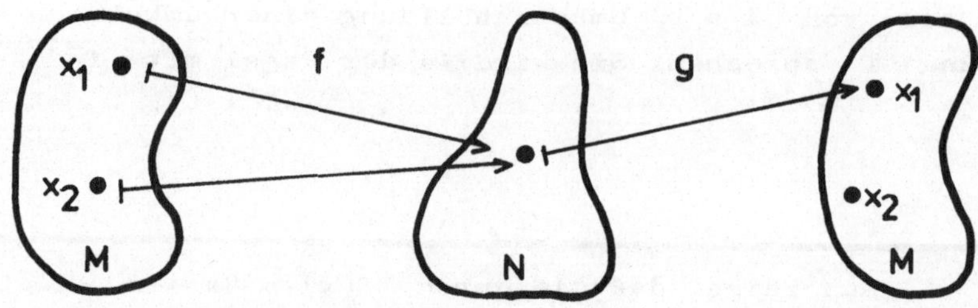

Aber auch das Element x_2 muß wieder auf sich selbst abgebildet werden:

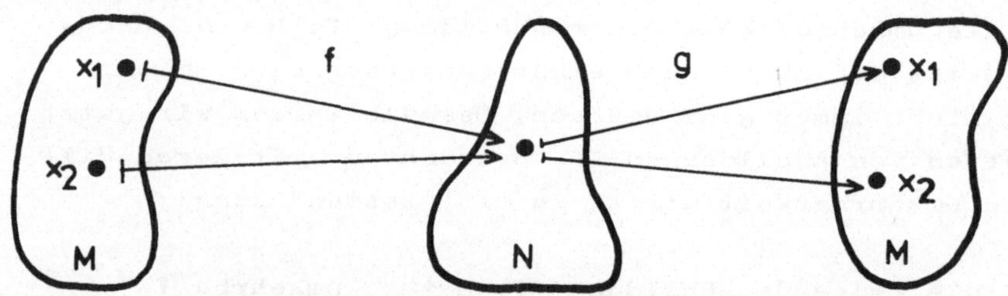

Deshalb müßte g dem einzigen Element in N zwei verschiedene Elemente in M zuordnen. Dies widerspricht aber dem Abbildungsbegriff, denn eine Abbildung ordnet jedem Element ihrer Definitionsmenge genau ein Element ihrer Wertemenge zu.

Zu einer Abbildung $f: M \to N$ mit $f(x_1) = f(x_2)$ und $x_1 \neq x_2$ kann es deshalb keine Umkehrabbildung g geben. Damit haben wir eine notwendige Bedingung für die Umkehrbarkeit von f gefunden:

f muß verschiedenen Elementen $x_1, x_2 \in M$, $x_1 \neq x_2$ auch verschiedene Bilder $f(x_1) \neq f(x_2)$ zuordnen.

Definition 3: Eine Abbildung $f: M \to N$ heißt i n j e k t i v , wenn gilt:

$$x_1, x_2 \in M \text{ und } x_1 \neq x_2 \Rightarrow f(x_1) \neq f(x_2) \text{ .}$$

Die folgende Abbildung $f: M \to N$ ist injektiv:

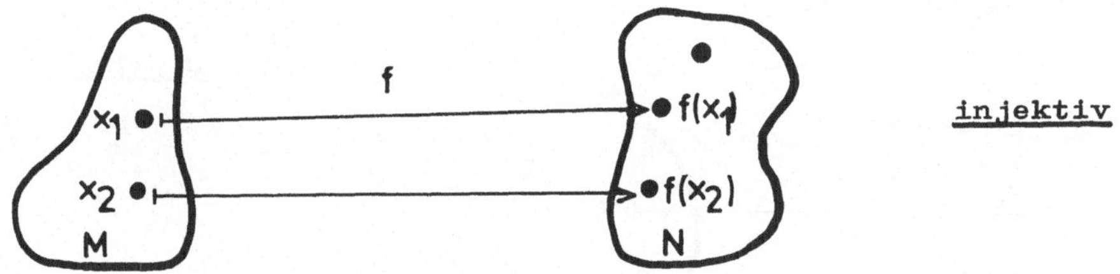

Kann es zu diesem f eine Umkehrabbildung g geben?

Sicher nicht, denn eine Abbildung $g: N \to M$ muß mindestens zwei Elemente von N auf dasselbe Element in M abbilden, weil N drei und M nur zwei Elemente hat! Also kann g nicht injektiv sein und damit auch nicht umkehrbar im Widerspruch dazu, daß Umkehrabbildungen g selbst umkehrbar sind.

Diesmal liegt es daran, daß N zu viele Elemente hat. Nicht jedes Element von N ist Bildelement unter f . Damit haben wir eine weitere notwendige Bedingung für die Umkehrbarkeit einer Abbildung $f: M \to N$ gefunden:

Jedes Element der Wertemenge N ist Bildelement unter f .

Definition 4: Eine Abbildung $f: M \to N$ heißt s u r j e k t i v , wenn gilt:

Zu jedem $y \in N$ gibt es ein $x \in M$ mit $f(x) = y$.

Ist f surjektiv und injektiv, so heißt f b i j e k t i v .

Die folgende Abbildung $f: M \to N$ ist surjektiv, aber nicht injektiv, also auch nicht bijektiv:

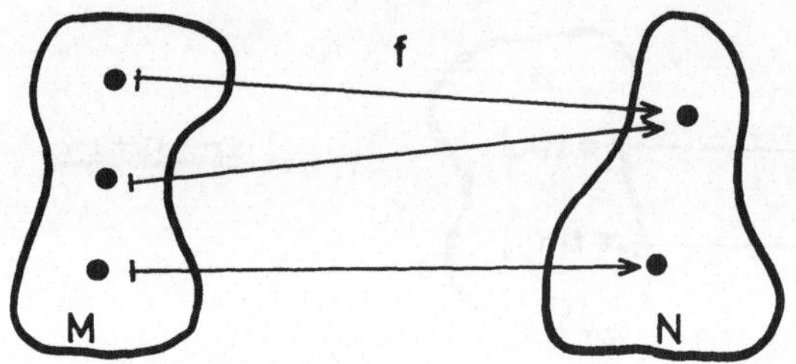

surjektiv

Und hier noch ein Beispiel einer bijektiven Abbildung:

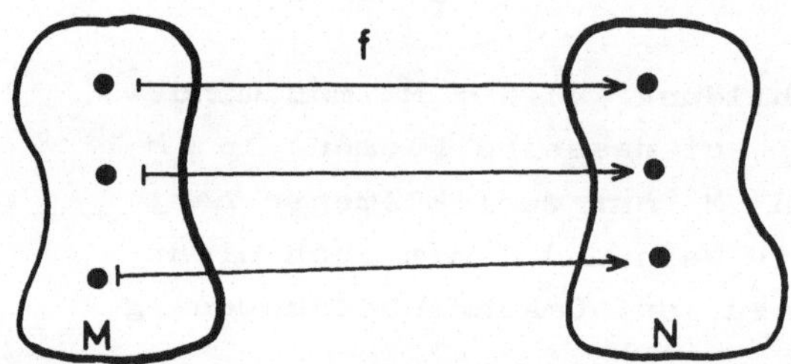

bijektiv

Übung 2: Ist $f: M \to N$ eine Abbildung, so heißt ein Element $x \in M$ ein U r b i l d von $y \in N$, wenn $f(x) = y$ ist. Man zeige:

a) f ist injektiv $\Leftrightarrow$
Jedes $y \in N$ hat höchstens ein Urbild.

b) f ist surjektiv $\Leftrightarrow$
Jedes $y \in N$ hat mindestens ein Urbild.

c) f ist bijektiv $\Leftrightarrow$
Jedes $y \in N$ hat genau ein Urbild .

Satz 2: Eine Abbildung $f: M \to N$ ist genau dann umkehrbar, wenn sie bijektiv ist.

Beweis: Der Beweis hat zwei Teile:

Es ist erstens zu zeigen, daß jede umkehrbare Abbildung bijektiv, d.h. injektiv und surjektiv ist, und zweitens, daß jede bijektive Abbildung umkehrbar ist.

Sei also erstens $f: M \to N$ umkehrbar und $g: N \to M$ Umkehrabbildung. Wir beweisen zunächst die Injektivität von f , und zwar indirekt, d.h. wir zeigen:

$$f(x_1) = f(x_2) \Rightarrow x_1 = x_2 \quad .$$

Für $x_1, x_2 \in M$ mit $f(x_1) = f(x_2)$ gilt $g(f(x_1)) = g(f(x_2))$ und damit wegen $g \circ f = id_M$ schon $x_1 = x_2$.

Die Surjektivität von f kann man der Gleichung $f \circ g = id_N$ entnehmen. Demnach hat nämlich jedes $y \in N$ die Form $f(g(y)) = y$. Also gibt es ein $x = g(y) \in M$ mit $f(x) = y$.

Sei nun zweitens f bijektiv. Dann gibt es zu jedem $y \in N$ genau ein $x \in M$ mit $f(x) = y$. Wenn wir einem $y \in N$ dieses x zuordnen, bekommen wir eine Abbildung

$$g : N \longrightarrow M$$

Wegen $g(y) = x$ und $f(x) = y$ gilt

$$g(f(x)) = g(y) = x$$
$$f(g(y)) = f(x) = y \quad .$$

Also ist g Umkehrabbildung von f . ★

Isomorphismen

Isomorphismen sind nicht nur umkehrbar, sondern auch mit Verknüpfungen oder anderen Operationen "verträglich". Betrachtet man auf der Menge $\mathbb{R}^+$ der positiven reellen Zahlen die Multiplikation "$\cdot$" als Verknüpfung und auf $\mathbb{R}$ die Addition "+" , so ist die Logarithmusfunktion

$$\lg: \mathbb{R}^+ \to \mathbb{R}$$

ein Isomorphismus von $(\mathbb{R}^+,\cdot)$ nach $(\mathbb{R},+)$, denn sie ist umkehrbar, und es gilt:

$$\lg (x \cdot x') = \lg x + \lg x' \quad .$$

Von einem Isomorphismus zwischen Booleschen Algebren $(B,\wedge,\vee,\bar{\ })$ und $(C,\curlyvee,\curlywedge,\tilde{\ })$ wird man verlangen, daß er mit den Verknüpfungen $\vee,\wedge$ bzw. $\curlyvee,\curlywedge$ sowie den Komplementbildungen $\bar{\ },\tilde{\ }$ "verträglich" ist:

Definition 5: Sind $(B,\vee,\wedge,\bar{\ })$ und $(C,\curlyvee,\curlywedge,\tilde{\ })$ Boolesche Algebren, so heißt eine Abbildung $\varphi: B \to C$ ein **Isomorphismus**, wenn gilt:

ISO 1 : φ ist umkehrbar

ISO 2 : $\varphi(b \vee b') = \varphi(b) \curlyvee \varphi(b')$
$\varphi(b \wedge b') = \varphi(b) \curlywedge \varphi(b')$
$\varphi(\bar{b}) = \widetilde{\varphi(b)}$
für alle $b,b' \in B$

Die Booleschen Algebren $(B,\vee,\wedge,^-)$ und $(C,\curlyvee,\curlywedge,\tilde{})$ heißen zueinander **isomorph**, wenn es einen Isomorphismus $\varphi: B \to C$ gibt .

Nach dieser Definition ist auch die Identität id_B auf einer Booleschen Algebra $(B,\vee,\wedge,^-)$ ein - wenn auch uninteressanter - Isomorphismus, denn sie ist wegen $id_B \circ id_B = id_B$ umkehrbar (ISO 1) , und ISO 2 ist ebenfalls erfüllt.

Satz 3: Ist $\varphi: B \to C$ Isomorphismus zwischen den Booleschen Algebren $(B,\vee,\wedge,^-)$ und $(C,\curlyvee,\curlywedge,\tilde{})$, so ist auch die Umkehrabbildung $\psi = \varphi^{-1} : C \to B$ ein Isomorphismus.

<u>Beweis:</u> Umkehrabbildungen sind selbst umkehrbar. Also gilt ISO 1 für ψ .

Wegen $\varphi \circ \psi = id_C$ gilt für $c,c' \in C$ auch $\varphi(\psi(c)) = c$ und $\varphi(\psi(c')) = c'$, also

$$
\begin{aligned}
\psi(c \curlyvee c') &= \psi(\varphi(\psi(c)) \curlyvee \varphi(\psi(c'))) \\
(\text{ISO 2 für } \varphi) &= \psi(\varphi(\psi(c) \vee \psi(c'))) \\
(\psi \circ \varphi = id_B) &= \psi(c) \vee \psi(c')
\end{aligned}
$$

und entsprechend auch

$$\psi(c \curlywedge c') = \psi(c) \wedge \psi(c') \ .$$

Ferner gilt wegen $\psi \circ \varphi = id_B$:

$$
\begin{aligned}
\overline{\psi(c)} &= \psi(\varphi(\overline{\psi(c)})) \\
(\text{ISO 2 für } \varphi) &= \psi(\widetilde{\varphi(\psi(c))}) \\
(\varphi(\psi(c)) = c) &= \psi(\tilde{c}) \ .
\end{aligned}
$$

★

Wir werden uns nun der schon im Vortext behandelten Isomorphie zwischen der Schaltalgebra $(M_n, \vee, \wedge, \bar{\ })$ und der Mengenalgebra $(\mathfrak{P}(\{a,b\}^n), \cup, \cap, \bar{\ })$ zuwenden:

Satz 4: Die Booleschen Algebren $(M_n, \vee, \wedge, \bar{\ })$ und $(\mathfrak{P}(\{a,b\}^n), \cup, \cap, \bar{\ })$ sind zueinander isomorph.

Beweis: Wir müssen eine Abbildung $\varphi: M_n \rightarrow \mathfrak{P}(\{a,b\}^n)$ angeben, die ISO 1 und ISO 2 erfüllt. Wie im Vortext definieren wir:

$$\varphi(f) = \{x \mid x \in \{a,b\}^n, \ f(x) = 1\}$$

Eine Abbildung $\psi: \mathfrak{P}(\{a,b\}^n) \rightarrow M_n$ erhalten wir durch die Zuordnung

$$T \mapsto \psi(T) \quad \text{mit} \quad \psi(T)(x) = \begin{cases} 1 & \text{für } x \in T \\ 0 & \text{sonst} \end{cases}$$

Die Abbildung ψ ist eine Umkehrabbildung von φ, denn es gilt:

$$\begin{aligned} f(x) = 1 \ &\Leftrightarrow \ x \in \varphi(f) \\ &\Leftrightarrow \ \psi(\varphi(f)) = 1 \ . \end{aligned}$$

Nach Satz 1 aus Kapitel 3 sind dann die Abbildungen f und $\psi(\varphi(f))$ gleich, d.h. $\psi(\varphi(f)) = f$.

Wir müssen noch zeigen, daß die Mengen T und $\varphi(\psi(T))$ übereinstimmen. Aufgrund der Definition von φ und ψ gilt:

$$\begin{aligned} \varphi(\psi(T)) &= \{x \mid x \in \{a,b\}^n, \ \psi(T)(x) = 1\} \\ &= \{x \mid x \in \{a,b\}^n, \ x \in T\} \\ &= T \ . \end{aligned}$$

Also ist φ umkehrbar (ISO 1). Nun zu ISO 2. Für $f,g \in M_n$ gilt (mit Übung 1 und Definiton 8 aus Kapitel 4):

$$\begin{aligned}\varphi(f \vee g) &= \{x \mid x \in \{a,b\}^n, (f \vee g)(x) = 1\} \\ &= \{x \mid x \in \{a,b\}^n, f(x)=1 \text{ oder } g(x)=1\} \\ &= \{x \mid x \in \{a,b\}^n, f(x)=1\} \cup \{x \mid x \in \{a,b\}^n, g(x)=1\} \\ &= \varphi(f) \cup \varphi(g)\end{aligned}$$

$$\begin{aligned}\varphi(f \wedge g) &= \{x \mid x \in \{a,b\}^n, (f \wedge g)(x) = 1\} \\ &= \{x \mid x \in \{a,b\}^n, f(x) = 1 \text{ und } g(x) = 1\} \\ &= \{x \mid x \in \{a,b\}^n, f(x)=1\} \cap \{x \mid x \in \{a,b\}^n, g(x)=1\} \\ &= \varphi(f) \cap \varphi(g)\end{aligned}$$

$$\begin{aligned}\overline{\varphi(f)} &= \{x \mid x \in \{a,b\}^n,\ x \notin \varphi(f)\} \\ &= \{x \mid x \in \{a,b\}^n,\ f(x) \neq 1\} \\ &= \{x \mid x \in \{a,b\}^n,\ f(x) = 0\} \\ &= \{x \mid x \in \{a,b\}^n,\ \overline{f}(x) = 1\} \\ &= \varphi(\overline{f})\end{aligned}$$

★

Mit Hilfe eines Isomorphismus $\varphi: M_n \to \mathfrak{P}(\{a,b\}^n)$ können wir zwischen Schaltalgebra und Mengenalgebra "hin- und hersteigen". Dies ist nützlich, weil manche Probleme in einer Mengenalgebra einfacher gelöst werden können. So sind z.B. die in Kapitel 5 bewiesenen Sätze über beliebige Boolesche Algebren für Mengenalgebren leichter einzusehen. Nehmen wir etwa Satz 8:

$$a \vee (a \wedge b) = a$$

Für Teilmengen A,B einer Menge M ist diese Regel sofort klar:

$$A \cup (A \cap B) = A$$

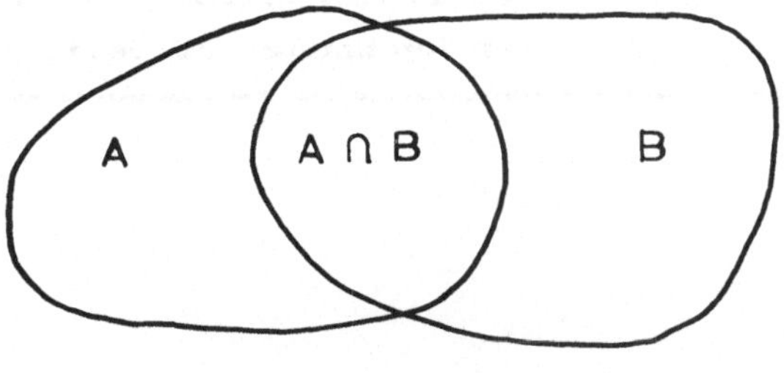

A

A ∩ B

B

Sie gilt natürlich auch für Teilmengen von $\{a,b\}^n$.
Mit Hilfe der Isomorphismen φ und ψ können wir diese Regel von $\mathfrak{P}(\{a,b\}^n)$ nach M_n "transportieren":

$$
\begin{array}{lll}
f \vee (f \wedge g) & = & \psi(\varphi(f \vee (f \wedge g)) \\
(\text{ISO 2 für } \varphi) & = & \psi(\varphi(f) \cup \varphi(f \wedge g)) \\
(\text{ISO 2 für } \varphi) & = & \psi(\varphi(f) \cup (\varphi(f) \cap \varphi(g))) \\
(A \cup (A \cap B) = A) & = & \psi(\varphi(f)) \\
 & = & f \qquad .
\end{array}
$$

Genauso kann man mit allen anderen Regeln verfahren, die in $\mathfrak{P}(\{a,b\}^n)$ gelten. Dies bedeutet aber, daß wir das Rechnen in M_n - z.B. beim Vereinfachen von Schaltwerken - stets auf das Rechnen mit Mengen zurückführen können.
Anders ausgedrückt:

Mit der Parallel- und Serienschaltung sowie der Komplementbildung in M_n können wir genauso umgehen, wie mit Vereinigung, Durchschnitt und Komplementbildung von Mengen!

Übung 3: Man vereinfache in M_4

$$(d_1 \wedge (d_2 \vee \overline{d}_2)) \vee (d_3 \wedge d_4 \wedge \overline{d}_4)$$

dadurch, daß man sich unter den d_i bzw. $\overline{d}_i$, $i = 1,2,3,4$, Mengen und anstelle von $\vee,\wedge,^-$ die Mengenoperationen $\cup,\cap,^-$ vorstellt.

Man legitimiere dieses Verfahren mit Hilfe des Isomorphismus φ und vergleiche es mit der Rechnung auf Seite 4|27.

Fassen wir zusammen:

Durch den Isomorphismus $\varphi: M_n \to \mathfrak{P}(\{a,b\}^n)$ wird das Rechnen in M_n "anschaulicher", weil man sich die Elemente von M_n als Mengen, die Verknüpfungen "$\vee,\wedge$" als Vereinigung bzw. Durchschnitt und "$^-$" als Mengenkomplement vorstellen kann. Es wird dadurch auch einfacher, denn die Gültigkeit von Regeln kann man sich in einer "konkreten" Mengenalgebra leichter klar machen, als durch "abstrakte" Herleitung aus den Grundregeln BA 1 bis BA 5 .

Beim Rechnen mit den Verknüpfungen "KGV" und "GGT" auf der Menge $\mathfrak{T}$ aller Teiler einer quadratfreien natürlichen Zahl hätte man sicher auch weniger Schwierigkeiten, wenn es einen Isomorphismus φ zwischen $\mathfrak{T}$ und einer Mengenalgebra $\mathfrak{P}(N)$ gäbe, der "KGV" und "GGT" in Vereinigung und Durchschnitt überführt. Existiert ein derartiger Isomorphismus?

Diese Frage wollen wir nicht nur für die Teilalgebra $\mathfrak{T}$, sondern generell für alle Booleschen Algebren $(B,\vee,\wedge,^-)$ beantworten, die wie M_n und $\mathfrak{T}$ nur endlich viele Elemente haben. Wir sprechen dann von einer e n d l i c h e n Booleschen Algebra. Praktisch bedeutet dies, daß man die Elemente von B in der Form $B = \{b_1,b_2,\ldots,b_k\}$ "durchnummerieren" kann, wobei die natürliche Zahl k die Anzahl der Elemente von B ist.

Satz 5:	Ist $(B,\vee,\wedge,^-)$ eine endliche Boolesche Algebra, so gibt es eine Menge A und einen Isomorphismus $\varphi: B \to \mathfrak{P}(A)$.

Jede endliche Boolesche Algebra - auch die Teileralgebra $\mathfrak{T}$, die Ereignisalgebra $\mathfrak{E}$, die Algebra $\{W,F\}$ der Warheitswerte - ist isomorph zu einer Potenzmengenalgebra. Beim Rechnen in endlichen Booleschen Algebren kann man sich also immer so verhalten, wie beim Rechnen mit Mengen!

Für den Beweis dieses ebenso überraschenden wie nützlichen Ergebnisses müssen wir die Theorie der Booleschen Algebren noch etwas weiter entwickeln, denn wir haben bis jetzt keinerlei Anhaltspunkte dafür, welche Menge A wir zu $(B,\vee,\wedge,^{-})$ wählen sollen und welche Teilmenge $\varphi(b) \subset A$ einem $b \in B$ zuzuordnen ist. Um solche Anhaltspunkte zu gewinnen, orientieren wir uns bereits an dem noch zu beweisenden Ergebnis:

Wir nehmen an, wir hätten bereits einen Isomorphismus von B in eine Mengenalgebra $\mathfrak{P}(A)$. Aus dieser Annahme folgen dann sofort einige Eigenschaften für B , die man unmittelbar an $\mathfrak{P}(A)$ ablesen kann.

Dann drehen wir den Spieß um! Wir prüfen nach, welche dieser Eigenschaften <u>jede</u> endliche Boolesche Algebra hat, unabhängig von der Existenz eines Isomorphismus' zu einer Mengenalgebra. Dann wissen wir schon mehr über endliche Boolesche Algebren. Mit dieser zusätzlichen Kenntnis können wir eher hoffen, den gesuchten Isomorphismus φ zu finden.

Beschäftigen wir uns also zunächst mit der Struktur einer Potenzmenge. Was wissen wir von ihr, außer daß sie eine Boolesche Algebra ist?

Ordnung in Booleschen Algebren

In Kapitel 1 haben wir die "Teilmengenbeziehung" oder Inklusion erklärt. Wir können sie als Relation auf jeder Potenzmenge auffassen. Deren Elemente werden durch die Inklusion "geordnet", es gibt "kleinere" und "größere". Zwei beliebige Elemente einer Potenzmenge müssen aber nicht immer ihrer Größe nach vergleichbar sein.

Eine der Inklusion entsprechende "ordnende" Relation muß dann auch auf jeder Booleschen Algebra existieren, die isomorph zu einer Mengenalgebra ist. Vielleicht gibt es sie aber sogar in jeder Booleschen Algebra? Wenn ja, müßten wir sie nur mit Hilfe der Verknüpfungen $\vee, \wedge$ der Operation $^{-}$ sowie der Grundregeln BA 1 - BA 5 definieren können.

Daß man sogar mit viel weniger auskommen wird, zeigt der folgende Zusammenhang zwischen Durchschnittsbildung und Inklusion bei Mengen (vgl. hierzu Aufgabe 6 in Kapitel 1).

Satz 6: M und N seien Mengen. Dann gilt:
$M \subset N \Leftrightarrow M \cap N = M$.

Dieser Satz gilt natürlich auch für Teilmengen einer festen Menge A , also für Elemente von $\mathfrak{P}(A)$. Er legt die folgende Definition nahe:

Definition 6: $(B,\vee,\wedge,^{-})$ sei eine Boolesche Algebra. Die durch

$$a \prec b \Leftrightarrow a \wedge b = a$$

erklärte Relation $\prec$ heißt *natürliche Ordnungsrelation* auf B .

Für "$a \prec b$" sagt man "a vor b" .
"Nicht $a \prec b$" kürzt man durch "$a \not\prec b$" ab.

Übung 4: Was bedeutet $f \prec g$ in M_n ?

Daß die Relation $\prec$ tatsächlich Eigenschaften besitzt, die man von einer der Inklusion entsprechenden Ordnung erwartet, zeigt

Satz 7: Seien a,b,c Elemente einer Booleschen Algebra $(B,\vee,\wedge,\bar{\ })$. Dann gilt

(i) $a \prec a$

(ii) $a \prec b$ und $b \prec a \Rightarrow a = b$

(iii) $a \prec b$ und $b \prec c \Rightarrow a \prec c$.

Übung 5: Bitte beweisen Sie Satz 7 .

Die folgenden Eigenschaften der natürlichen Ordnungsrelation werden zum Beweis von Satz 5 benötigt:

Satz 8: Für Elemente $a,b,b' \in B$ einer Booleschen Algebra $(B,\vee,\wedge,\bar{\ })$ gilt:

(i) $o \prec b \prec e$

(ii) $b \wedge b' \prec b'$, $b \prec b \vee b'$

(iii) $a \prec b$ und $a \prec b' \Rightarrow a \prec b \wedge b'$

<u>Beweis:</u> (i) $o \wedge b = b \wedge o = o$ BA 2' und Satz 6' aus Kap.5

$b \wedge e = b$ BA 4'

(ii) $(b \wedge b') \wedge b' = b \wedge (b' \wedge b')$ BA 1'

$= b \wedge b'$ Satz 5' aus Kap.5

$b \wedge (b \vee b') = b$ Satz 8' aus Kap.5

(iii) Aus $a \prec b$ und $a \prec b'$ folgt nach Definition 6

$$a = a \wedge b \text{ und } a = a \wedge b' \Rightarrow$$

$$a \wedge (b \wedge b') = (a \wedge b) \wedge b' \qquad \text{BA } 1'$$
$$= a \wedge b'$$
$$= a$$

d.h. $a \prec b \wedge b'$. ★

Atome

Eine bereits diskutierte Eigenschaft (endlicher) Mengenalgebren hätte uns erlaubt, den ersten Schritt in Kapitel 3 radikal zu verkürzen. Die simple Beobachtung nämlich, daß jedes $T \in \mathfrak{P}(A)$ Vereinigung seiner einelementigen Teilmengen ist:

$$T = \{x\} \cup \{y\} \cup \ldots \qquad x,y \ldots \in T \ .$$

Offensichtlich sind die einelementigen Teilmengen einer endlichen Menge A ein Erzeugendensystem bezüglich "$\cup$" in $\mathfrak{P}(A)$. Außerdem sind sie die "kleinsten Bausteine", aus denen man jedes nichtleere $T \in \mathfrak{P}(A)$ zusammensetzen kann.

Wenn eine Boolesche Algebra isomorph zu einer endlichen Mengenalgebra ist, müßte sie ebenfalls derartige "kleinste Bausteine" - nennen wir sie A t o m e - besitzen. Wie kann man Atome in einer beliebigen Booleschen Algebra unabhängig von der anschaulichen Vorstellung einelementiger Mengen, also ohne die Benutzung eines Isomorphismus zu einer Mengenalgebra, beschreiben?

Die bereits allgemein definierte natürliche Ordnungsrelation auf einer Booleschen Algebra könnte dabei helfen, wenn es gelänge, einelementige Teilmengen nur mit Hilfe der Inklusion zu kennzeichnen. Das ist aber leicht möglich!

Denn die einelementigen Teilmengen zeichnen sich dadurch aus, daß sie außer sich selbst nur noch die leere Menge $\emptyset$ enthalten. Und $\emptyset$ ist das neutrale Element bezüglich $\cup$. Ihm entspricht in einer beliebigen Booleschen Algebra $(B,\vee,\wedge,\bar{\ })$ das neutrale Element o bezüglich $\vee$. Deshalb definiert man:

Definition 7: Ein Element $a \neq o$ in einer Booleschen Algebra $(B,\vee,\wedge,\bar{\ })$ heißt A t o m , wenn für alle $x \in B$ gilt:

$$x < a \Rightarrow x = o \quad \text{oder} \quad x = a .$$

Übung 6: Welche Abbildungen $\{a,b\}^n \to \{0,1\}$ sind Atome in M_n ?

Mit der natürlichen Ordnungsrelation "<" und dem Begriff "Atom" haben wir nun zusätzliche Anhaltspunkte gewonnen, mit deren Hilfe ein Isomorphismus $\varphi: B \to \mathfrak{P}(A)$ gefunden werden kann. Wir werden jetzt eine geeignete Menge A und eine Abbildung φ angeben, von der wir nachweisen können, daß sie strukturverträglich (ISO 2) sowie injektiv und surjektiv, also umkehrbar ist. Diese Reihenfolge haben wir gewählt, um ISO 2 für den Nachweis von ISO 1 schon benutzen zu können.

Konstruktion von φ

Da die Atome $a \in B$ den einelementigen Teilmengen $\{x\}$ in einer Mengenalgebra $\mathfrak{P}(M)$ entsprechen, also im wesentlichen den Elementen $x \in M$, werden wir für A die Menge aller Atome von B wählen:

$$A = \{a \mid a \in B \text{ Atom}\}.$$

Teilmengen $T \subset M$ kann man mit Hilfe der in ihnen enthaltenen Atome angeben:

$$T = \{x \mid \{x\} \subset T\}.$$

Für $b \in B$ kann man ganz analog die Menge A_b der vor b liegenden Atome bilden. Die Zuordnung

$$b \longmapsto A_b = \{a \mid a \text{ Atom und } a < b\} \subset A$$

definiert dann eine Abbildung

$$\varphi: B \longrightarrow \mathfrak{P}(A)\ .$$

Übung 7: Man zeige $b < c \Rightarrow A_b \subset A_c$

Strukturverträglichkeit von φ

Um einzusehen, daß $\varphi: B \to \mathfrak{P}(A)$ mit $\varphi(b) = A_b$ die Bedingung ISO 2 erfüllt, müssen wir die folgenden Regeln beweisen:

Satz 9: Für $b, b' \in B$ gilt:

(i) $A_{b \vee b'} = A_b \cup A_{b'}$

(ii) $A_{b \wedge b'} = A_b \cap A_{b'}$

(iii) $A_{\overline{b}} = \overline{A_b}$

Beweis: (i) Wir zeigen $A_b \cup A_{b'} \subset A_{b \vee b'}$ und $A_{b \vee b'} \subset A_b \cup A_{b'}$.

Wegen $b < b \vee b'$ und $b' < b \vee b'$ (Satz 8,(ii)) gilt nach Übung 7 $A_b \subset A_{b \vee b'}$ <u>und</u> $A_{b'} \subset A_{b \vee b'}$. Dann ist aber auch $A_b \cup A_{b'} \subset A_{b \vee b'}$.

Für die Inklusion $A_{b \vee b'} \subset A_b \cup A_{b'}$ müssen wir nachweisen, daß Atome a die Eigenschaft

$$a \in A_{b \vee b'} \Rightarrow a \in A_b \text{ oder } a \in A_{b'}$$

d.h.

$$a < b \vee b' \Rightarrow a < b \text{ oder } a < b'$$

haben. Wir beweisen dies indirekt und zeigen:

$$a \not< b \text{ und } a \not< b' \Rightarrow a \not< b \vee b' \quad :$$

$$(a \not< b \text{ und } a \not< b')$$

$\Rightarrow$ $(a \wedge b \neq a$ und $a \wedge b' \neq a)$, Def. 6

$\Rightarrow$ $(a \wedge b = o$ und $a \wedge b' = o)$, Def. 7 und wegen $a \wedge b < a$, $a \wedge b' < a$ nach Satz 8,(ii)

$\Rightarrow$ $((a \wedge b) \vee (a \wedge b')) = o \vee o = o$, BA 4

$\Rightarrow$ $a \wedge (b \vee b') = o \neq a$, BA 3', Def. 7

$\Rightarrow$ $a \not< b \vee b'$, Def. 6

(ii) Wir zeigen wieder

$$A_{b \wedge b'} \subset A_b \cap A_{b'} \text{ und } A_b \cap A_{b'} \subset A_{b \wedge b'} .$$

Wegen $b \wedge b' < b$ und $b \wedge b' < b'$ (Satz 8,(ii)) gilt nach Übung 7

$$A_{b \wedge b'} \subset A_b \text{ und } A_{b \wedge b'} \subset A_{b'} .$$

Daraus folgt $A_{b \wedge b'} \subset A_b \cap A_{b'}$.

Ist umgekehrt $a \in A_b \cap A_{b'}$, so gilt $a < b$ und $a < b'$, also auch $a < b \wedge b'$ (Satz 8,(iii)) , d.h. $a \in A_{b \wedge b'}$.

(iii) Es gilt:

$$
\begin{aligned}
A_b \cup A_{\bar{b}} &= A_{b \vee \bar{b}} && \text{, nach (i)} \\
&= A_e && \text{, BA 5} \\
&= A && \text{, Satz 8,(i)}
\end{aligned}
$$

und

$$
\begin{aligned}
A_b \cap A_{\bar{b}} &= A_{b \wedge \bar{b}} && \text{, nach (ii)} \\
&= A_o && \text{, BA 5} \\
&= \emptyset && \text{, Def.7, Satz 8,(i)} .
\end{aligned}
$$

Also ist $A_{\bar{b}}$ das Mengenkomplement von A_b .

★

Surjektivität von φ

Zu jeder Teilmenge $T \subset A$ müssen wir ein Element $b \in B$ mit $\varphi(b) = T$ finden. Für $T = \emptyset$ ist dies einfach, denn es gibt kein Atom a mit $a < o$.

Übung 8: Man zeige: $\varphi(o) = A_o = \emptyset$

Ist T nicht leer, so gilt:

$$T = \{a\} \cup \{a'\} \cup \ldots \qquad a, a', \ldots \in T \quad .$$

Außerdem gilt $\{a\} = A_a = \varphi(a)$ wegen $a < a$ (Satz 7,(i)), also $a \in A_a$ und

$$x \in A_a \Rightarrow x < a \Rightarrow x = 0 \quad \text{oder} \quad x = a$$

(Definition 7), d.h. $x = a$, da Atome $x \in A_a$ per Definition von o verschieden sind. Wegen $\{a\} = A_a = \varphi(a)$ ist:

$$\begin{aligned} T &= \varphi(a) \cup \varphi(a') \cup \ldots , \quad a,a',\ldots \in T \\ &= \varphi(a \vee a' \vee \ldots) , \end{aligned}$$

denn φ ist strukturverträglich. Also gilt für

$$b = a \vee a' \vee \ldots \qquad , \quad a,a',\ldots \in T$$

$\varphi(b) = T$.

<u>Injektivität von φ</u>

Zu beweisen ist, daß für $b',b \in B$ mit $b' \neq b$ auch $\varphi(b') \neq \varphi(b)$, also $A_{b'} \neq A_b$ gilt, d.h. daß es ein Atom a mit $a < b$ $(a \in A_b)$ und $a \nless b'$ $(a \notin A_{b'})$ oder ein Atom a' mit $a' < b'$ $(a' \in A_{b'})$ und $a' \nless b$ $(a' \notin A_b)$ gibt. Wir werden dies in zwei Schritten zeigen, indem wir zunächst den Spezialfall $b' \neq b$ <u>und</u> $b' < b$ betrachten und anschließend den allgemeinen Fall $b' \neq b$ darauf zurückführen.

Satz 10: Ist $(B,\vee,\wedge,^-)$ eine endliche Boolesche Algebra, und sind $b',b \in B$ mit $b' < b$ und $b' \neq b$, dann gibt es ein Atom $a \in B$ mit $a < b$ und $a \nless b'$.

Anschaulich ist klar, daß sich das gesuchte Atom a im Komplement $\overline{b'}$ von b' befinden muß, genauer gesagt sogar in $\overline{b'} \wedge b$ wegen $a < b$. Dies wollen wir nun unabhängig von der Anschauung beweisen:

Beweis: Für $c = \overline{b'} \wedge b$ gilt nach Satz 8,(ii) $c \prec b$.

Außerdem ist

$$\begin{aligned} b' \vee c &= b' \vee (\overline{b'} \wedge b) \\ &= (b' \vee \overline{b'}) \wedge (b' \vee b) && \text{BA 2} \\ &= e \wedge (b' \vee b) && \text{BA 5} \\ &= b' \vee b && \text{BA 4'} \\ &= (b' \wedge b) \vee b && \text{wegen } b' \prec b \\ &= b && \text{Ba 2, 2' und Kapitel 5, Satz 8} \end{aligned}$$

Das bedeutet aber wegen $b' \neq b$, daß $c \neq o$ gelten muß, sonst wäre nach BA 4 schon $b' = b' \vee o = b' \vee c = b$ im Widerspruch zu $b' \neq b$.

Wenn c ein Atom ist, kann man einfach $a = c$ wählen, denn es gilt

$$\begin{aligned} c \wedge b' &= (\overline{b'} \wedge b) \wedge b' = (\overline{b'} \wedge b') \wedge b \\ &= o \wedge b = o \,, \end{aligned}$$

also wegen $c \neq o$ sicher $c \not\prec b'$.

Ist c kein Atom, dann gibt es nach Definition 7 ein $x_1 \in B$ mit $x_1 \prec c$ und $o \neq x_1 \neq c$.

Falls x_1 ein Atom ist, kann man $a = x_1$ wählen, denn es gilt

$$\begin{aligned} x_1 \wedge b' &= (x_1 \wedge c) \wedge b' && \text{Definition 6} \\ &= x_1 \wedge (c \wedge b') \\ &= x_1 \wedge o \\ &= o \\ &\neq x_1 \end{aligned}$$

also $x_1 \not\prec b'$.

Wenn x_1 kein Atom ist, gibt es ein $x_2 \in B$ mit $x_2 \prec x_1$ und $o \neq x_2 \neq x_1$. Für dieses x_2 gilt dann auch $x_2 \neq c$. Denn wäre $x_2 = c$, hätte man $c = x_2 \prec x_1 \prec c$, also nach Satz 7,(ii) auch $x_1 = c$ im Widerspruch zu $x_1 \neq c$.

usw.

Auf diese Weise bekommen wir eine "absteigende Kette" von untereinander verschiedenen $x_i \in B$:

$$c \succ x_1 \succ x_2 \succ \ldots \succ x_i \ldots$$

Da aber B nur endlich viele Elemente besitzt, kann diese Kette nicht beliebig lang werden. Sie muß nach endlich vielen Schritten, sagen wir n Stück, abbrechen. Mit x_n haben wir dann ein Atom $a = x_n$ gefunden, für das nach Satz 7,(iii) auch $a \prec c \prec b$, also $a \prec b$ gilt und außerdem nach Konstruktion $a \not\prec b'$. ★

Gilt für $b', b \in B$ nicht nur $b' \neq b$, sondern auch $b' < b$, so kann man mit Satz 10 daraus $A_{b'} \neq A_b$, also $\varphi(b') \neq \varphi(b)$ schließen. Um zu zeigen, daß φ injektiv ist, müssen wir jedoch beliebige Elemente $b', b \in B$ mit $b' \neq b$ betrachten und $\varphi(b') \neq \varphi(b)$ beweisen. Dies können wir auch indirekt einsehen, indem wir aus $\varphi(b') = \varphi(b)$ die Gleichheit von b' und b folgern. Sei also

$$A_{b'} = \varphi(b') = \varphi(b) = A_b .$$

Dann gilt für $b'' = b' \wedge b$:

$$\begin{aligned} A_{b''} &= A_{b' \wedge b} \\ &= A_{b'} \cap A_b , && \text{Satz 9, (ii)} \\ &= A_{b'} , && A_{b'} = A_b . \end{aligned}$$

Außerdem ist $b'' < b'$ nach Satz 8, (ii).

Nach Satz 10 kann nun nicht mehr $b'' \neq b'$ sein, denn dann wäre auch $A_{b''} \neq A_{b'}$. Also ist $b'' = b'$.

Ganz analog beweist man $b'' = b$. Also gilt:

$$b' = b'' = b , \quad \text{d.h.} \quad b' = b .$$

Damit haben wir gezeigt:

$$\varphi(b) = \varphi(b') \Rightarrow b = b'$$

Das ist ein indirekter Beweis für

$$b \neq b' \Rightarrow \varphi(b) \neq \varphi(b') \quad ,$$

d.h. φ ist injektiv.

Abschließende Bemerkungen

Von nun an dürfen wir uns eine "abstrakte" endliche Boolesche Algebra $(B,\vee,\wedge,\bar{\ })$ als relativ "konkrete" Mengenalgebra vorstellen. In B gelten dieselben Regeln wie für das Rechnen mit Mengen.

B hat sozusagen einen "anschaulichen" Stellverteter der Form $\mathfrak{P}(A)$ bekommen. Man nennt die Mengenalgebren deshalb auch S t a n d a r d v e r t r e t e r für (endliche) Boolesche Algebren.

Mit Hilfe dieser Standardvertreter kann man den Bereich aller endlichen Booleschen Algebren klassifizieren, d.h. in Klassen unterteilen, ebenso wie die Biologen alle Lebewesen in Arten einteilen oder die Chemiker alle chemischen Elemente in Edelgase, Metalle usw. .

In einer Klasse fassen wir alle endlichen Booleschen Algebren zusammen, die zu demselben Standardvertreter isomorph sind, die also b i s a u f I s o m o r p h i e übereinstimmen. Man spricht von einer I s o m o r p h i e-k l a s s e . Wir haben eben bewiesen, daß durch diese Klassifizierung alle endlichen Booleschen Algebren erfaßt werden.

Eine weitere unmittelbare Konsequenz aus Satz 5 ist, daß die Anzahl der Elemente einer endlichen Booleschen Algebra die Form 2^k mit $k \in \mathbb{N}$ hat, denn die Potenzmenge einer k-elementigen Menge besitzt genau 2^k Elemente. Speziell hat jede quadratfreie natürliche Zahl n genau 2^k Teiler, wobei k in diesem Fall die Anzahl der Primfaktoren von n ist. Außerdem wissen wir nun, daß es keine Boolesche Algebra mit 3, 5, 6, 7, 9, 10, 11, 12, 13, 14, 15, 17, ... Elementen geben kann.

Weitere Konsequenzen aus Satz 5 wollen wir an dieser Stelle nicht ziehen.

Wir haben den Isomorphiebegriff nur am Beispiel der Booleschen Algebren ausführlich behandeln können. Prinzipiell taucht er überall dort auf, wo Mengen mit einer gewissen S t r u k t u r - in unserem Fall die Algebrastruktur "$\vee, \wedge, \bar{}$" - versehen sind.

Unter Isomorphismen versteht man im allgemeinen umkehrbare Abbildungen φ, die selbst <u>und</u> deren Umkehrabbildung φ^{-1} mit der jeweiligen Struktur verträglich sind. (Was das heißt, muß in jedem Einzelfall definiert werden.)

In unserer Definition des Isomorphiebegriffs für Boolesche Algebren haben wir nur die Strukturverträglichkeit von φ verlangt (ISO 2). Die von φ^{-1} konnten wir beweisen (Satz 3). Dies ist nicht für jede Struktur möglich. Deshalb werden wir in Zukunft Isomorphismen φ so definieren, daß wir nicht nur die Strukturverträglichkeit von φ sondern auch die von φ^{-1} verlangen.

LÖSUNGEN

Übung 1: Für $g: \mathbb{R} \to \mathbb{R}$ mit $g(y) = \frac{1}{3}(y - 4)$ gilt:
$g(f(x)) = x$ und $f(g(y)) = y$ für alle $x, y \in \mathbb{R}$.
Also ist $g = f^{-1}$.

Übung 2: a) Wegen " $\Leftrightarrow$ " hat der Beweis zwei Teile, nämlich " $\Rightarrow$ " und " $\Leftarrow$ ".

" $\Rightarrow$ ": Sei f injektiv und $y \in N$.
Zu zeigen ist, daß y nicht zwei verschiedene Urbilder $x_1, x_2 \in M$ haben kann, also

$$y = f(x_1) = f(x_2) \Rightarrow x_1 = x_2 .$$

Diese Aussage hat aber nach dem Prinzip des indirekten Beweises denselben Wahrheitswert wie

$$x_1 \neq x_2 \Rightarrow f(x_1) \neq f(x_2) .$$

Und die Aussage ist wahr, weil f injektiv ist (Definition 3).

" $\Leftarrow$ ": Wenn jedes $y \in N$ höchstens ein Urbild hat, kann für verschiedene $x_1, x_2 \in M$ nicht $f(x_1) = f(x_2)$ gelten, denn sonst hätte ja $y = f(x_1) = f(x_2)$ zwei verschiedene Urbilder $x_1 \neq x_2$.

b) Dies ist nur eine etwas andere Formulierung der Surjektivität von f .

c) folgt aus a) und b)

<u>Übung 3:</u> Wenn man sich z.B. d_4 als Teilmenge vorstellt, dann ist $\overline{d_4}$ das "Mengenkomplement" von d_4 und der "Durchschnitt" $d_4 \wedge \overline{d_4}$ ist "leer", also auch $d_3 \wedge d_4 \wedge \overline{d_4}$, d.h.

$$(d_1 \wedge (d_2 \vee \overline{d_2})) \vee (d_3 \wedge d_4 \wedge \overline{d_4})$$
$$= (d_1 \wedge (d_2 \vee \overline{d_2}))$$

Entsprechend ergibt die "Vereinigung" $d_2 \vee \overline{d_2}$ die ganze Menge und der "Durchschnitt" $d_1 \wedge (d_2 \vee \overline{d_2})$ ist d_1 .

Mit Hilfe von φ kann man diese Überlegungen wie folgt "legitimieren" :

$$\begin{aligned}
&\varphi((d_1 \wedge (d_2 \vee \overline{d_2})) \vee (d_3 \wedge d_4 \wedge \overline{d_4})) = \\
&= (\varphi(d_1) \cap (\varphi(d_2) \cup \overline{\varphi(d_2)})) \cup \\
&\quad \cup (\varphi(d_3) \cap \varphi(d_4) \cap \overline{\varphi(d_4)}) \\
&= (\varphi(d_1) \cap (\varphi(d_2) \cup \overline{\varphi(d_2)})) \cup (\varphi(d_3) \cap \emptyset) = \\
&= (\varphi(d_1) \cap (\varphi(d_2) \cup \overline{\varphi(d_2)})) = \\
&= \varphi(d_1) \cap \{a,b\}^n \\
&= \varphi(d_1)
\end{aligned}$$

Auf diese Gleichung muß man nur noch die Umkehrabbildung φ^{-1} anwenden.

<u>Übung 4:</u> Auch in M_n bedeutet $f < g$ nach Definition 6 :

$$f \wedge g = f \quad .$$

Da beim Serienschalten "$\wedge$" Einsergebnisse verloren gehen, hat $f = f \wedge g$ weniger Einsergebnisse als g ; $f \prec g$ bedeutet also

$$f(x) = 1 \Rightarrow g(x) = 1$$

für jedes $x \in \{a,b\}^n$.

Übung 5:

(i) $a \wedge a = a$ (Kapitel 5, Satz 5')
$\Rightarrow a \prec a$

(ii) $a \prec b$ und $b \prec a \Rightarrow$
$a \wedge b = a$ und $b \wedge a = b \Rightarrow$
$a = b$ wegen $a \wedge b = b \wedge a$ (BA 2')

(iii) $a \prec b$ und $b \prec c \Rightarrow$
$a \wedge b = a$ und $b \wedge c = b \Rightarrow$

$$\begin{aligned} a \wedge c &= (a \wedge b) \wedge c \\ &= a \wedge (b \wedge c) \qquad \text{BA 1'} \\ &= a \wedge b \\ &= a \end{aligned}$$

$\Rightarrow a \prec c$

Übung 6:

Für die Safeabbildungen Δ_y gilt nach Übung 4 :

$$(f \prec \Delta_y) \Rightarrow (f(x) = 1 \Rightarrow \Delta_y(x) = 1 \text{ für jedes } x \in \{a,b\}^n) \; .$$

Da Δ_y nur $y \in \{a,b\}^n$ auf 1 abbildet, kann f höchstens diesem y die 1 zuordnen, d.h.

$$f(y) = 0 \quad \text{oder} \quad f(y) = 1$$
$$\text{und } f(x) = 0 \text{ für } x \neq y \; .$$

Es ist also

$$f = o \quad \text{oder} \quad f = \Delta_y \ .$$

Damit haben wir nachgewiesen, daß die Safeabbildungen Δ_y Atome in M_n sind.

Übung 7: Für ein Atom $a \in A_b$, also $a \prec b$ gilt wegen $b \prec c$ nach Satz 7, (iii) auch $a \prec c$, also $a \in A_c$.

Übung 8: Nach Satz 8, (i) gilt stets $o \prec a$. Wäre nun $a \in A_o$, d.h. $a \prec o$, so würde mit Satz 7, (ii) schon $a = o$ sein. Für Atome gilt aber per Definition $a \neq o$. Demnach gibt es kein Atom a mit $a \in A_o$; es gilt:

$$\varphi(o) = A_o = \emptyset \ .$$

Ü B E R B L I C K

Umkehrabbildung: (Definition 1)

Eine Abbildung f von einer Menge M nach einer Menge N heißt u m k e h r - b a r , wenn es eine Abbildung g von N nach M mit folgenden Eigenschaften gibt:

$$(g \circ f)(x) = x \quad \text{für jedes} \quad x \in M$$
$$(f \circ g)(y) = y \quad \text{für jedes} \quad y \in N$$

Die Abbildung g heißt U m k e h r - a b b i l d u n g von f .

(Satz 1)

Wenn f umkehrbar ist, besitzt f nur eine Umkehrabbildung g . Man bezeichnet sie mit f^{-1} .

Identität: (Definition 2)

Ist M eine Menge, dann nennen wir die durch die Vorschrift $x \mapsto x$ für alle $x \in M$ definierte Abbildung von M nach M I d e n t i t ä t oder i d e n t i s c h e A b b i l d u n g auf M und bezeichnen sie mit

$$id_M: M \to M$$

(Es ist also $id_M(x) = x$ für alle $x \in M$.)

Injektivität: (Definition 3)

Eine Abbildung $f: M \to N$ heißt i n j e k t i v , wenn gilt:

$$x_1, x_2 \in M \text{ und } x_1 \neq x_2 \Rightarrow f(x_1) \neq f(x_2)$$

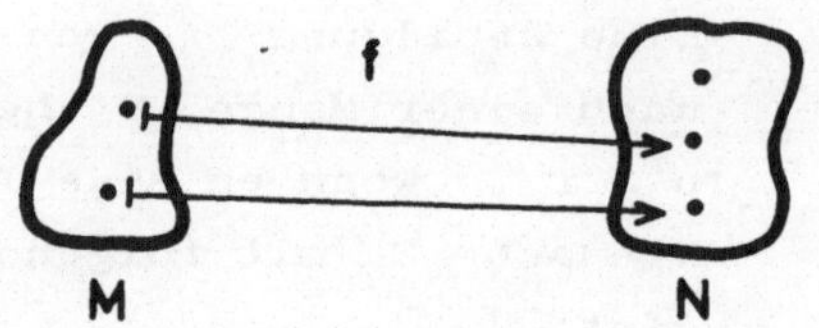

Surjektivität: (Definition 4)

Eine Abbildung $f: M \to N$ heißt s u r j e k t i v , wenn gilt:

Zu jedem $y \in N$ gibt es ein $x \in M$ mit $f(x) = y$.

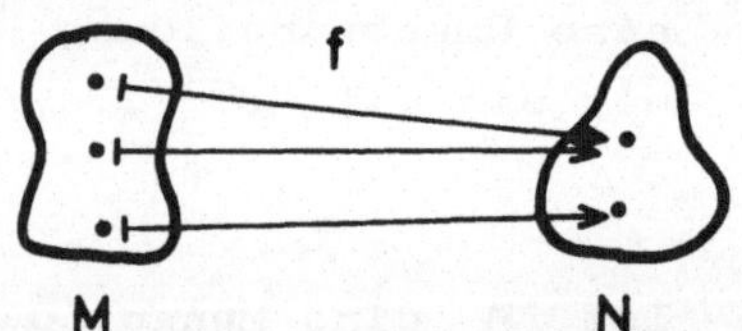

Bijektivität: (Definition 4)

Ist f surjektiv und injektiv, so heißt f b i j e k t i v .

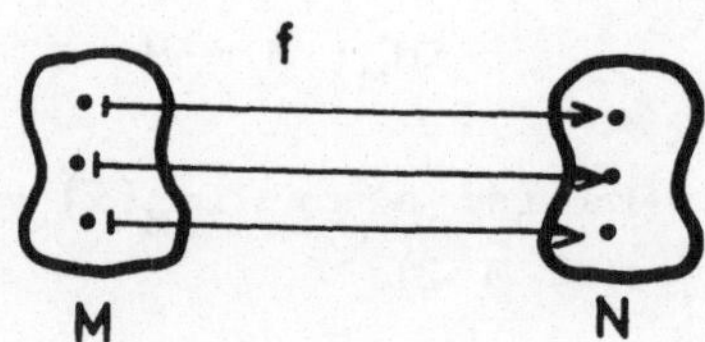

(Satz 2) Eine Abbildung $f: M \to N$ ist genau dann umkehrbar, wenn sie bijektiv ist.

Isomorphismen:
(Definition 5) Sind $(B,\vee,\wedge,\bar{\ })$ und $(C,\curlyvee,\curlywedge,\tilde{\ })$ Boolesche Algebren, so heißt eine Abbildung $\varphi: B \to C$ ein I s o m o r p h i s m u s , wenn gilt:

ISO 1 : φ ist umkehrbar

ISO 2 :
$$\varphi(b \vee b') = \varphi(b) \curlyvee \varphi(b')$$
$$\varphi(b \wedge b') = \varphi(b) \curlywedge \varphi(b')$$
$$\varphi(\bar{b}) = \widetilde{\varphi(b)}$$
für alle $b,b' \in B$

Die Booleschen Algebren $(B,\vee,\wedge,\bar{\ })$ und $(C,\curlyvee,\curlywedge,\tilde{\ })$ heißen zueinander i s o m o r p h , wenn es einen Isomorphismus $\varphi: B \to C$ gibt.

(Satz 3) Ist $\varphi: B \to C$ Isomorphismus zwischen den Booleschen Algebren $(B,\vee,\wedge,\bar{\ })$ und $(C,\curlyvee,\curlywedge,\tilde{\ })$, so ist auch die Umkehrabbildung $\psi = \varphi^{-1} : C \to B$ ein Isomorphismus.

(Satz 4) Die Booleschen Algebren $(M_n,\vee,\wedge,\bar{\ })$ und $(\mathfrak{P}(\{a,b\}^n),\cup,\cap,\bar{\ })$ sind zueinander isomorph.

(Satz 5) Ist $(B,\vee,\wedge,\bar{\ })$ eine endliche Boolesche Algebra, so gibt es eine Menge A und einen Isomorphismus $\varphi: B \to \mathfrak{P}(A)$.

Ordnung: (Definition 6)	$(B,\vee,\wedge,\bar{\ })$ sei eine Boolesche Algebra. Die durch $$a \prec b \Leftrightarrow a \wedge b = a$$ erklärte Relation $\prec$ heißt n a t ü r l i c h e O r d n u n g s r e l a t i o n auf B.
	Für "$a \prec b$" sagt man "a vor b". "Nicht $a \prec b$" kürzt man durch "$a \not\prec b$" ab.
	Seien a,b,b',c Elemente einer Booleschen Algebra $(B,\vee,\wedge,\bar{\ })$. Dann gilt
(Satz 7)	(i) $a \prec a$ (ii) $a \prec b$ und $b \prec a \Rightarrow a = b$ (iii) $a \prec b$ und $b \prec c \Rightarrow a \prec c$.
(Satz 8)	(i) $o \prec b \prec e$ (ii) $b \wedge b' \prec b'$, $b \prec b \vee b'$ (iii) $a \prec b$ und $a \prec b' \Rightarrow a \prec b \wedge b'$
Atome: (Definition 7)	Ein Element $a \neq o$ in einer Booleschen Algebra $(B,\vee,\wedge,\bar{\ })$ heißt A t o m , wenn für alle $x \in B$ gilt: $$x \prec a \Rightarrow x = o \text{ oder } x = a.$$

ÜBUNGSAUFGABEN

Aufgabe 1:

Ist $f: \mathbb{R} \to \mathbb{R}$ mit $f(x) = x^2$ umkehrbar?

Aufgabe 2:

Was bedeutet " $<$ " in $\{W,F\}$, in der Teileralgebra $\mathfrak{T}$ und in der Ereignisalgebra $\mathfrak{E}$?

Aufgabe 3:

Man zeige, daß für Elemente a,b,c einer Booleschen Algebra $(B,\vee,\wedge,\bar{\ })$ gilt:

(a) $a < b \Rightarrow a \vee c < b \vee c$

(b) $a < b \Rightarrow a \wedge c < b \wedge c$

(c) $a < b \Leftrightarrow \bar{b} < \bar{a}$

Aufgabe 4:

Man bestimme alle Atome in $\{W,F\}$, in der Teileralgebra $\mathfrak{T}$ und in der Ereignisalgebra $\mathfrak{E}$.

Aufgabe 5:

Man zeige, daß die Booleschen Algebren $\mathfrak{T}$ und $\mathfrak{P}(N)$ zueinander isomorph sind. Dabei sei N die Menge der Primteiler von n.

Aufgabe 6:

Man zeige, daß Elemente b', b einer endlichen Booleschen Algebra genau dann gleich sind, wenn sie dieselben Atome "haben", d.h.

$$b' = b \Leftrightarrow A_{b'} = A_b \quad .$$

Mathematische Methoden

Was ist Mathematik?

Das, was die Mathematiker tun!

Natürlich ist dies keine ernsthafte Antwort auf eine Frage, die durch die Jahrhunderte mindestens ebensoviele Philosophen, Erkenntnis- und Wissenschaftstheoretiker wie Mathematiker beschäftigte, ohne daß solche Bemühungen zu einem befriedigenden Abschluß kamen.

Trotzdem haben wir mit unserer Antwort eine bestimmte Sichtweise von der Wissenschaft Mathematik vorgezeichnet. Wir betrachten ihren Gegenstand nicht als a priori vorhanden, als sozusagen von Gott gegeben, sondern als Produkt menschlicher Arbeit. Damit unterscheidet sich die Tätigkeit eines Mathematikers grundlegend von der eines Naturwissenschaftlers, der etwas vorhandenes, nämlich die Natur, erforscht.

Was tun Mathematiker?

Ein Mathematiker unserer Tage, unvorbereitet mit dieser Frage konfrontiert, wird sich in äußerst nebulösen Wendungen ergehen. Probieren Sie es einmal!

Vielleicht kommen wir einer Antwort näher, wenn wir unser bisheriges Vorgehen bei der Untersuchung von Schaltwerken und Booleschen Algebren analysieren. Schließlich haben wir uns ja als Mathematiker betätigt:

Ausgangspunkt war ein k o n k r e t e s P r o b l e m , nämlich Schaltwerke oder Schaltbilder zu finden, die eine gewünschte Wirkungsweise realisieren. Nachdem wir von einigen als unwesentlich anzusehenden Eigenschaften a b s t r a h i e r t hatten, konnten wir die in unserem konkreten Problem auftretenden Begriffe als mathematische Begriffe interpretieren (die Gesamtheit aller Hebelstellungen als ein kartesisches Produkt und die Wirkungsweisen als Abbildungen). Damit hatten wir ein m a t h e m a t i s c h e s M o d e l l für den konkreten Sachverhalt, nämlich die Menge $M_n = \{f | f: \{a,b\}^n \to \{0,1\}\}$.

Prinzipiell hätten wir die Wirkungsweise eines Schaltwerkes auch durch die Menge der Einstellungskombinationen beschreiben können, bei denen ein Stromfluß möglich ist. Wir wären dann auf das Modell $\mathfrak{P}(\{a,b\}^n)$ gestoßen, und vielleicht hätte es auch andere Möglichkeiten gegeben. Wir haben uns jedoch für das Modell M_n e n t s c h i e d e n . In ihm konnten wir das konkrete Problem auf ein m a t h e m a t i s c h e s P r o b l e m zurückführen, nämlich die Darstellung von Abbildungen $f: \{a,b\}^n \to \{0,1\}$ durch gewisse andere, einfacher zu realisierende Abbildungen.

Dazu p r ä g t e n wir unserer Menge M_n von Abbildungen eine gewisse Struktur auf, die durch die Parallel- und Serienschaltung nahegelegt wurde. Mit Hilfe dieser Struktur konnten wir unser mathematisches Problem l ö s e n und dieses Ergebnis entsprechend der einmal durchgeführten Interpretation auf das konkrete Problem a n w e n d e n . Es ergab sich zunächst eine Möglichkeit, Schaltbilder zu konstruieren, die dann durch Rechnen innerhalb des mathematischen Modells noch vereinfacht werden konnten.

Damit hätten wir eigentlich zufrieden sein können, das Problem war gelöst! Allerdings war der Umgang mit unserem mathematischen Modell M_n noch etwas mühselig. Für das Rechnen mit der Parallel- und der Serienverknüpfung standen nur wenige Regeln zur Verfügung.

Bei einer genaueren Analyse zeigten sich jedoch gewisse Übereinstimmungen mit schon früher behandelten Regeln für Mengen und Aussagen. Solche offensichtlich "weitverbreiteten" Regeln haben wir dann zusammengestellt, um anschließend allein aus diesen mit Hilfe logischer Schlüsse neue a b z u l e i t e n .

Den formalen Rahmen für dieses Vorgehen lieferte die T h e o r i e der Booleschen Algebren. Diese Theorie hat es unabhängig von unserem konkreten Problem der Konstruktion von Schaltungen schon vorher gegeben. Daß wir sie nicht sofort mit verwendet haben liegt einfach daran, daß wir sie noch nicht kannten.

Nun kann man aber nicht immer davon ausgehen, daß eine für die Lösung eines konkreten Problems geeignete mathematische Theorie bereits vorhanden ist. Wenn das nicht der Fall ist, muß man erst eine geeignete Theorie entwickeln. Ein großer Teil der Mathematik ist dadurch entstanden:

- Handel, Verwaltung, Technik und Verkehr im Altertum brachten Probleme mit sich, welche mit mathematischen Methoden gelöst werden konnten, die wir heute allerdings meist geringschätzig als "Rechnen" abqualifizieren.

- In unserer Zeit haben etwa militärische Probleme im 2. Weltkrieg zur Entwicklung der Operationsforschung (Operation research) und der Spieltheorie geführt.

- Die Verbreitung des Computers ging Hand in Hand mit der Entstehung eines neuen Wissenszweiges, der Informatik.

Fast könnte man den Eindruck haben, als beschäftigten sich Mathematiker seit Urzeiten mit der Lösung konkreter gesellschaftlicher Probleme. Das hätte unser eingangs befragter Mathematiker aber ruhig sagen können, es sei denn, er schämt sich, Kriegsforschung zu treiben. Möglicherweise beschäftigt er sich aber auch mit ganz anderen Dingen.

Verfolgen wir den bisherigen Verlauf des Kurses noch etwas weiter:

Wir haben uns nämlich keineswegs damit begnügt, aus bestimmten Grundregeln neue herzuleiten, um diese dann in M_n und weiteren Beispielen für Boolesche Algebren anzuwenden. Wir haben uns vielmehr vollständig von konkreten Beispielen gelöst, um Boolesche Algebren "als solche" zu studieren, ohne etwas über die "Natur" ihrer Elemente und das "Funktionieren" ihrer Verknüpfungen und der Komplementbildung zu wissen.

Wir taten dies, um den Bereich aller Booleschen Algebren genauer kennenzulernen. Mit Hilfe des Isomorphiebegriffs haben wir ihn in Klassen unterteilt.

Für endliche Boolesche Algebren ist es sogar gelungen, stets einen Standardvertreter, nämlich eine Mengenalgebra, zu finden.

Von der Lösung konkreter Probleme war da nicht mehr die Rede. Wir bewegten uns innerhalb der Mathematik und behandelten ganz abstrakte Fragestellungen. Fast unmerklich haben wir die Nahtstelle zwischen konkret und abstrakt, zwischen außen und innen, zwischen Realität und Mathematik passiert.

Wo ist diese Nahtstelle? Welche Vor- oder Nachteile hat es, einen Trennungsstrich zwischen Realität und Mathematik ziehen zu können, und wodurch wird dies ermöglicht? War das Verhältnis von Realität und Mathematik schon immer so oder handelt es sich dabei um das Ergebnis einer neueren Entwicklung? Mit derartigen Fragen wollen wir uns im folgenden Haupttext auseinandersetzen. Vorher soll hier jedoch noch einmal der Handlungsablauf aus den Kapiteln Schaltwerke, Schaltalgebra, Boolesche Algebren und Isomorphie schematisch festgehalten werden:

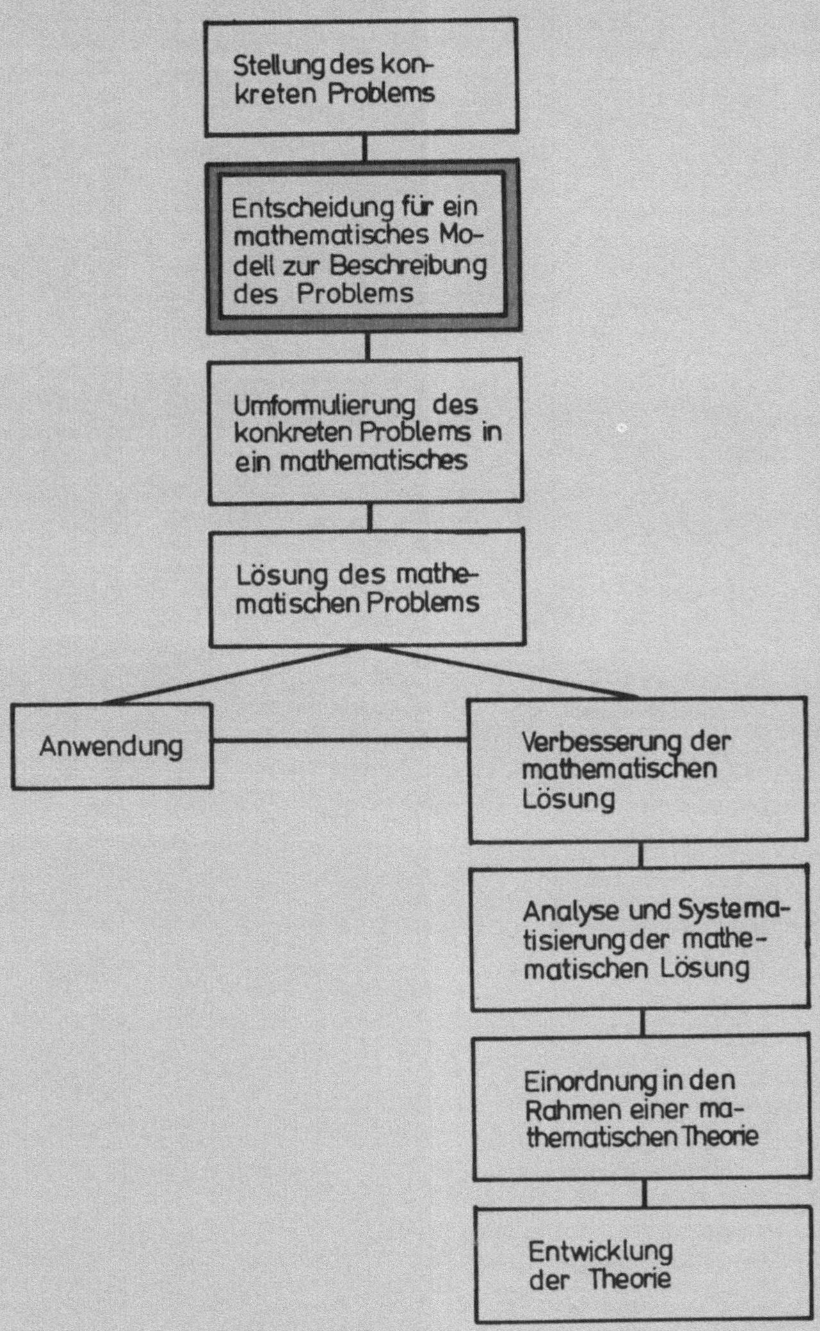
Stellung des kon-
kreten Problems
Entscheidung für ein
mathematisches Mo-
dell zur Beschreibung
des Problems
Umformulierung des
konkreten Problems in
ein mathematisches
Lösung des mathe-
matischen Problems
Anwendung
Verbesserung der
mathematischen
Lösung
Analyse und Systema-
tisierung der mathe-
matischen Lösung
Einordnung in den
Rahmen einer ma-
thematischen Theorie
Entwicklung
der Theorie

Mathematische Methoden

Der "reine" Mathematiker von heute bearbeitet vorwiegend innermathematische Probleme. Seine Fragestellungen sind ganz abstrakter Natur und losgelöst von konkreten Sachverhalten. Aus Lösungen solcher Probleme entwickeln sich neue Theorien, die dann wieder ihre eigenen Problemstellungen nach sich ziehen usw.

Auf diese Weise hat sich das "mathematische Wissen" gerade in den letzten Jahrzehnten ungeheuer vermehrt. Es verdoppelt sich durchschnittlich alle 10 Jahre. Zur Zeit gibt es ca. 800 periodisch erscheinende mathematische Zeitschriften, die die neueren Ergebnisse publizieren. Eine mathematische Fachbibliothek enthält ca. 10 000 Buchtitel.

Allein daraus folgt schon, daß kein Mathematiker in der Lage sein kann, die neuesten Entwicklungen in allen Zweigen seines Fachgebietes zu verfolgen oder gar überall einen Beitrag zu leisten.

Was nützt das?

Immer wieder wird argumentiert, daß man jetzt noch gar nicht wissen könne, ob die heute entwickelten Theorien nicht in ferner Zukunft zur Lösung eines konkreten Problems benötigt würden. In der Tat gibt es zwei oder drei Präzedenzfälle von Theorien, die vor ihrer Anwendung entstanden. Unsere Booleschen Algebren sind ein Beispiel dafür. Entdeckt wurden sie von George Boole (1815 - 1864 !) in einer Zeit, die an elektrisches Licht noch nicht zu denken wagte. Und heute können wir damit Schaltwerke konstruieren!

Bei näherem Hinsehen wird man allerdings feststellen, daß die Theorie der Booleschen Algebren zur Lösung des Konstruktionsproblems von Schaltwerken recht wenig beigetragen hat. Dazu genügte bereits das Modell $M_n = \{f | f : \{a,b\}^n \rightarrow \{0,1\}\}$ Und so ähnlich verhält es sich auch mit den anderen Musterbeispielen. Trotzdem ist der naive Kinderglaube an die zukünftige Anwendbarkeit ihrer Elaborate für zahllose Mathematiker eine hinreichende Rechtfertigung ihres Tuns. Ist Mathematik wirklich das, was die Mathematiker machen?

Ein weiteres "Hauptantriebsmoment" mathematischer Tätigkeit wird oft angeführt:

Eine Ordnung muß her! Und zwar im Gebäude der Mathematik!

Nun kann es wirklich nicht schaden, in diesem wild wuchernden Bau etwas aufzuräumen, aber so war das nicht gemeint. Es geht vielmehr darum, Beziehungen zwischen den verschiedensten mathematischen Theorien herzustellen, um die Probleme der einen mit Hilfe der anderen zu lösen und umgekehrt.

Außerdem kann man Gemeinsamkeiten verschiedener Theorien herauspräparieren und damit den Grundstein für eine neue übergreifende noch abstraktere Theorie legen. Und vielleicht stößt man auf diese Weise auf die Supertheorie, die die meisten anderen als "lumpige" Spezialfälle enthält.

Diese Art von Ordnung macht das Gebäude der Mathematik möglicherweise überschaubarer, sicher jedoch größer!

Eine kleine Minderheit von Mathematikern beginnt heute darüber nachzudenken, ob sie ihre Forschungen nicht stärker an der außermathematischen Anwendbarkeit orientieren sollte. Dabei rücken die lange Zeit vernachlässigten Mathematikbedürfnisse anderer Wissenschaften zunehmend in den Vordergrund. Aber auch diese Mathematiker bedienen sich der Methoden der "reinen"

Mathematik.

Mathematische Theorien - Axiomatische Methode

Am Beispiel der Booleschen Algebren wollen wir studieren, wie mathematische Theoriebildung heute vor sich geht:

Am Anfang stand eine Definition, in der die Grundregeln BA 1 bis BA 5 formuliert wurden. Diese Grundregeln - man nennt sie auch A x i o m e - waren zu diesem Zeitpunkt nicht mehr Eigenschaften eines bestimmten mathematischen Modells wie z.B. M_n. Sie dienten nur dazu festzulegen, wann wir eine Menge B zusammen mit Verknüpfungen $\vee$, $\wedge$ und einer Abbildung $\bar{\ }: B \to B$ eine Boolesche Algebra nennen wollten. Wie die Elemente von B aussahen und woher $\vee, \wedge, \bar{\ }$ kamen, war dabei völlig gleichgültig.

Diesen Standpunkt haben wir eingenommen, um a l l e i n aus den Axiomen BA 1 - BA 5 mit Hilfe der Logik weitere Regeln, S ä t z e genannt, herleiten zu können. ($\bar{\bar{a}} = a$, $a \wedge o = o$, $\overline{a \vee b} = \bar{a} \wedge \bar{b}$ usw.) Dies hätten wir noch beliebig weitertreiben können. Wir wären dann etwas tiefer in die Theorie der Booleschen Algebren eingedrungen.

Dieses d e d u k t i v e Vorgehen diente dem Ziel, Sätze zu finden, die in j e d e r Booleschen Algebra gelten und die dann nicht mehr in jedem Einzelfall nachgeprüft werden müssen. Ein äußerst ökonomisches Verfahren also, wenn es nur genügend viele Boolesche Algebren gibt! Anhand einiger Beispiele oder, wie wir jetzt etwas vornehmer sagen wollen, M o d e l l e der Theorie der Booleschen Algebren ($\{W,F\}$, $\mathfrak{P}(M)$, Ereignisalgebra $\mathfrak{E}$, Teileralgebra $\mathfrak{T}$) haben wir uns davon überzeugt.

Die Beobachtung gewisser Verwandtschaften zwischen den betrachteten Modellen führte auf einen neuen Begriff, die Isomorphie. Mit seiner Hilfe haben wir den Bereich aller Booleschen

Algebren in Klassen unterteilt. Schließlich ist es gelungen, für alle endlichen Modelle der Theorie einen "Standardvertreter" zu finden, nämlich eine Mengenalgebra. Um dies nachzuweisen, haben wir neue Begriffe definiert, wie z.B. die natürliche Ordnungsrelation und Atome.

Was wir mit den Booleschen Algebren gemacht haben, ist durchaus typisch für mathematische Theoriebildung:

Ein vorgegebenes System von Axiomen und alle Sätze, die sich ausschließlich aus diesen logisch ableiten lassen, zusammen mit den sich im Laufe der Untersuchung ergebenen Definitionen bilden eine m a t h e m a t i s c h e T h e o r i e .

Die Vorgehensweise, aus einem Axiomensystem nur mit Hilfe der Logik Sätze zu folgern, nennt man a x i o m a t i s c h e M e t h o d e .

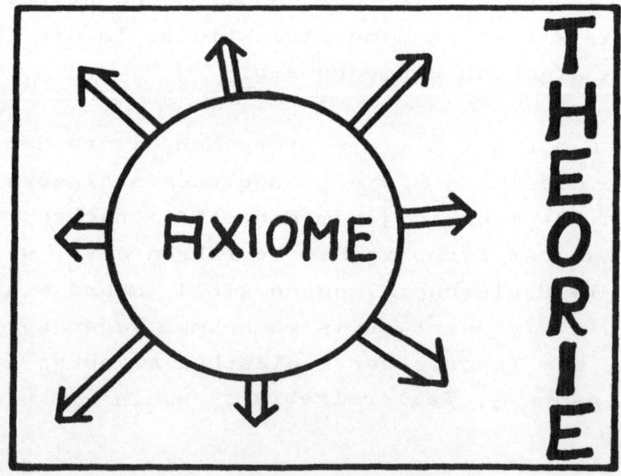

Einige Fragen, die wir wenigstens formulieren und - soweit es uns nach unserer bisherigen Arbeit möglich ist - auch beantworten wollen, drängen sich auf:

1. Kann man ein beliebiges System von Axiomen als Grundlage einer mathematischen Theorie wählen?

2. Können verschiedene Axiomensysteme dieselbe Theorie erzeugen?

3. Wie "findet" man Sätze einer Theorie?

4. Kann man eine mathematische Theorie vollständig kennen?

Sicher ist eine Theorie wertlos, wenn sich in ihr eine Aussage und ihr Gegenteil herleiten lassen; denn wenn man schon keine weitere Forderung an eine Theorie stellen wollte, so müßte sie doch wenigstens w i d e r s p r u c h s f r e i sein. Wenn man also ein Axiomensystem als Grundlage einer Theorie wählt, ist mindestens darauf zu achten, daß sich aus diesem kein Widerspruch ergeben kann. Das ist z.B. aus der Existenz eines Modells ersichtlich, in dem alle Axiome gelten.

Weiter sollte man bei der Wahl eines Axiomensystems darauf achten, daß sich nicht eine der Aussagen des Systems aus den übrigen herleiten läßt. Dieses Problem ist zwar im allgemeinen leichter zu lösen, dafür aber auch weniger prinzipieller als vielmehr ökonomischer Natur.

Wir haben zum Beispiel gezeigt, daß in unserem Axiomensystem für eine Boolesche Algebra die Assoziativgesetze aus den übrigen Axiomen herleitbar sind (Kapitel 5, Satz 9). Daß wir sie hier mit in unser Axiomensystem aufgenommen haben, liegt nur daran, daß wir den etwas mühsamen Beweis dieser Gesetze zunächst umgehen wollten. Durch diese unnötige Aufblähung des Axiomensystems haben wir an unserer Theorie nichts geändert.

Ohne Satz 9 aus Kapitel 5 hätten wir jedoch in allen konkreten Fällen auch noch die Assoziativgesetze nachweisen müssen, um die Theorie der Booleschen Algebren anwenden zu können.

Außerdem kommt es natürlich bei einer Wahl von Axiomen als Grundlage für eine Theorie auf das Ziel an, das man mit dieser Theorie verfolgt. Ist die Zielsetzung innermathematischer Art, müssen sich aus dem Axiomensystem möglichst alle Sätze, deren Gültigkeit man gesichert sehen möchte, herleiten lassen. Ist die Zielsetzung außermathematisch, möchte man also eine Theorie entwickeln, die einen außermathematischen - etwa physikalischen - Sachverhalt beschreiben soll, müssen die Axiome so beschaffen sein, daß sie eine solche Beschreibung in der gewünschten Güte ermöglichen.

Innerhalb dieser Randbedingungen hat jeder Mathematiker die Freiheit, ein beliebiges Axiomensystem zum Ausgangspunkt der Entwicklung einer Theorie zu wählen oder vorhandene zu modifizieren. Von dieser Freiheit wird reichlich Gebrauch gemacht.

Bei den Kollegen wird ein Mathematiker jedoch nur dann Anerkennung finden, wenn seine Theorie zur Lösung älterer, meist innermathematischer Probleme beiträgt. Zumindest aber muß die Theorie ermöglichen, ältere Probleme in einem neuen Licht zu sehen, in der Hoffnung, sie damit einer Lösung näher gebracht zu haben.

Deshalb werden auch relativ selten völlig neue Axiomensysteme in die Welt gesetzt. Meist geht es darum, vorhandene zu s p e z i a l i s i e r e n , d.h. Axiome hinzuzufügen bzw. das System durch ein schärferes zu ersetzen oder zu v e r a l l g e m e i n e r n, d.h. Axiome wegzulassen bzw. das System abzuschwächen.

Zum Beispiel könnte man unserem Axiomensystem für Boolesche Algebren hinzufügen:

BA 6 : Für jedes $c \in B$ mit $c \neq o$
gibt es ein Atom $x \in B$ mit $x \prec c$.

Darauf könnten wir eine Theorie der a t o m a r e n Booleschen Algebren aufbauen.

Wenn man in unserem Axiomensystem für Boolesche Algebren die Abbildung $\bar{}\ : B \to B$ und die Axiome BA 3 - BA 5 wegläßt, dann aber die aus BA 1 - BA 5 herleitbaren Regeln

$a \vee (a \wedge b) = a$ (Kapitel 5, Satz 8)
$a \wedge (a \vee b) = a$ (Kapitel 5, Satz 8')

hinzufügt, erhält man ein schwächeres Axiomensystem als Grundlage für eine allgemeinere Theorie, die Theorie der V e r b ä n d e . Einige der für Boolesche Algebren gültigen Sätze kann man auch in dieser Theorie beweisen.

Satz 1: Ist $(V,\vee,\wedge)$ ein Verband, dann gilt für jedes $x \in V$:
$x \vee x = x$ und $x \wedge x = x$.

Beweis: Setzt man in der Regel: $a \wedge (a \vee b) = a$ speziell $a = b = x$, dann ergibt sich:

$$x \wedge (x \vee x) = x \qquad (*)$$

Nun kann man $x \vee x$ mit Hilfe der Regel $a \vee (a \wedge b) = a$ ausrechnen, indem man $a = x$ und $b = x \vee x$ setzt:

$$\begin{aligned} x \vee x &= x \vee (x \wedge (x \vee x)) && \text{nach } (*) \\ &= x \end{aligned}$$

Analog erhält man $x \wedge x = x$. ★

Übung 1: Zeigen Sie, daß auf einem Verband $(V,\wedge,\vee)$ durch

$$x \prec y \iff x \wedge y = x$$

eine "natürliche Ordnungsrelation" $\prec$ definiert wird mit

(i) $x \prec x$

(ii) $x \prec y$ und $y \prec x \Rightarrow x = y$

(iii) $x \prec y$ und $y \prec z \Rightarrow x \prec z$

für alle $x,y,z \in V$

Die zweite der auf Seite 7|11 gestellten Fragen ist mit "ja" zu beantworten. Die Theorie der Booleschen Algebren kann man z.B. auf der Grundlage eines ganz anderen Axiomensystems erhalten:

Satz 2: Eine Menge B zusammen mit Verknüpfungen $\vee,\wedge : B \times B \to B$ und einer Abbildung $\bar{\ } : B \to B$ ist genau dann eine Boolesche Algebra, wenn außer BA 2 und BA 3 für alle $a,b,c, \in B$ die folgenden Regeln gelten:

0. $B \neq \emptyset$
1. $\bar{\bar{a}} = a$
2. $\overline{(a \vee b)} = \bar{a} \wedge \bar{b}$
3. $a \vee (b \wedge \bar{b}) = a$

<u>Beweis:</u> In einer Booleschen Algebra sind die Regeln 0. bis 3. stets erfüllt. (BA 4 und Sätze 4, 7', 8 aus Kapitel 5).
Man muß also nur umgekehrt aus BA 2, BA 3 und 0. bis 3. die Axiome BA 2',3',4,4' und 5 herleiten.

(Wegen Satz 9 aus Kapitel 5 gelten dann auch BA 1,1' .)

BA 2': $a \wedge b = \bar{\bar{a}} \wedge \bar{\bar{b}}$ 1.

$= \overline{(\bar{a} \vee \bar{b})}$ 2.

$= \overline{(\bar{b} \vee \bar{a})}$ BA 2

$= \bar{\bar{b}} \wedge \bar{\bar{a}}$ 2.

$= b \wedge a$ 1.

Übung 2: Bitte zeigen Sie: $\overline{a \wedge b} = \bar{a} \vee \bar{b}$

BA 3': $a \wedge (b \vee c)$

$= \overline{\overline{(a \wedge (b \vee c))}}$ 1.

$= \overline{(\bar{a} \vee \overline{(b \vee c)})}$ Übung 2

$= \overline{(\bar{a} \vee (\bar{b} \wedge \bar{c}))}$ 2.

$= \overline{((\bar{a} \vee \bar{b}) \wedge (\bar{a} \vee \bar{c}))}$ BA 3

$= \overline{(\overline{(a \wedge b)} \wedge \overline{(a \wedge c)})}$ Übung 2

$= (\overline{\overline{(a \wedge b)}} \vee \overline{\overline{(a \wedge c)}})$ 2.

$= (a \wedge b) \vee (a \wedge c)$ 1.

BA 4: Nach 0. ist $B \neq \emptyset$. Es gibt also ein $b \in B$. Nach 3. ist

$0 = b \wedge \bar{b}$

neutral bzgl. $\vee$.

BA 4': Wir wählen $e = b \vee \bar{b}$. Dann gilt:

$a \wedge e = a \wedge (b \vee \bar{b})$

$= \overline{\overline{a \wedge (b \vee \bar{b})}}$ 1.

$= \overline{\bar{a} \vee \overline{(b \vee \bar{b})}}$ Übung 2

$$
\begin{aligned}
&= \overline{\overline{a} \vee (\overline{b} \wedge \overline{\overline{b}})} && 2. \\
&= \overline{\overline{a} \vee (\overline{b} \wedge b)} && 1. \\
&= \overline{\overline{a} \vee (b \wedge \overline{b})} && \text{BA } 2' \\
&= \overline{\overline{a}} && \text{BA } 4 \\
&= a && 1.
\end{aligned}
$$

$$
\begin{aligned}
\text{BA } 5: \quad a \vee \overline{a} &= (a \vee \overline{a}) \wedge (b \vee \overline{b}) && \text{BA } 4' \\
&= (b \vee \overline{b}) \wedge (a \vee \overline{a}) && \text{BA } 2' \\
&= (b \vee \overline{b}),
\end{aligned}
$$

da $a \vee \overline{a}$ ebenso neutral bzgl. $\wedge$ ist, wie $e = b \vee \overline{b}$.

$$
\begin{aligned}
a \wedge \overline{a} &= (a \wedge \overline{a}) \vee (b \wedge \overline{b}) && \text{BA } 4 \\
&= (b \wedge \overline{b}) \vee (a \wedge \overline{a}) && \text{BA } 2 \\
&= (b \wedge \overline{b})
\end{aligned}
$$

da $a \wedge \overline{a}$ ebenso neutral bzgl. $\vee$ ist, wie $o = b \wedge \overline{b}$. ★

Anstelle der Axiome BA 1 - BA 5 hätten wir also auch das System BA 2,3 und 0. - 3. an die Spitze der Theorie der Booleschen Algebren stellen können. Weitere Axiomensysteme sind denkbar.

Um von einem bestimmten mathematischen Modell zu beweisen, daß es eine Boolesche Algebra ist, kann man sich ein Axiomensystem aussuchen, das sich in dem vorliegenden Fall möglichst einfach nachprüfen läßt.

Die dritte der auf Seite 7|11 gestellten Fragen ist nicht durch die Angabe eines Rezeptes zu beantworten. Sonst könnte man die Mathematik auch den Computern überlassen. Die Hauptarbeit der Mathematiker besteht eben gerade darin, Vermutungen und Beweisideen für gültige Sätze innerhalb einer Theorie zu finden.

Veranschaulichungen oder Modelle des betrachteten Axiomensystems können dabei hilfreich sein. Die Theorie der endlichen Booleschen Algebren kann man sogar vollständig durch das Studium endlicher Potenzmengen, also gewisser anschaulicher Modelle erhalten. Auch bei der Untersuchung beliebiger Boolescher Algebren kann die anschauliche Vorstellung von Potenzmengen nützen.

Und die vierte Frage: Wie wir schon festgestellt haben, kann die Untersuchung eines Axiomensystems zu weiteren Begriffen (Definitionen) führen, die ebenfalls mit zur Theorie gehören und ihrerseits wieder untersucht werden ... .

Die Frage läßt sich aber auch anders interpretieren. Kann man sämtliche Modelle einer Theorie kennen? Bei endlichen Booleschen Algebren haben wir dies "bis auf Isomorphie" erreicht. Bei vielen anderen mathematischen Theorien ist dies noch nicht gelungen. Zum Beispiel beschäftigen sich ganze Schulen von Mathematikern damit, immer neue endliche Modelle zu folgendem Axiomensystem zu finden:

Definition 1: Eine Menge G zusammen mit einer Verknüpfung $\otimes : G \times G \to G$ und einer Abbildung $\bar{\ } : G \to G$ heißt G r u p p e , wenn gilt

GRP 1: Die Verknüpfung $\otimes$ ist assoziativ.

GRP 2: Es gibt ein neutrales Element $e \in G$ bezüglich der Verknüpfung $\otimes$.

GRP 3: Für dieses e und jedes $a \in G$ gilt $a \otimes \bar{a} = e$.

Wenn man dieses Axiomensystem verschärft und außerdem noch verlangt, daß die Verknüpfung $\otimes$ kommutativ ist, kann man seine endlichen Modelle ebenso wie bei Booleschen Algebren bis auf Isomorphie kennzeichnen.

Mathematik und Realität

Die moderne Mathematik bedient sich nahezu ausschließlich der axiomatischen Methode. Ihre Theorien machen Aussagen über abstrakte Gebilde, die gewissen Axiomen genügen.

Da solche Gebilde in der "Wirklichkeit" nicht vorkommen, hat die Mathematik von heute keinen direkten Realitätsbezug mehr. Die Gültigkeit mathematischer Sätze läßt sich nicht mit Meßinstrumenten überprüfen. Sie können nur mit Hilfe k o d i f i z i e r t e r V e r f a h r e n nachgewiesen oder widerlegt werden.

Um mit Hilfe dieser *formalen* Mathematik Aussagen über reale Dinge zu gewinnen, müssen konkrete Problemstellungen erst in innermathematische übersetzt, d.h. *mathematisiert* werden. Die verschiedenen Aspekte eines derartigen *Mathematisierungsprozesses* lassen sich anhand der Schaltwerke verdeutlichen:

Ausgangspunkt war die Untersuchung bestimmter elektrischer Geräte. In einem ersten Abstraktionsschritt (Abstraktion vom Ort der Schalter) kamen wir zu den Schaltwerken. In einem weiteren Abstraktionsschritt identifizierten wir alle Schaltwerke mit gleicher Hebelzahl und Wirkungsweise und kamen so zu den Mengen von Abbildungen (M_n).

Von welchen Eigenschaften unserer konkreten Gegenstände abstrahiert wurde, lag in unserem Ermessen. Unser Vorgehen erschien sicher sinnvoll, war aber nicht zwangsläufig durch die Mathematik vorgeschrieben. Schon in diesem Abstraktionsprozeß liegt also eine im Prinzip *willkürliche Entscheidung* darüber, was im folgenden als *wichtig*, was als *unwichtig* anzusehen ist.

Anstatt die Wirkungsweise von Schaltwerken mit Hilfe von Abbildungen zu beschreiben, hätten wir auch die Menge aller derjenigen Hebelstellungen, bei denen Stromfluß möglich ist, bzw. die Menge derjenigen, bei denen kein Stromfluß möglich ist, heranziehen können ($\mathfrak{P}(\{a,b\}^n)$).

Als nächstes prägten wir den Mengen von Abbildungen eine bestimmte, durch außermathematische Gegebenheiten nahegelegte Struktur auf (Serien- und Parallelschaltung von Schaltwerken).

Daß wir dann diese Strukturen unter dem Blickwinkel der Booleschen Algebra betrachtet haben, war zwar wiederum sinnvoll - wir erkannten ja, daß hier eine Boolesche Algebra, d.h. ein mathematisches Modell der Theorie der Booleschen Algebren, vorliegt - aber nicht zwangsläufig. Wir hätten statt dessen die Isomorphie zum Potenzmengenmodell $\mathfrak{P}(\{a,b\}^n)$ benutzen können, um alle gewünschten Regeln für die Vereinfachung von Schaltwerken auf das Rechnen mit Mengen zurückzuführen.

Einige Ergebnisse (Sätze bzw. Regeln) der Theorie der Booleschen Algebren, die auch für das Modell M_n gelten, konnten durch Interpretation der Elemente $f \in M_n$ als Schaltwerke und der Verknüpfungen $\vee, \wedge$ als technische Parallel- und Serienschaltung usw. zur Lösung des konkreten Problems (Konstruktion und Vereinfachung von Schaltwerken) herangezogen werden.

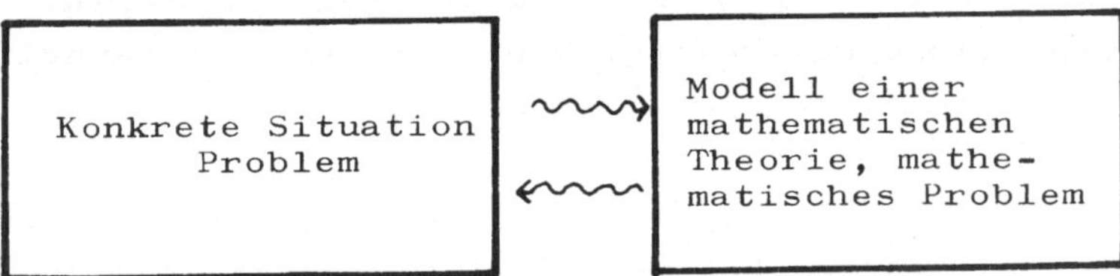

Die Resultate, die eine Theorie für das Ausgangsproblem liefert, hängen von den außermathematischen Entscheidungen ab, die vor ihrem Einsatz getroffen werden - nicht nur davon, ob man richtig rechnet.

Kann man nun wissen, ob man die richtigen Entscheidungen getroffen und damit die richtigen Ergebnisse erzielt hat? Ein kleines Beispiel mag die dahinterstehende Problematik illustrieren:

Einem einsamen Wüstenwanderer ist kurz vor einer Oase das Wasser ausgegangen, so daß er vor Durst nicht mehr weiter kann. Glücklicherweise finden ihn zwei Kameltreiber, die noch etwas Wasser haben. Der eine, Mahmut, hat drei, der andere, Hussein, fünf Wassersäcke. Bevor sich die drei zur Oase aufmachen, trinken sie gemeinsam das Wasser aus.

Der gerettete Wüstenwanderer gibt den beiden Kameltreibern 8 Gramm Goldstaub. - Beim Aufteilen bekommen die beiden nun Streit. Hussein beansprucht 5 Gramm Gold. ("Ich habe schließlich 5 Wassersäcke gegeben und du nur 3!"), Mahmut hingegen möchte 4 Gramm haben. ("Wir haben beide alles gegeben, was wir hatten".)

Da wird Hussein energisch und beansprucht sogar 7 Gramm. ("Jeder von uns hat $\frac{8}{3}$ Wassersäcke leergetrunken, du mit deinen $3 = \frac{9}{3}$ Säcken hast also nur $\frac{1}{3}$ abgegeben, ich hingegen von meinen $5 = \frac{15}{3}$ sogar $\frac{7}{3}$. Also ist im Verhältnis 1 : 7 zu teilen!")

Welche Aufteilung ist richtig? Jede, denn ein Rechenfehler liegt nicht vor. Welche Aufteilung will man also durchführen, welche ist gerecht? Die Klärung dieser Frage ist - allgemein gesehen - ein politisches Problem, das nicht von der Mathematik zu lösen ist.

Die Loslösung der Mathematik von der Realität wurde nicht zuletzt durch Cantors Mengenlehre ermöglicht, die hierfür geeignete sprachliche Hilfsmittel bereitstellte. Es handelt sich also um eine relativ moderne Entwicklung.

Die Beziehung zwischen Mathematik und Realität war in früheren Zeiten sehr viel enger. Bei den Ägyptern und Babyloniern wurden elementare Rechenverfahren und manche geometrische Sätze (z.B. der des Pythagoras) intuitiv aus der unmittelbaren Anschauung gewonnen. Selbst die erstmals von Euklid (300 v.u.Z.) auf der Basis von "Definitionen", "Axiomen" und "Postulaten" systematisch und deduktiv aufgebaute Geometrie macht Aussagen, die man unmittelbar auf die Realität (etwa auf die Punkte, Geraden usw. der Vermessungsingenieure) anwenden kann.

Daß das Vorgehen in der Geometrie zu der Vorstellung verführt, die Mathematik könnte Aussagen über die Realität machen, liegt auf der Hand. Wir wollen auf die historisch interessante Frage, inwieweit Euklid die Geometrie als in diesem Sinne real verstanden hat, nicht näher eingehen. Wir können aber feststellen, daß sein Aufbau der Geometrie schon in einem wesentlichen Punkt mit der heutigen formalen Auffassung einer mathematischen Theorie im Einklang ist. Nämlich darin, daß er seine Geometrie aus einigen unbewiesen bleibenden Grundannahmen, den Axiomen und Postulaten, entwickelte. Aussagen der Theorie wurden als logische Folgerungen aus diesen Grundannahmen bewiesen.

Das neuartige der heutigen formalen Auffassung einer mathematischen Theorie liegt darin, daß die Grundannahmen nicht wie bei Euklid als (hypothetisch angenommene) Wahrheiten gelten, sondern einfach als Axiome Bestandteile einer Definition sind, die in der Sprache der Mengen formuliert wird.

Im Falle der Geometrie sind die Axiome vom heutigen formalen Standpunkt aus aufzufassen als Bestandteile der Definition eines Begriffs, den man etwa eine *euklidische Ebene* nennen könnte. So betrachtet besteht eine euklidische Ebene aus einer Menge P, deren Elemente "Punkte" genannt werden, und einer Menge G, deren Elemente man "Geraden" nennt, zusammen mit Relationen $l \subset P \times G$ ("liegt auf") und $p \subset G \times G$ ("parallel") usw. derart, daß gewisse Axiome erfüllt sind wie z.B.:

GEO 1: $A, B \in P$ und $A \neq B \Rightarrow$
Es gibt genau ein $g \in G$ mit
$(A,g) \in l$ und $(B,g) \in l$
("Durch zwei Punkte geht genau eine Gerade").

GEO 2: $g \in G$ und $A \in P$ und $(A,g) \notin l \Rightarrow$
Es gibt genau ein $h \in G$ mit

$(A,h) \in l$ und $(g,h) \in p$.

⋮

GEO 2 ist das berühmte Parallenaxiom:

> Durch einen Punkt A, der nicht auf einer Geraden g liegt, gibt es genau eine zu g parallele Gerade h.

Übung 3: Man formuliere

GEO 3: Zwei nicht parallele Geraden haben mindestens einen Punkt gemeinsam

mit Hilfe der Mengen P und G sowie der Relationen l und p .

Diese Axiomatisierung der Geometrie stammt im wesentlichen von dem deutschen Mathematiker David Hilbert (23.1.1862 - 14.2.1943). Sie ist in seiner 1899 veröffentlichten Schrift "Grundlagen der Geometrie" enthalten.

Ein Vermessungsingenieur, der davon ausgeht, daß seine Punkte, Geraden usw. alle derartigen Axiome erfüllen, kann auch alle Folgerungen (Sätze), die sich aus diesem System von Axiomen mit Hilfe logischer Schlüsse herleiten lassen, also die gesamte Theorie, die man euklidische Geometrie nennen könnte, für seine Arbeit verwenden.

Und der Mathematiker?

Gibt es auch mathematische Gebilde, die den Axiomen der euklidischen Geometrie genügen oder mit anderen Worten, gibt es ein mathematisches Modell dieser Theorie?

Die Antwort ist: ja. Man erhält es gewissermaßen durch "Umkehrung" der Methode der analytischen Geometrie, bei der geometrische Aussagen in algebraische übersetzt werden:

Für P wählt man die Menge $\mathbb{R}^2$. Die Gesamtheit aller Lösungsmengen linearer Gleichungen mit 2 Unbekannten liefert G usw.

Axiomatische Kennzeichnung

Im wesentlichen, d.h. bis auf eine noch geeignet zu definierende Isomorphie, gibt es nur ein mathematisches Modell der im heutigen Sinne formal aufgefaßten euklidischen Geometrie.

Deshalb kann man auch von "der" euklidischen Ebene reden. Sie wird durch die Axiome GEO 1, GEO 2, ... vollständig beschrieben.

Es gibt kein wesentlich anders geartetes mathematisches Objekt, das die Axiome GEO 1, GEO 2, ... erfüllt. In einem derartigen Fall spricht man von einer *axiomatischen Kennzeichnung* des Modells.

Was nützt ein Axiomensystem, für das es im wesentlichen nur *ein* mathematisches Modell gibt? Der entscheidende Vorteil des axiomatischen Vorgehens bei Booleschen Algebren war doch gerade, daß es *sehr viele* unterschiedliche Modelle gab, in denen die einmal aus den Axiomen abgeleiteten Sätze und Regeln jeweils zutrafen. Sie brauchten nicht mehr in jedem Einzelfall nachgewiesen zu werden.

Axiomatisches Vorgehen in der euklidischen Geometrie spart keine Beweisarbeit, im Gegenteil! Geometrische Sätze können nicht mehr unmittelbar aus der Anschauung übernommen werden, man muß sie vielmehr durch komplizierte Überlegungen nur mit Hilfe der Logik aus den Axiomen herleiten. Was ist damit gewonnen?

Zum einen verleiht das axiomatische Vorgehen auch der Geometrie jenen Grad von formaler Exaktheit, die die Mathematik vor allen anderen Wissenschaften auszeichnet: Es ist ein für alle Mal festgelegt, was zum Beweis eines geometrischen Satzes herangezogen werden darf, nämlich die Axiome, schon bewiesene Sätze und die Logik.

Zum anderen hat die axiomatische Kennzeichnung der euklidischen Geometrie dazu beigetragen, ein sehr altes mathematisches Problem endgültig zu lösen. Man glaubte lange, das Parallelenaxiom GEO 2 lasse sich aus den übrigen (auch schon auf Euklid zurückgehenden) Axiomen herleiten, fand allerdings keinen Beweis.

Die Suche danach blieb ungefähr eineinhalb Jahrtausende erfolglos, bis um 1830 die Mathematiker G a u ß , B o l y a i und L o b a t s c h e w s k y auf die Idee kamen, ausgehend von einem Axiomensystem, in dem das Parallelenaxiom durch ein diesem widersprechendes Axiom ersetzt war, geometrische Sätze zu beweisen. Man konnte hier ähnlich schließen wie gewohnt, erhielt natürlich zum Teil andere Ergebnisse.

Dennoch wurde in der zweiten Hälfte des 19. Jahrhunderts ein mathematisches Modell dieser Theorie, der n i c h t e u k l i d i s c h e n G e o m e t r i e, gefunden. Hieraus ergab sich, daß auch die nichteuklidische Geometrie eine in sich widerspruchsfreie mathematische Theorie ist. Die Negation des Parallelenaxioms führte auf keine Widersprüche. Deshalb ist es aus den übrigen Axiomen nicht herleitbar.

Die Frage, welche der beiden Geometrien die euklidische oder die nichteuklidische sich besser zur Beschreibung der Realität eignet, kann man nicht mit mathematischen Methoden beantworten. Beide Geometrien sind mathematisch betrachtet gleichberechtigt.

Im folgenden Kapitel werden wir eine axiomatische Kennzeichnung anderer uns sehr vertrauter mathematischer Gebilde kennenlernen. Es handelt sich um die n a t ü r l i c h e n Z a h l e n . Viele ihrer aus jahrelanger Schulpraxis bekannten Eigenschaften werden wir auf wenige Axiome zurückführen.

LÖSUNGEN

Übung 1:

(i): $x \prec x$ gilt wegen $x \wedge x = x$ (Satz 1)

(ii): $x \prec y$ und $y \prec x \Rightarrow$
$x \wedge y = x$ und $y \wedge x = y \Rightarrow$
$x = x \wedge y = y \wedge x = y$ BA 2'

(iii): $x \prec y$ und $y \prec z \Rightarrow$
$x \wedge y = x$ und $y \wedge z = y \Rightarrow$

$$\begin{aligned} x \wedge z &= (x \wedge y) \wedge z \\ &= x \wedge (y \wedge z) && \text{BA 1'} \\ &= x \wedge y \\ &= x \end{aligned}$$

Also gilt $x \prec z$.

Übung 2:

$$\begin{aligned} \overline{a \wedge b} &= \overline{\bar{\bar{a}} \wedge \bar{\bar{b}}} && \text{nach 1.} \\ &= \overline{\overline{(\bar{a} \vee \bar{b})}} && \text{nach 2.} \\ &= \bar{a} \vee \bar{b} && \text{nach 1.} \end{aligned}$$

Übung 3:

GEO 3: Für $g,h \in G$ mit $(g,h) \notin p$
gibt es mindestens ein $A \in P$
mit $(A,g) \in l$ und $(A,h) \in l$.

Ü B E R B L I C K

Mathematische Theorien und axiomatische Methode:

Ein vorgegebenes System von Axiomen und alle Sätze, die sich ausschließlich aus diesen logisch ableiten lassen, zusammen mit den sich im Laufe der Untersuchung ergebenen Definitionen bilden eine m a t h e m a t i s c h e T h e o r i e .

Die Vorgehensweise, aus einem Axiomensystem nur mit Hilfe der Logik Sätze zu folgern, nennt man a x i o m a t i s c h e M e t h o d e .

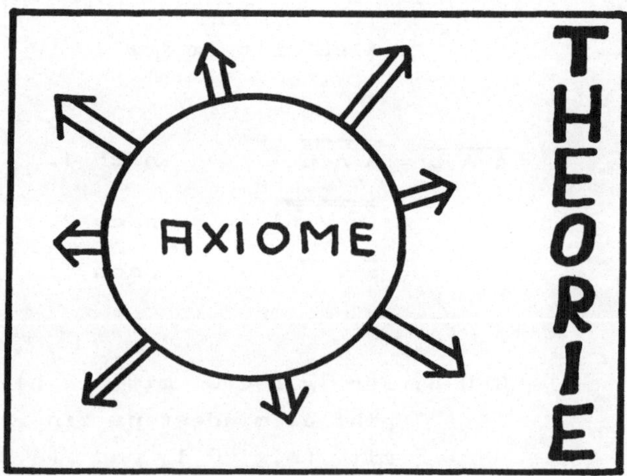

Atomare Boolesche Algebren:

Eine Boolesche Algebra $(B, \vee, \wedge, \bar{\ })$ heißt a t o m a r , wenn gilt:

BA 6: Für jedes $c \in B$ mit $c \neq o$ gibt es ein Atom $x \in B$ mit $x < c$.

Verbände:

Eine Menge V zusammen mit Verknüpfungen $\vee : V \times V \to V$ und $\wedge : V \times V \to V$ heißt V e r b a n d, wenn außer BA 1 bis BA 2' noch

$$x \vee (x \wedge y) = x$$
$$x \wedge (x \vee y) = x$$

für alle $x, y \in V$ gilt.

(Satz 1)

Ist $(V, \vee, \wedge)$ ein Verband, dann gilt für jedes $x \in V$:
$x \vee x = x$ und $x \wedge x = x$.

Ein anderes Axiomensystem für Boolesche Algebren:

Eine Menge B zusammen mit Verknüpfungen $\vee, \wedge : B \times B \to B$ und einer Abbildung $\bar{\ } : B \to B$ ist genau dann eine Boolesche Algebra, wenn außer BA 2 und BA 3 für alle $a, b, c \in B$ die folgenden Regeln gelten:

0. $B \neq \emptyset$
1. $\bar{\bar{a}} = a$
2. $\overline{(a \vee b)} = \bar{a} \wedge \bar{b}$
3. $a \vee (b \wedge \bar{b}) = a$

Mathematik und Realität:

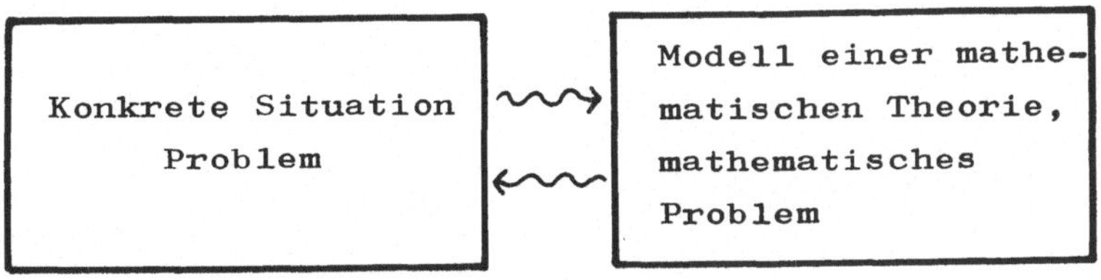

Konkrete Situation Problem	⇝ / ⇜	Modell einer mathematischen Theorie, mathematisches Problem

Euklidische Ebene: Eine Menge P, deren Elemente "Punkte" genannt werden, zusammen mit einer Menge G, deren Elemente man "Geraden" nennt, und Relationen $l \subset P \times G$ ("liegt auf") und $p \subset G \times G$ ("parallel") usw. heißt e u k l i d i s c h e   E b e n e , wenn gilt:

GEO 1: $A,B \in P$ und $A \neq B \Rightarrow$
Es gibt genau ein $g \in G$ mit
$(A,g) \in l$ und $(B,g) \in l$
("Durch zwei Punkte geht genau eine Gerade") .

GEO 2: $g \in G$ und $A \in P$ und $(A,g) \notin l \Rightarrow$
Es gibt genau ein $h \in G$ mit

$(A,h) \in l$ und $(g,h) \in p$.

(Parallelenaxiom)

.
.
.

AUFGABEN

Aufgabe 1:

Man zeige, daß es in einer atomaren Booleschen Algebra $(B,\vee,\wedge,\bar{})$ für $b',b \in B$ mit $b' \prec b$ und $b' \neq b$ stets ein Atom $x \in B$ mit $x \prec b$ und $x \not\prec b'$ gibt und vergleiche dieses Ergebnis mit Satz 10 aus Kapitel 6.

Aufgabe 2:

Eine Boolsche Algebra $(B,\vee,\wedge,\bar{})$ heißt *vollständig*, wenn es in ihr zu jeder nichtleeren Teilmenge $T \subset B$ ein Element $s \in B$ mit folgenden Eigenschaften gibt:

V 1: $t \prec s$ für alle $t \in T$

V 2: Für alle $s' \in B$ mit $t \prec s'$ für alle $t \in T$ gilt: $s \prec s'$
(s ist also bezüglich $\prec$ das "kleinste" Element mit V 1)

Man zeige:

(a) Jede endliche Boolesche Algebra ist vollständig.

(b) Jede Mengenalgebra ist vollständig.

(c) Jede zu einer Mengenalgebra isomorphe Boolesche Algebra ist vollständig und atomar.

(d) Jede vollständige und atomare Boolesche Algebra ist isomorph zu einer Mengenalgebra.

Hinweis:
Man verwende für $\varphi: B \rightarrow \mathfrak{P}(A)$ dieselbe Konstruktion

wie für endliche Boolesche Algebren (Kapitel 6) und definiere $\psi : \mathfrak{P}(A) \to B$ durch

$$\emptyset \mapsto o$$
$$T \mapsto s \quad \text{mit V 1 und V 2 .}$$

Aufgabe 3:

Man zeige, daß für die in einem Verband $(V, \vee, \wedge)$ definierte natürliche Ordnungsrelation $\prec$ (Übung 1) gilt:

(a) $x \prec y \Rightarrow x \vee z \prec y \vee z$ und $x \wedge z \prec y \wedge z$ für alle $z \in V$.

(b) $x \vee (y \wedge z) \prec (x \vee y) \wedge (x \vee z)$
$x \wedge (y \vee z) \prec (x \wedge y) \vee (x \wedge z)$ (halbdistributive Gesetze).

Aufgabe 4:

Welche Axiome sind für M_n "leichter" nachzuprüfen:

(a) BA 2 bis B 5
(b) BA 2 , BA 3 und 0. bis 3. aus Satz 2 ?

Aufgabe 5:

Man zeige mit Hilfe von GEO 1 und GEO 3, daß in einer euklidischen Ebene der folgende Satz gilt:

> **Zwei verschiedene nicht parallele Geraden haben genau einen Punkt gemeinsam (d.h. $g, h \in G$ und $g \neq h$ und $(g,h) \notin p \Rightarrow$ Es gibt genau ein $A \in P$ mit $(A,g) \in 1$ und $(A,h) \in 1$) .**

Natürliche Zahlen

Die vorangegangenen Kapitel haben gezeigt, daß sich die Mathematik heute nicht allein auf den "Umgang mit Zahlen und Figuren" beschränkt. Fast hat es den Anschein, als seien Zahlen in der modernen Mathematik unwichtig geworden - das Gegenteil ist der Fall!

Zahlen und Theorien, die sich mit Zahlen beschäftigen, spielen in der Mathematik nach wie vor eine fundamentale Rolle. Wir wollten nicht die Zahlen entthronen, sondern zeigen, daß mathematische Methoden eine allgemeine Bedeutung haben, also nicht an bestimmte Objekte gebunden sind.

Mit diesen neuen allgemeinen Methoden können wir nun auch so alt bekannte Dinge, wie Zahlen, etwas genauer unter die Lupe nehmen:

Zahlen tauchen in vielen Bereichen so häufig auf, daß wir uns kaum noch bewußt sind, welche Abstraktionen dem Verständnis des Zahlbegriffes vorangegangen sind. Hinzu kommt, daß wir durch jahrelanges Training eine große Fertigkeit im Umgang mit Zahlen erworben haben. Wir haben sie addiert, multipliziert, subtrahiert, dividiert, potenziert und radiziert und dabei anhand von Beispielen gewisse Rechenregeln verinnerlicht wie etwa

$$a + b = b + a$$

$$a \cdot b = b \cdot a$$

$$(a + b) + c = a + (b + c)$$

$$(a \cdot b) \cdot c = a \cdot (b \cdot c)$$

$$a \cdot (b + c) = a \cdot b + a \cdot c$$

$$\frac{a}{b} + \frac{c}{d} = \frac{a \cdot d + b \cdot c}{b \cdot d}$$

usw.

Die Gültigkeit der meisten dieser Regeln erschien evident; die letzte wurde z.B. mit Hilfe von Tortenstücken plausibel gemacht. Jahrelanges erfolgreiches Rechnen hat sie zu bewährten Erfahrungen werden lassen. Wir stellen sie nicht mehr in Frage.

Mehr noch, wir setzen unsere Rechenkünste relativ unkritisch zur Lösung von Problemen oder zur Beschreibung von Phänomenen ein:

- Mit Hilfe des Dreisatzes haben wir bei der Lösung von "eingekleideten Aufgaben" das Lebensalter von Großmüttern bestimmt.

- Die Fläche eines Rechtecks bestimmen wir durch Multiplikationen der Seitenlängen. (Wieso?)

- Physiker können mit Hilfe komplizierter Rechnungen die Bahn einer Rakete vorhersagen oder verändern. (Weshalb funktioniert das?)

- Die Inflationsrate wird relativ zum Preisniveau des Vorjahres bestimmt. (Weshalb gerade so und warum kann man von einem Erfolg der Stabilitätspolitik reden, wenn der Zuwachs der Inflationsrate sinkt?)

- Der "Mittelwert" von n Zahlen $a_1,\ldots,a_n$ (etwa aus einer Meßreihe) ist "natürlich"

$$\frac{a_1 + \ldots + a_n}{n} .$$

Warum wird z.B. der "Mittelwert" so berechnet und nicht anders? Man könnte ebensogut die Zahlen erst miteinander multiplizieren und dann die n-te Wurzel ziehen.

$$\sqrt[n]{a_1 \ \ldots \ a_n} .$$

Es gibt viele Möglichkeiten, aus endlich vielen Zahlen eine neue zu gewinnen, warum aber nimmt man meistens die auf die erste Weise gewonnene Zahl als "Mittelwert"?

Man könnte folgendermaßen argumentieren: Der Mittelwert von n Zahlen ist eine Zahl, die möglichst wenig von den Ausgangszahlen abweicht. Aber was soll das heißen? Es gibt verschiedene Möglichkeiten, präziser zu werden, z.B.:

1. Ein Mittelwert von Zahlen $a_1,a_2,\ldots,a_n$ ist eine Zahl x , so daß die Summe der Abweichungen von x Null ist:

$$(x - a_1) + (x - a_2) + \ldots + (x - a_n) = 0$$

2. Ein Mittelwert von Zahlen $a_1,a_2,\ldots a_n$ ist eine Zahl x , so daß das Produkt der Quotienten aus x und den einzelnen Zahlen eins ist:

$$(x : a_1) \cdot (x : a_2) \cdot \ldots \cdot (x : a_n) = 1 .$$

3. Ein Mittelwert von Zahlen $a_1,a_2,\ldots,a_n$ ist eine Zahl x, die "in der Mitte" zwischen der größten und der kleinsten der beteiligten Zahlen liegt.

Es gibt eine Reihe von plausiblen Forderungen an einen "Mittelwert". Die Definition eines derartigen Begriffes hängt ab von den außer- und innermathematischen Zielen, die man mit seiner Einführung verfolgt. Welche Definition als "richtig" anzusehen ist, kann man mit mathematischen Methoden allein nicht entscheiden.

Diese Problematik soll hier aber nicht weiter vertieft werden. Es bleibt festzuhalten, daß Zahlen bei vielen konkreten Problemen eine Rolle spielen. Sie sind daher auch als Gegenstände mathematischer Betrachtungen von zentralem Interesse. Wir werden deshalb den mathematischen Umgang mit Zahlen auf der Basis der Mengensprache f u n d i e r e n und die bisher ohne eingehende Begründung verwendeten Eigenschaften der Zahlen als b e w e i s b a r e S ä t z e wiederentdecken. Dabei wird es uns vielleicht so gehen, wie jemandem, der ein vertrautes Gesicht einmal genauer betrachtet und plötzlich das Gefühl hat, einem Fremden gegenüberzustehen.

Wir beginnen mit den n a t ü r l i c h e n Z a h l e n - das scheinen die einfachsten zu sein. Man lernt sie schon vor der Schulzeit als "Werkzeug zum Zählen" kennen.

Als Kinder haben wir z.B. die A n z a h l d e r E l e m e n t e v o n M e n g e n bestimmt, in denen so verschiedene Dinge wie Apfelsinen, Kartoffeln, Bananen usw. zusammengefaßt waren. Dies geschah z.B. mit Hilfe der Finger unserer Hände, solange bis wir über einen a b s t r a k t e n Z a h l b e g r i f f verfügten und "im Kopf" zählen konnten. Die dabei benutzten Zahlbegriffe "Eins, Zwei, Drei,..." waren aus der Beobachtung der Gemeinsamkeiten aller "ein-, zwei-, dreielementigen ..." Mengen entstanden.

Durch Nachahmung dieses Abstraktionsprozesses könnten wir nun versuchen, auf der Basis der Mengensprache ein mathematisches Modell zu konstruieren, das alle uns vertrauten Eigenschaften natürlicher Zahlen besitzt:

Wir müßten dazu für alle e n d l i c h e n Mengen mit g l e i c h v i e l e n Elementen ein mathematisches Objekt finden, das wir A n z a h l der Elemente dieser Mengen nennen könnten, ebenso wie wir Schaltwerke mit g l e i c h e r Wirkungsweise durch dieselbe Abbildung $f: \{a,b\}^n \to \{0,1\}$ beschrieben haben.

Dies würde höchstens dann gelingen, wenn wir Begriffe wie "endlich" und "gleichviel" ohne Benutzung des noch zu fundierenden Zahlbegriffs präzisieren könnten.

In der Tat ist es prinzipiell möglich, auf diese Weise ein mathematisches Modell zu konstruieren, das alle Eigenschaften der uns intuitiv bekannten natürlichen Zahlen hat. Diesen etwas mühseligen und mit Grundlagenproblemen behafteten Weg wollen wir hier jedoch nicht beschreiten. Wir verzichten darauf, den Zahlbegriff vollständig auf Mengen zurückzuführen und a l l e bisher verwendeten Eigenschaften natürlicher Zahlen zu beweisen.

Statt dessen "glauben" wir, daß eine Menge $\mathbb{N}$ e i n i g e G r u n d e i g e n s c h a f t e n (Axiome) erfüllt und leiten aus diesen alle anderen her. Außerdem zeigen wir, daß es "bis auf Isomorphie" nur eine derartige Menge $\mathbb{N}$ geben kann (Axiomatische Kennzeichnung).

Wenn wir jetzt versuchen, einige Grundeigenschaften natürlicher Zahlen herauszupräparieren, die wir zu Axiomen machen wollen, dann ist dieses Vorgehen recht willkürlich. Prinzipiell könnte dabei jeder von uns auf ein anderes Axiomensystem stoßen. Wir sind aber nicht die ersten, die natürliche Zahlen axiomatisch kennzeichnen wollen. Orientieren wir uns also an historischen Vorbildern:

Dem auf den italienischen Mathematiker Guiseppe P e a n o (1858-1932) zurückgehenden Axiomensystem liegt die a n s c h a u l i c h e V o r s t e l l u n g von einer "an einer bestimmten Stelle beginnenden nie aufhörenden Perlenschnur" zugrunde. Mit Hilfe dieser Kette kann man "zählen", indem man von Perle zu Perle "springt". Jede Perle repräsentiert eine natürliche Zahl.

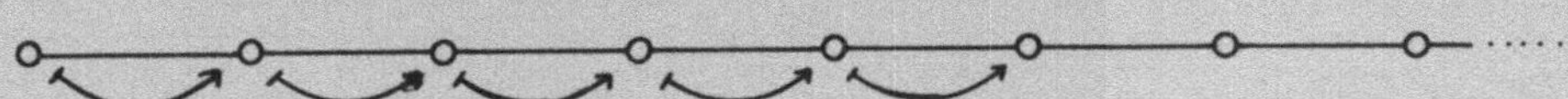

Diese anschauliche Vorstellung werden wir nun mit den uns zur Verfügung stehenden mathematischen Begriffen präzisieren:

Die Gesamtheit der Perlen ersetzen wir einfach durch eine Menge $\mathbb{N}$, deren Elemente wir n a t ü r l i c h e Z a h l e n nennen. Den Zählprozeß, d.h. die Möglichkeit, von jeder Perle zur nächsten zu springen, also jeder Perle d i e ihr folgende zuzuordnen, beschreiben wir mathematisch durch eine Abbildung

$$\nu : \mathbb{N} \longrightarrow \mathbb{N} ,$$

die jede natürliche Zahl n auf ihren N a c h f o l g e r $\nu(n)$ abbildet. Wir haben dann schon dafür gesorgt, daß jedes Element von $\mathbb{N}$ g e n a u e i n e n Nachfolger hat.

Das Bild von der Perlenkette enthält aber noch mehr Informationen, die wir noch nicht präzisiert haben. So besitzen zwei verschiedene Perlen stets auch verschiedene Nachfolger. Eine beliebige Abbildung $\nu : \mathbb{N} \to \mathbb{N}$ kann aber verschiedenen Elementen $n,m \in \mathbb{N}$ dasselbe Bildelement $\nu(n) = \nu(m)$ zuordnen:

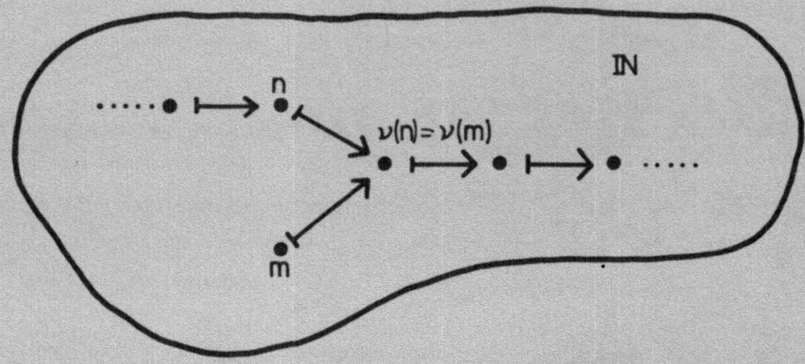

Um diesen Fall auszuschließen, verlangen wir von unserer Nachfolgerabbildung ν :

P 1: Verschiedene natürliche Zahlen haben verschiedene Nachfolger, d.h. für $n,m \in \mathbb{N}$ mit $n \neq m$ gilt auch $\nu(n) \neq \nu(m)$.

Die durch das folgende Bild gegebene Abbildung ν einer dreielementigen Menge $\mathbb{N}$ in sich hat die Eigenschaft P 1. Sie entspricht jedoch auch nicht der Peanoschen Vorstellung von der unendlichen Perlenkette:

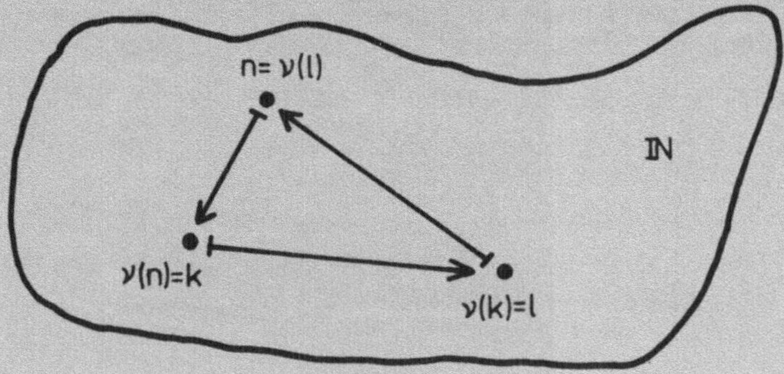

Der Zählprozeß dreht sich im Kreis. Ursache dafür ist, daß jedes Element einen Vorgänger besitzt. Es gibt kein Anfangselement. Wir verlangen deshalb von unserer Nachfolgerabbildung

P 2: Es gibt ein A n f a n g s e l e m e n t , d.h. ein Element $0 \in \mathbb{N}$ mit

$$\nu(n) \neq 0 \quad \text{für jedes} \quad n \in \mathbb{N} \quad .$$

Hier ist noch ein "schlechtes" Beispiel einer Abbildung $\nu : \mathbb{N} \to \mathbb{N}$, das zeigt, daß wir noch nicht alle anschaulichen Eigenschaften unserer Perlenkette mathematisch erfaßt haben:

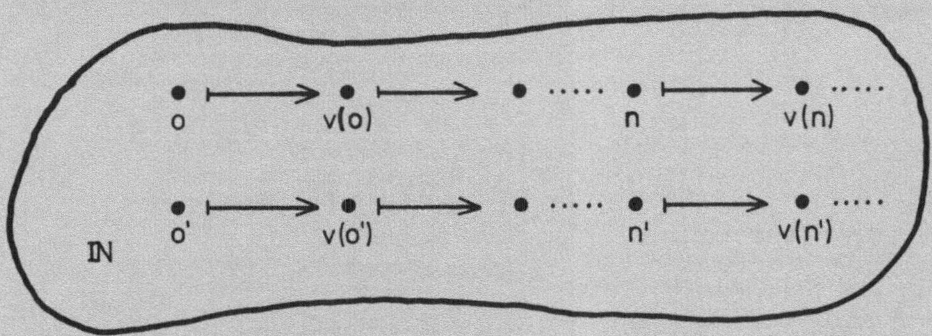

In diesem Fall gelten zwar P 1 und P 2, aber die Menge $\mathbb{N}$ ist "zu groß". Der obere Teil würde bereits genügen. Der Zählprozeß, d.h. die Abbildung ν führt nicht aus ihm heraus. P 1 ist auch in diesem Teil erfüllt, und er besitzt außerdem ein Anfangselement, d.h. auch P 2 gilt.

Um zu verhindern, daß $\mathbb{N}$ "zu groß" ist, müssen wir ausschließen, daß es "kleinere" Teilmengen T von $\mathbb{N}$ gibt, die mit jedem Element $t \in T$ auch dessen Nachfolger $\nu(t)$ und außerdem ein Anfangselement enthalten:

P 3: Für jede Teilmenge $T \subset \mathbb{N}$, in der sich ein Anfangselement und mit jedem Element $t \in T$ auch dessen Nachfolger $\nu(t)$ befindet, gilt:

$$T = \mathbb{N} .$$

P 3 heißt auch Induktionsaxiom, denn es legitimiert den Beweis durch vollständige Induktion, mit dem wir uns im nächsten Kapitel eingehender befassen werden.

Für eine Menge $\mathbb{N}$ zusammen mit einer Nachfolgerabbildung $\nu : \mathbb{N} \to \mathbb{N}$, die die Peano-Axiome P 1, P 2, P 3 erfüllt, kann man nun alle bekannten Eigenschaften natürlicher Zahlen beweisen. Insbesondere gibt es auf $\mathbb{N}$ assoziative und kommutative Verknüpfungen

$$+ : \mathbb{N} \times \mathbb{N} \to \mathbb{N}$$
$$\cdot : \mathbb{N} \times \mathbb{N} \to \mathbb{N},$$

die Addition und die Multiplikation, die auch das Distributivgesetz

$$k \cdot (m + n) = (k \cdot m) + (k \cdot n)$$

erfüllen. Außerdem existiert eine Ordnungsrelation $\leq$ auf $\mathbb{N}$, mit der sich je zwei natürliche Zahlen ihrer Größe nach vergleichen lassen usw..

Natürliche Zahlen

In diesem Kapitel wollen wir die "altbekannten" natürlichen Zahlen axiomatisch kennzeichnen. Wir werden einige Grundeigenschaften angeben, aus denen sich alle anderen vertrauten Eigenschaften natürlicher Zahlen herleiten lassen. Diese Grundeigenschaften sind außerdem so beschaffen, daß sie "im wesentlichen" nur von einem mathematischen Objekt erfüllt werden.

Wie wir schon bei Booleschen Algebren gesehen haben, kann man denselben mathematischen Begriff durch verschiedene Systeme von Grundeigenschaften beschreiben. Ebenso lassen sich die natürlichen Zahlen durch sehr unterschiedliche Axiomensysteme kennzeichnen.

Sehr weit verbreitet ist ein auf den italienischen Mathematiker Guiseppe **Peano** zurückgehendes System:

Definition 1: Eine Menge $\mathbb{N}$ zusammen mit einer Abbildung $\nu: \mathbb{N} \to \mathbb{N}$ heißt **Menge natürlicher Zahlen** (oder **Peano-System**), wenn folgendes gilt:

P 1: Verschiedene **natürliche Zahlen** haben verschiedene **Nachfolger**, d.h. für $n, m \in \mathbb{N}$ mit $n \neq m$ ist auch

$$\nu(n) \neq \nu(m)$$

P 2: Es gibt ein A n f a n g s e l e m e n t , d.h. ein Element $0 \in \mathbb{N}$ mit

$$\nu(n) \neq 0 \quad \text{für jedes} \quad n \in \mathbb{N} .$$

P 3: Für jede Teilmenge $T \subset \mathbb{N}$, in der sich ein Anfangselement und mit jedem $t \in T$ auch dessen N a c h f o l g e r $\nu(t)$ befindet, gilt

$$T = \mathbb{N} .$$

Mit den P e a n o - A x i o m e n P 1, P 2, P 3 haben wir ebenso wie bei Booleschen Algebren mit BA 1 bis BA 5 einen Ausgangspunkt für eine mathematische Theorie gesetzt. Hier handelt es sich um die Theorie der natürlichen Zahlen (oder der Peano-Systeme), die wir wie die Theorie der Booleschen Algebren nach der axiomatischen Methode entwickeln werden.

Ein generelles Ziel axiomatischen Vorgehens ist, möglichst viele Eigenschaften auf möglichst wenige zurückzuführen. So haben wir z.B. in P 2 nicht verlangt, daß es g e n a u e i n Anfangselement in $\mathbb{N}$ gibt, sondern nur, daß i r g e n d e i n s existiert. Seine Eindeutigkeit kann man bereits beweisen:

Satz 1: In einer Menge natürlicher Zahlen gibt es genau ein Anfangselement.

Beweis: Nach P 2 gibt es ein Anfangselement $0 \in \mathbb{N}$. Die Menge

$$T = \{n | n \in \mathbb{N} \ \text{und} \ n \neq 0\} \subset \mathbb{N}$$

enthält mit jedem Element $t \in T$ auch dessen Nachfolger $\nu(t)$, da stets

$$\nu(t) \in \mathbb{N} \text{ und nach P 2 } \nu(t) \neq 0$$

gilt. In dieser Menge T kann sich nun kein (weiteres) Anfangselement befinden, da sonst nach P 3 schon $T = \mathbb{N}$ gelten würde im Widerspruch zu $0 \notin T$ und $0 \in \mathbb{N}$. Folglich ist 0 das einzige Anfangselement. ★

Wie üblich nennt man d a s Anfangselement 0 einer Menge natürlicher Zahlen N u l l , sein Nachfolger $\nu(0)$ heißt E i n s und wird mit 1 bezeichnet, dessen Nachfolger $\nu(1)$ heißt Z w e i , bezeichnet mit 2, ...

Ein wesentliches Merkmal der "altbekannten" natürlichen Zahlen ist die Existenz von zwei Verknüpfungen - Addition + und Multiplikation • .

Auf einer Menge $\mathbb{N}$ von natürlichen Zahlen, wie wir sie gerade definiert haben, gibt es diese Verknüpfungen noch nicht. Wir müssen sie uns erst verschaffen.

Nehmen wir einmal ein (festes) $m \in \mathbb{N}$. Wie können wir $m + n$ erklären? Für ein spezielles Element $n \in \mathbb{N}$, nämlich das Anfangselement $n = 0$, ist dies sehr einfach, denn wir werden die Addition + natürlich so definieren, daß 0 bezüglich + neutral ist:

$$m + 0 = m \; .$$

Außerdem sollte man den Nachfolger $\nu(m)$ von $m \in \mathbb{N}$ dadurch erhalten können, daß man zu m die natürliche Zahl $1 = \nu(0)$ addiert.

$$m + 1 = \nu(m) = \nu(m + 0)$$

Auch $m + 2$, $m + 3$, ... könnte man r e k u r s i v mit Hilfe der Nachfolgerabbildung festlegen:

$$m + 2 = \nu(m + 1)$$
$$m + 3 = \nu(m + 2)$$
$$\vdots$$

usw. . Wenn man für eine natürliche Zahl $n \in \mathbb{N}$ schon $m + n$ definiert hat, dann bekommt man $m + \nu(n)$ durch die Festlegung:

$$m + \nu(n) = \nu(m + n).$$

Anschaulich ist sofort klar, daß durch diesen R e k u r s i o n s p r o z e ß jede natürliche Zahl $n \in \mathbb{N}$ erfaßt wird, d.h. daß für jedes $n \in \mathbb{N}$ die Summe $m + n$ definiert ist.

Beim axiomatischen Vorgehen hat die Anschauung jedoch keinerlei Beweiskraft. Wir müssen die Existenz der Addition + auf $\mathbb{N}$ nur mit Hilfe der Logik aus den Peano-Axiomen herleiten! Dazu ist es notwendig, den oben geschilderten Rekursionsprozeß geeignet zu formalisieren:

Wir betrachten wieder ein festes $m \in \mathbb{N}$ und wollen zu m rekursiv die natürlichen Zahlen $0,1,2,\ldots$ addieren. Das Ergebnis soll stets eine bestimmte natürliche Zahl sein. Wir suchen also de facto eine Abbildung

$$m^+ : \mathbb{N} \to \mathbb{N} ,$$

die die Addition unserer festen natürlichen Zahl m mit allen natürlichen Zahlen n beschreibt. Die Summe von m mit n soll durch $m^+(n)$ gegeben werden.

Der folgende Satz sichert ganz allgemein die Existenz einer durch einen Rekursionsprozeß beschriebenen Abbildung f von $\mathbb{N}$ in eine Menge A.

Satz 2: (Rekursionssatz)
Ist $\mathbb{N}$ zusammen mit $\nu\colon \mathbb{N} \to \mathbb{N}$ eine Menge natürlicher Zahlen, und sind A eine Menge, $r\colon A \to A$ eine Abbildung und $a_0 \in A$ ein Element, dann existiert eine Abbildung $f\colon \mathbb{N} \to A$ mit folgenden Eigenschaften:

RA: $f(0) = a_0$

RG: $f(\nu(n)) = r(f(n))$ für alle $n \in \mathbb{N}$.

RA steht für Rekursionsanfang und RG für Rekursionsgleichung.

Der Rekursionssatz besagt, daß man eine Abbildung $f\colon \mathbb{N} \to A$ durch rekursive Definition bekommen kann. Man muß zunächst festlegen, auf welches Element das Anfangselement 0 abgebildet werden soll:

$$\text{RA:} \quad f(0) = a_0$$

Dann verabredet man, wie f auf den Nachfolger $\nu(n)$ einer natürlichen Zahl $n \in \mathbb{N}$ wirken soll, wenn $f(n)$ schon bekannt ist:

$$\text{RG:} \quad f(\nu(n)) = r(f(n)) .$$

Bei der rekursiven Definition der Addition eines festen $m \in \mathbb{N}$ mit allen $n \in \mathbb{N}$ geht es um eine derartige Abbildung $f = m^+\colon \mathbb{N} \to \mathbb{N}$. Hier ist $r = \nu$ und $a_0 = m$:

$$\text{RA:}\quad m^+(0) = m$$

$$\text{RG:}\quad m^+(\nu(n)) = \nu(m^+(n))$$

Beweis: (des Rekursionssatzes)

Gesucht ist eine Abbildung $f: \mathbb{N} \to A$. Also eine bestimmte Relation $f \subset \mathbb{N} \times A$ mit

ABB: Zu jedem $n \in \mathbb{N}$ gibt es genau ein $a \in A$ mit $(n,a) \in f$

und den folgenden Eigenschaften

RA: $(0,a_0) \in f$ (d.h. $f(0) = a_0$)

RG: $(n,a) \in f \Rightarrow (\nu(n),r(a)) \in f$
(d.h. $f(n) = a \Rightarrow f(\nu(n)) = r(a)$)

Irgendeine Relation $R \subset \mathbb{N} \times A$, die die Bedingungen

RA: $(0,a_0) \in R$

RG: $(n,a) \in R \Rightarrow (\nu(n),r(a)) \in R$

erfüllt, kann man sehr leicht finden.
$R = \mathbb{N} \times A$ hat z.B. diese Eigenschaften. Allerdings ist diese Relation viel zu "groß", um eine Abbildung zu sein. Zu $n \in \mathbb{N}$ gibt es sehr viele $a \in A$ (sogar alle) mit $(n,a) \in R$.

Wir suchen deshalb nach möglichst kleinen Relationen R mit den Eigenschaften RA und RG in der Hoffnung, dabei auf eine Abbildung zu stoßen. Die folgende Überlegung zeigt, daß es sogar eine "kleinste" Relation mit diesen Eigenschaften gibt:

Wir betrachten die Menge

$$\mathfrak{R} = \{R \mid R \subset \mathbb{N} \times A \text{ mit RA und RG}\}$$

und bilden den Durchschnitt über alle $R \in \mathfrak{R}$:

$$\bigcap \mathfrak{R} = \{(n,a) \mid (n,a) \in R \text{ für jedes } R \in \mathfrak{R}\} \subset \mathbb{N} \times A$$

Die Relation $\bigcap \mathfrak{R}$ hat dann ebenfalls die Eigenschaft RA, da das Paar $(0,a_0)$ in jedem $R \in \mathfrak{R}$ liegt. Auch RG wird von $\bigcap \mathfrak{R}$ erfüllt, denn es gilt:

$$(n,a) \in \bigcap \mathfrak{R} \Rightarrow (n,a) \in R \text{ für jedes } R \in \mathfrak{R}$$
$$\Rightarrow (\nu(n),r(a)) \in R \text{ für jedes } R \in \mathfrak{R}$$
$$\Rightarrow (\nu(n),r(a)) \in \bigcap \mathfrak{R}\ .$$

Damit ist $\bigcap \mathfrak{R}$ die kleinste Relation zwischen $\mathbb{N}$ und A, die die Eigenschaften RA und RG hat, denn es gilt $\bigcap \mathfrak{R} \subset R$ für jedes $R \in \mathfrak{R}$. Wenn es gelingt, zu zeigen, daß $\bigcap \mathfrak{R}$ eine Abbildung ist, haben wir den Rekursionssatz bewiesen. Dabei hilft

---

Übung 1: Zeigen Sie bitte, daß jedes von $(0,a_0)$ verschiedene Element von $\bigcap \mathfrak{R}$ die Form $(\nu(n),r(a))$ mit $(n,a) \in \bigcap \mathfrak{R}$ hat.(Hinweis: jedes von $(0,a_0)$ verschiedene Element (n',a'), das nicht die Form $(\nu(n),r(a))$hat, könnte man einfach weglassen, ohne RA und RG zu verletzen!)

Wir zeigen nun, daß $f: = \bigcap \mathfrak{R}$ eine Abbildung von $\mathbb{N}$ nach A ist, d.h., daß es für jedes $n \in \mathbb{N}$ genau ein $a \in A$ mit $(n,a) \in f$ gibt (Eigenscnaft ABB).
Dies ist sicher richtig, wenn für die Menge

$$T = \{t \mid \text{es gibt genau ein } a \in A \text{ mit } (t,a) \in f\}$$

$T = \mathbb{N}$ gilt.

Wir beweisen dies mit Hilfe von P 3 und zeigen zunächst, daß es für $0 \in \mathbb{N}$ genau ein $a \in A$ mit $(0,a) \in f$ gibt:

Nach RA gibt es irgendein $a \in A$ nämlich $a = a_0$ mit $(0,a_0) \in f$. Nach Übung 1 hat jedes davon verschiedene Element von f die Form $(\nu(n),r(a))$ mit $(n,a) \in f$. Als Anfangselement hat 0 aber nicht die Form $\nu(n)$. Also kann es außer $(0,a_0)$ kein anderes Element $(0,a)$ in f geben. Demnach gilt:

$0 \in T$.

Betrachten wir nun ein beliebiges $t \in T$. Zu diesem t gibt es genau ein $a \in A$ mit $(t,a) \in f$.

Nach RG ist dann auch $(\nu(t),r(a)) \in f$. Wir brauchen nur noch zu zeigen, daß $r(a)$ das einzige Element ist, das zu $\nu(t)$ unter f in Relation stent. Dabei hilft wieder Übung 1:

Jedes $(\nu(t),b) \in f$ hat nämlich die Form $(\nu(n),r(a'))$ mit $(n,a') \in f$.

Aus $(\nu(t),b) = (\nu(n),r(a'))$ folgt zunächst $\nu(t) = \nu(n)$

und mit P 1 auch $t = n$.

Damit haben wir wegen $(n,a') \in f$ auch $(t,a') = (n,a') \in f$.

Wegen $(t,a) \in f$ und $t \in T$ muß dann $a = a'$ sein. Also auch

$$r(a) = r(a') = b \text{ .}$$

Folglich hat nur das Element $r(a)$ die Eigenschaft $(\nu(t),r(a)) \in f$. Es gilt:

$$t \in T \Rightarrow \nu(t) \in T \quad \text{für jedes} \quad t \in T \text{ .}$$

Nach P 3 ist damit $T = \mathbb{N}$ bewiesen. Also hat f die Eigenschaft ABB. ★

Abbildungen $f: \mathbb{N} \to A$ spielen in der Analysis eine wichtige Rolle. Man nennt sie F o l g e n in A und schreibt statt $f: \mathbb{N} \to A$ auch

$$a_0, a_1, a_2, \ldots = (a_n)_{n \in \mathbb{N}}$$

wobei a_n das Bild von $n \in \mathbb{N}$ unter f ist, also $a_n = f(n)$.

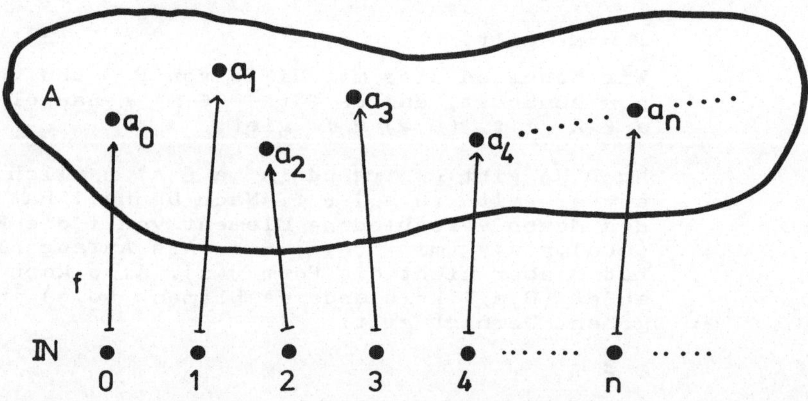

In der Analysis interessiert man sich für das Konvergenzverhalten derartiger Folgen, d.h. für die Frage, ob sich die F o l g e n g l i e d e r a_n mit wachsendem n einem bestimmten Element $a \in A$ annähern oder nicht. Dabei ist A in vielen Fällen eine Teilmenge von $\mathbb{R}$.

Häufig kann man derartige Folgen nur rekursiv angeben, d.h. man wählt ein

$$a_0 \in A$$

und setzt

$$a_{\nu(n)} = r(a_n)$$

wobei $r: A \to A$ eine bestimmte Abbildung ist. Dazu ein Beispiel:

$$A = \{x \mid x \in \mathbb{R} \text{ und } 1 \leq x \leq 2\}$$

$$r: A \to A \quad \text{mit} \quad r(x) = \frac{x+2}{x+1} \quad \text{für} \quad x \in A\ .$$

Nach Satz 2 gibt es dann eine Folge $f: \mathbb{N} \to A$ bzw. $(a_n)_{n \in \mathbb{N}}$ mit

$$f(0) = a_0 = 1$$
$$f(\nu(n)) = a_{\nu(n)} = r(f(n)) = r(a_n) = \frac{a_n + 2}{a_n + 1}$$ und

---

Übung 2: Bitte berechnen Sie die ersten Glieder der Folge f bzw. $(a_n)_{n \in \mathbb{N}}$.

Diese Folge konvergiert übrigens gegen $a = \sqrt{2}$, d.h. man kann mit ihrer Hilfe den Wert von $\sqrt{2}$ "beliebig genau" berechnen.

Addition

Wir werden jetzt den Rekursionssatz zur Konstruktion der Verknüpfung $+: \mathbb{N} \times \mathbb{N} \to \mathbb{N}$ auf einer Menge $\mathbb{N}$ von natürlichen Zahlen einsetzen.

Satz 3: Ist $\mathbb{N}$ zusammen mit $\nu: \mathbb{N} \to \mathbb{N}$ eine Menge natürlicher Zahlen, dann gibt es genau eine Verknüpfung $+: \mathbb{N} \times \mathbb{N} \to \mathbb{N}$, so daß für alle $m \in \mathbb{N}$ gilt:

ADD 1: $m + 0 = m$
ADD 2: $m + \nu(n) = \nu(m + n)$ für alle $n \in \mathbb{N}$.

Beweis: Wir wählen zunächst ein festes $m \in \mathbb{N}$. Für dieses m gibt es nach dem Rekursionssatz eine Abbildung

$m^+ : \mathbb{N} \to \mathbb{N}$ mit

RA: $m^+(0) = m$
RG: $m^+(\nu(n)) = \nu(m^+(n))$ für jedes $n \in \mathbb{N}$

(Für r haben wir ν gewählt.)

Eine derartige Abbildung m^+ existiert aber für jedes $m \in \mathbb{N}$. Mit ihrer Hilfe definieren wir

$$+ : \mathbb{N} \times \mathbb{N} \to \mathbb{N}$$
$$(m,n) \mapsto m^+(n)$$

Die Eigenschaften ADD 1 und ADD 2 sind dann nach Konstruktion von m^+ erfüllt.

Und nun zur Eindeutigkeit von +:

Für $\oplus : \mathbb{N} \times \mathbb{N} \to \mathbb{N}$ gelte ebenfalls

ADD 1: $m \oplus 0 = m$
ADD 2: $m \oplus \nu(n) = \nu(m \oplus n)$

Wir wenden P 3 auf die Menge

$$T = \left\{ t \,\middle|\, \begin{array}{l} t \in \mathbb{N} \text{ und} \\ m \oplus t = m + t \quad \text{für alle } m \in \mathbb{N} \end{array} \right\}$$

an und erhalten wegen $m \oplus 0 = m = m + 0$ sofort $0 \in T$. Für $t \in T$ gilt aber nach ADD 2 auch:

$$m \oplus \nu(t) = \nu(m \oplus t) = \nu(m + t) = m + \nu(t) .$$

Also ist mit t auch $\nu(t) \in T$. Nach P 3 gilt nun $T = \mathbb{N}$, also für jedes $n \in \mathbb{N}$ und jedes $m \in \mathbb{N}$:

$$m \oplus n = m + n .$$ ★

Die Addition + auf $\mathbb{N}$ haben wir so definiert, daß für jedes $m \in \mathbb{N}$ gilt:

$\nu(m)$	$= \nu(m + 0)$	ADD 1
	$= m + \nu(0)$	ADD 2
	$= m + 1$	$1 = \nu(0)$

Von nun an können wir also statt $\nu(m)$ auch

$$\boxed{\nu(m) = m + 1}$$

schreiben.

Satz 4: Die Verknüpfung $+ : \mathbb{N} \times \mathbb{N} \to \mathbb{N}$ ist assoziativ, d.h.
$(k + m) + n = k + (m + n)$ für alle $k,m,n \in \mathbb{N}$

__Beweis:__ Diesmal zeigen wir, daß für die Menge

$$T = \left\{ t \,\middle|\, \begin{array}{l} t \in \mathbb{N} \text{ und } (k + m) + t = k + (m + t) \\ \text{für alle } k,m \in \mathbb{N} \end{array} \right\}$$

$T = \mathbb{N}$ gilt. Wegen

$$(k + m) + 0 = k + m = k + (m + 0)$$ ADD 1

ist $0 \in T$. Für $t \in T$ gilt

$$\begin{aligned}(k + m) + \nu(t) &= \nu((k + m) + t) && \text{ADD 2}\\ &= \nu(k + (m + t)) && t \in T\\ &= k + \nu(m + t) && \text{ADD 2}\\ &= k + (m + \nu(t)) && \text{ADD 2}\end{aligned}$$

Also ist auch $\nu(t) \in T$. Mit P 3 haben wir $T = \mathbb{N}$. Also gilt für alle $n \in \mathbb{N}$ und für alle $k,m, \in \mathbb{N}$

$$(k + m) + n = k + (m + n)$$ ★

Obwohl die Rollen von m und n bei der rekursiven Definition der Verknüpfung + nicht ohne weiteres vertauscht werden können (wir haben ja m zunächst fest gewählt), gilt

Satz 5: Die Verknüpfung $+: \mathbb{N} \times \mathbb{N} \to \mathbb{N}$ ist kommutativ, d.h.

$m + n = n + m$ für alle $m,n \in \mathbb{N}$.

<u>Beweis:</u> Wir werden P 3 auf die Menge

$$T = \left\{ t \;\middle|\; \begin{array}{l} t \in \mathbb{N} \text{ und } m + t = t + m \\ \text{für alle } m \in \mathbb{N} \end{array} \right\}$$

anwenden. Zuerst müssen wir $0 \in T$, also

$m + 0 = 0 + m$ für jedes $m \in \mathbb{N}$

nachweisen. Dazu betrachten wir

$T' = \{t' \mid t' \in \mathbb{N}$ und $t' + 0 = 0 + t'\}$.

Ohne Zweifel gilt $0 \in T'$ nach ADD 1 .
Für $t' \in T'$ haben wir:

$$\nu(t') + 0 = \nu(t') \qquad \text{ADD 1}$$
$$= \nu(t' + 0) \qquad \text{ADD 1}$$
$$= \nu(0 + t') \qquad t' \in T'$$
$$= 0 + \nu(t') \qquad \text{ADD 2} .$$

Also ist mit t' auch $\nu(t') \in T'$ und P 3 kann angewendet werden: $T' = \mathbb{N}$

Es gilt demnach für jedes $m \in \mathbb{N}$

$m + 0 = 0 + m$

und damit $0 \in T$. Für ein $t \in T$ haben wir:

$$\begin{aligned} m + \nu(t) &= \nu(m + t) && \text{ADD 2} \\ &= \nu(t + m) && t \in T \\ &= t + \nu(m) && \text{ADD 2} \end{aligned}$$

Wenn wir $t + \nu(m) = \nu(t) + m$ zeigen könnten, hätten wir auch $\nu(t) \in T$ und könnten P 3 auf T anwenden. Deshalb betrachten wir

$$T'' = \{t'' \mid t'' \in \mathbb{N} \text{ und } t + \nu(t'') = \nu(t) + t''\}$$

Wegen $t + \nu(0) = \nu(t + 0) = \nu(t) = \nu(t) + 0$ nach ADD 2 und ADD 1 gilt: $0 \in T''$.

Für $t'' \in T''$ haben wir:

$$\begin{aligned} t + \nu(\nu(t'')) &= \nu(t + \nu(t'')) && \text{ADD 2} \\ &= \nu(\nu(t) + t'') && t'' \in T'' \\ &= \nu(t) + \nu(t'') && \text{ADD 2} \end{aligned}$$

Also gilt auch $\nu(t'') \in T''$ und damit $T'' = \mathbb{N}$ wegen P 3. Damit ist aber auch $\nu(t) \in T$ gezeigt, und mit P 3 erhalten wir $T = \mathbb{N}$ ★

Der folgende Satz ergibt sich unmittelbar aus der Konstruktion der Verknüpfung + . Er ist nur eine Umformulierung der Eigenschaft ADD 1 . Dabei benutzt man Satz 5 .

Satz 6: 0 ist ein neutrales Element bezüglich der Addition auf $\mathbb{N}$.

Multiplikation

Ganz analog erhält man auf einer Menge $\mathbb{N}$ von natürlichen Zahlen eine kommutative und assoziative Verknüpfung $\cdot: \mathbb{N} \times \mathbb{N} \to \mathbb{N}$ die M u l t i p l i k a t i o n. Für ein festes $m \in \mathbb{N}$ setzt man

$$
\begin{aligned}
m \cdot 0 &= 0 \\
m \cdot 1 &= m \cdot \nu(0) = m \\
m \cdot 2 &= m \cdot \nu(1) = m \cdot 1 + m \\
m \cdot 3 &= m \cdot \nu(2) = m \cdot 2 + m \\
&\vdots \\
m \circ \nu(n) &= m \circ n + m
\end{aligned}
$$

Wieder ist anschaulich sofort klar, daß das Produkt $m \cdot n$ durcn diese Rekursion für jedes $n \in \mathbb{N}$ in eindeutiger Weise definiert ist:

Satz 7: Ist $\mathbb{N}$ zusammen mit $\nu: \mathbb{N} \to \mathbb{N}$ eine Menge natürlicher Zahlen, dann gibt es genau eine Verknüpfung. $\cdot: \mathbb{N} \times \mathbb{N} \to \mathbb{N}$, so daß für alle $m \in \mathbb{N}$ gilt:

MULT 1: $m \cdot 0 = 0$

MULT 2: $m \cdot \nu(n) = m \cdot n + m$ für alle $n \in \mathbb{N}$.

Beweis: Nach dem Rekursionssatz gibt es für ein festes, aber beliebiges $m \in \mathbb{N}$ genau eine Abbildung

$$m^{\cdot}: \mathbb{N} \to \mathbb{N}$$

mit $m^{\cdot}(0) = 0$ und $m^{\cdot}(\nu(n)) = {}^{+}m(m^{\cdot}(n))$ für alle $n \in \mathbb{N}$, wobei

$^{+}m: \mathbb{N} \to \mathbb{N}$ durch

$n \mapsto n + m$

definiert ist.

Die Verknüpfung $\cdot: \mathbb{N} \times \mathbb{N} \to \mathbb{N}$ wird dann durch die Zuordnung $(m,n) \mapsto m^{\cdot}(n)$ gegeben.

Die Eindeutigkeit der Verknüpfung $\cdot$ mit MULT 1 und MULT 2 beweist man wie bei der Addition (siehe hierzu den Beweis von Satz 3). ★

Auch bei der rekursiven Definition der Multiplikation auf $\mathbb{N}$ kann man die Rollen von m und n nicht ohne weiteres vertauschen. Dennoch ist auch die Multiplikation kommutativ, was man in völliger Analogie zur Addition beweisen kann (mit Übung 3 und Satz 10):

Satz 8: Die Verknüpfung $\cdot: \mathbb{N} \times \mathbb{N} \to \mathbb{N}$ ist kommutativ, d.h.
$m \cdot n = n \cdot m$ für $m,n \in \mathbb{N}$.

Den Beweis des Assoziativgesetzes für die Multiplikation wollen wir an dieser Stelle ebenfalls nicht ausführen.

Satz 9: Die Verknüpfung $\cdot: \mathbb{N} \times \mathbb{N} \to \mathbb{N}$ ist assoziativ, d.h.
$(k \cdot m) \cdot n = k \cdot (m \cdot n)$ für alle $k,m,n \in \mathbb{N}$.

Auch bezüglich der Multiplikation gibt es ein neutrales Element in $\mathbb{N}$:

Übung 3: Bitte beweisen Sie, daß für jedes $m \in \mathbb{N}$ gilt:

$$m \cdot 1 = m = 1 \cdot m$$

Damit haben wir schon eine Reihe wohlvertrauter Rechengesetze für die Addition und Multiplikation von natürlichen Zahlen wiederentdeckt. In dem folgenden Satz wird ein Zusammenhang zwischen den beiden Verknüpfungen festgehalten - das Distributivgesetz.

Satz 10: Die Multiplikation auf $\mathbb{N}$ ist distributiv über der Addition auf $\mathbb{N}$, d.h.

$$(k + m) \cdot n = k \cdot n + m \cdot n \quad \text{für} \quad k,m,n \in \mathbb{N} .$$

Genauer hätten wir $(k + m) \circ n = (k \circ n) + (m \cdot n)$ schreiben müssen. Die Klammern um die Produkte $k \cdot n$ und $m \cdot n$ sind jedoch überflüssig, wenn wir wie üblich verabreden, daß Multiplikationen vor Additionen auszuführen sind.

<u>Beweis:</u> Wir zeigen mit Hilfe von P 3, daß für die Menge

$$T = \left\{ t \;\middle|\; \begin{array}{l} t \in \mathbb{N} \text{ und } (k + m) \cdot t = k \cdot t + m \cdot t \\ \text{für alle } k,m \in \mathbb{N} \end{array} \right\}$$

$T = \mathbb{N}$ gilt. Wegen

$$(k + m) \cdot 0 = 0 \qquad \text{MULT 1 und}$$

$$k \cdot 0 + m \cdot 0 = 0 + 0 = 0 \qquad \text{MULT 1, ADD 1}$$

gilt $0 \in T$. Für $t \in T$ haben wir

$(k + m) \cdot \nu(t)$

$= (k + m) \cdot t + (k + m)$	MULT 2
$= (k \cdot t + m \cdot t) + (k + m)$	$t \in T$
$= (k \cdot t + k) + (m \cdot t + m)$	Satz 5,4
$= k \cdot \nu(t) + m \cdot \nu(t)$	MULT 2

Also gilt auch $\nu(t) \in T$ und alle Voraussetzungen für P 3 sind erfüllt. ★

Subtraktion und Division

Zwei Rechenoperationen, die in engem Zusammenhang zur Addition bzw. zur Multiplikation stehen, haben wir noch nicht angesprochen: die S u b t r a k t i o n und die D i v i s i o n .

Unter der Differenz $n - m$ zweier natürlicher Zahlen $m,n \in \mathbb{N}$ stellt man sich eine Zahl vor, die zu m addiert n ergibt, also eine Zahl x, die Lösung der Gleichung

$$m + x = n$$

ist. Wir können keineswegs erwarten, daß diese Gleichung immer Lösungen x hat, die natürliche Zahlen sind. Immerhin können wir feststellen, daß es höchstens eine natürliche Zahl $x \in \mathbb{N}$ mit $m + x = n$ gibt:

Satz 11: Für alle $m,x,x' \in \mathbb{N}$ gilt:
$m + x = m + x' \Rightarrow x = x'$

Beweis: Wieder wird sich P 3 als das entscheidende Hilfsmittel erweisen. Man kann nämlich die Menge

$$T = \left\{ t \;\middle|\; \begin{array}{l} t \in \mathbb{N} \text{ und für alle } x,x' \in \mathbb{N} \text{ gilt:} \\ t + x = t + x' \Rightarrow x = x' \end{array} \right\}$$

betrachten und zeigen, daß $T = \mathbb{N}$ gilt.
Nach P 3 muß dazu wieder

$0 \in T$ und
$t \in T \Rightarrow \nu(t) \in T$

nachgeprüft werden. Wegen

$0 + x = x$ und $0 + x' = x'$ ADD 1, Satz 5
folgt aus $0 + x = 0 + x'$ stets $x = x'$.
Es gilt also $0 \in T$.

Sei nun $t \in T$. Dann gilt für $x, x' \in \mathbb{N}$:

$\nu(t) + x = \nu(t) + x'$	
$\Rightarrow x + \nu(t) = x' + \nu(t)$	Satz 5
$\Rightarrow \nu(x + t) = \nu(x' + t)$	ADD 2
$\Rightarrow x + t = x' + t$	P 1
$\Rightarrow t + x = t + x'$	Satz 5
$\Rightarrow x = x'$	$t \in T$.

Damit haben wir

$$\nu(t) + x = \nu(t) + x' \Rightarrow x = x'$$

gezeigt, also daß für $t \in T$ stets $\nu(t) \in T$ gilt, woraus wegen $0 \in T$ nacn P 3 sofort $T = \mathbb{N}$ folgt. ★

Satz 11 besagt, daß man in einer Gleichung $m + x = m + x'$ die natürliche Zahl m "wegstreichen" kann:

$$\not{m} + x = \not{m} + x'$$

Eine entsprechende Regel gilt auch für die Multiplikation:

Satz 12: Für alle $m, x, x' \in \mathbb{N}$ mit $m \neq 0$ gilt:
$m \cdot x = m \cdot x' \Rightarrow x = x'$.

Auch diesen Satz kann man im wesentlichen mit Hilfe von P 3 beweisen.

Sind $m,n \in \mathbb{N}$, und $m \neq 0$, dann wird eine - nach Satz 12 eindeutig bestimmte - natürliche Zahl x mit $m \cdot x = n$ wie üblich als "Bruch"

$$x = \frac{n}{m}$$

geschrieben.

Ordnung auf einer Menge von natürlichen Zahlen

Quantitative Beurteilungen spielen bei der Beschreibung der Umwelt eine große Rolle. Man interessiert sich dafür, welche Häuser,Türme oder Berge "größer" bzw. "kleiner" sind als andere, welche Länder "mehr" Einwohner bzw. "weniger oder gleichviele" haben usw.. Wenn sich unsere Mengen von natürlichen Zahlen zur Beschreibung von Umweltphänomenen eignen sollen, müssen wir festlegen, wann eines ihrer Elemente "größer" oder "kleiner" als ein anderes sein soll.

Versuchen wir dementsprechend eine Relation "kleiner (oder gleich)" auf einer Menge von natürlichen Zahlen zu definieren. Wir stützen uns dabei auf unsere anschauliche Vorstellung von der "Perlenschnur", in der eine derartige "Ordnung" bereits enthalten ist:

Eine Perle m ist "kleiner" als alle "rechts" von ihr liegenden und "größer" als die, die sich "links" von ihr befinden. Insbesondere ist eine Perle m "kleiner" als ihr Nachfolger $\nu(m)$. Diese wieder "kleiner" als ihr Nachfolger $\nu(\nu(m))$ usw.. Durch fortgesetzte Nachfolgerbildung erhält man jede Perle, die größer ist als m . Der fortgesetzten Nachfolgerbildung entspricht aber gerade die Addition der natürlichen Zahlen 1,2,3,... zu m:

$$\nu(m) = m + 1, \quad \nu(\nu(m)) = m + 2 \quad , \ldots$$

Deshalb definiert man

Definition 2: Sei $\mathbb{N}$ zusammen mit $\nu: \mathbb{N} \to \mathbb{N}$ eine Menge natürlicher Zahlen. Die durch

$$m \leq n \Leftrightarrow \text{es gibt ein } k \in \mathbb{N} \text{ mit } m + k = n$$

definierte Relation $\leq$ auf $\mathbb{N}$ heißt natürliche Ordnungsrelation. Für $m \leq n$ sagt man auch "m ist kleiner oder gleich n".

Ist $m \leq n$ und $m \neq n$ schreibt man: $m < n$.

Die Relation $\leq$ auf $\mathbb{N}$ hat die folgenden Eigenschaften, die man von einer Ordnungsrelation erwartet:

Satz 13: Für $m,n,p \in \mathbb{N}$ gilt:

(i) $m \leq m$

(ii) $m \leq n$ und $n \leq m \Rightarrow m = n$

(iii) $m \leq n$ und $n \leq p \Rightarrow m \leq p$

Beweis: (i): $m = m + 0$ und $0 \in \mathbb{N} \Rightarrow m \leq m$.

(ii): $\left.\begin{array}{l} m \leq n \Rightarrow \text{es gibt } k \in \mathbb{N} \text{ mit } m + k = n \\ n \leq m \Rightarrow \text{es gibt } l \in \mathbb{N} \text{ mit } n + l = m \end{array}\right\} \Rightarrow$

$n = m + k = (n + l) + k = n + (l + k) \Rightarrow$

$l + k = 0$ Satz 11

Um $m = n$ nachzuweisen, müssen wir $l = k = 0$ zeigen. Wäre $k \neq 0$, so hätte k einen Vorgänger k' mit $\nu(k') = k$ (Denn nach Satz 1 ist 0 das einzige Anfangselement in $\mathbb{N}$). Wir hätten dann den Widerspruch

$$1 + k = 1 + \nu(k') = \nu(1 + k') \neq 0 \qquad \text{P 2}$$

Es muß demnach $k = 0$ gelten und ganz analog auch $l = 0$.

(iii): $\left.\begin{array}{l} m \leq n \Rightarrow \text{es gibt } k \in \mathbb{N} \text{ mit } m + k = n \\ n \leq p \Rightarrow \text{es gibt } l \in \mathbb{N} \text{ mit } n + l = p \end{array}\right\} \Rightarrow$

$$m + (k + l) = (m + k) + l = n + l = p .$$

Also gibt es $q = k + l \in \mathbb{N}$ mit $m + q = p$, womit $m \leq p$ bewiesen ist. ★

Es fällt eine Ähnlichkeit zwischen Satz 13 und Satz 7 aus Kapitel 6 auf. Die in diesen Sätzen hergeleiteten Eigenschaften drücken gerade das aus, was man sich unter einer "ordnenden Relation" vorstellt. Da solche Relationen an vielen Stellen in der Mathematik auftauchen, definiert man:

Definition 3: Eine Relation $\prec$ auf einer Menge M heißt **Ordnungsrelation** auf M, wenn für alle $x,y,z \in M$ gilt:

ORD 1: $x \prec x$ (Reflexivität)

ORD 2: $x \prec y$ und $y \prec x \Rightarrow x = y$ (Antisymmetrie)

ORD 3: $x \prec y$ und $y \prec z \Rightarrow x \prec z$ (Transitivität)

Bei einer beliebigen Ordnungsrelation auf einer Menge M müssen zwei Elemente keineswegs immer "vergleichbar" sein. Man denke z.B. an die Inklusion auf einer Potenzmenge, etwa $\mathfrak{P}(\{0,1\})$. Für $S = \{0\}$ und $T = \{1\}$ gilt weder $S \subset T$ noch $T \subset S$. Für die Relation $\leqslant$ auf $\mathbb{N}$ haben wir jedoch:

Satz 14: Für $m,n \in \mathbb{N}$ gilt: $m \leqslant n$ oder $n \leqslant m$.

Beweis: Wir betrachten ein beliebiges, aber festes $m \in \mathbb{N}$ und wenden P 3 auf

$T = \{t \mid t \in \mathbb{N} \text{ und } (m \leqslant t \text{ oder } t \leqslant m)\}$

an. Wegen $0 + m = m + 0 = m$ gilt stets $0 \leqslant m$ also $0 \in T$.

Für $t \in T$ können zwei Fälle eintreten:

1. Fall: $m \leqslant t$
2. Fall: $t \leqslant m$

Im 1. Fall existiert $k \in \mathbb{N}$ mit $m + k = t$. Für $\nu(k)$ gilt dann

$$m + \nu(k) = \nu(t) \Rightarrow m \leqslant \nu(t)$$

Im 2. Fall existiert $l \in \mathbb{N}$ mit $t + l = m$. Wieder kann man zwei Fälle unterscheiden:

Fall a): $l = 0$
Fall b): $l \neq 0$

Im Fall a) gilt $t = m$ und damit $m \leqslant \nu(t)$
Im Fall b) besitzt l einen Vorgänger $l' \in \mathbb{N}$ mit $\nu(l') = l$. Wir haben dann:

$$\nu(t) + l' = t + \nu(l') = t + l = m$$

Also $\nu(t) \leq m$.

In jedem Fall gilt $(m \leq \nu(t)$ oder $\nu(t) \leq m)$
d.h. $\nu(t) \in T$. ★

Je zwei natürliche Zahlen $m,n \in \mathbb{N}$ sind also ihrer Größe nach vergleichbar. Die Ordnungsrelation $\leq$ ist außerdem mit der Addition und der Multiplikation "verträglich":

Übung 4: Man zeige für $m,n,p \in \mathbb{N}$:

(a) $m \leq n \Rightarrow m + p \leq n + p$
(b) $m \leq n \Rightarrow m \cdot p \leq n \cdot p$

Isomorphie von Mengen natürlicher Zahlen

Nehmen wir an, wir hätten zwei Mengen natürlicher Zahlen $\mathbb{N}$ und $\mathbb{N}'$ zusammen mit Nachfolgerabbildungen $\nu: \mathbb{N} \to \mathbb{N}$ und $\nu': \mathbb{N}' \to \mathbb{N}'$.

Wer mit dieser Situation eine Vorstellung verbinden möchte, kann sich für $\mathbb{N}$ die "normalen", im Dezimalsystem dargestellten natürlichen Zahlen und für $\mathbb{N}'$ die Dualzahlen denken. Man kann sich aber auch zwei Exemplare der Peano'schen Perlenkette vorstellen - eine mit roten, die andere mit grünen Perlen.

Wir wollen zeigen, daß $\mathbb{N}$ und $\mathbb{N}'$ im wesentlichen übereinstimmen:

In beiden Mengen gibt es genau ein Anfangselement (Satz 1), nämlich

$$0 \in \mathbb{N} \quad \text{und} \quad 0' \in \mathbb{N}'$$

Diese Anfangselemente haben Nachfolger:

$$1 = \nu(0) \in \mathbb{N} \quad \text{und} \quad 1' = \nu'(0') \in \mathbb{N}'$$

usw.. Anschaulich ist klar, daß wir so zu jeder natürlichen Zahl $n \in \mathbb{N}$ eine ihr entsprechende $n' \in \mathbb{N}'$ finden können, indem wir von 0 und 0' ausgehend von Nachfolger zu Nachfolger springen:

von $n \in \mathbb{N}$ zu $\nu(n) \in \mathbb{N}$	und	von $n' \in \mathbb{N}'$ zu $(\nu(n))' = \nu'(n') \in \mathbb{N}'$

Die Zuordnungen $n \mapsto n'$ definieren eine Abbildung

$$\begin{array}{ll} \varphi: \mathbb{N} \to \mathbb{N}' & \text{mit} \\ \varphi(0) = 0' & \text{und} \\ \varphi(\nu(n)) = \nu'(\varphi(n)) & \text{für alle } n \in \mathbb{N} . \end{array}$$

Wenn man umgekehrt in $\mathbb{N}'$ startet, erhält man eine Abbildung

$$\begin{array}{ll} \psi: \mathbb{N}' \to \mathbb{N} & \text{mit} \\ \psi(0') = 0 & \text{und} \\ \psi(\nu'(n')) = \nu(\psi(n')) & \text{für alle } n' \in \mathbb{N}' . \end{array}$$

Die Abbildung ψ ist die Umkehrabbildung von φ .

Satz 15: Sind $\mathbb{N},\mathbb{N}'$ zusammen mit $\nu: \mathbb{N} \to \mathbb{N}$ und $\nu': \mathbb{N}' \to \mathbb{N}'$ Mengen natürlicher Zahlen, dann gibt es Abbildungen $\varphi: \mathbb{N} \to \mathbb{N}'$ und $\psi: \mathbb{N}' \to \mathbb{N}$ mit folgenden Eigenschaften:

1. $\psi \circ \varphi = id_{\mathbb{N}}$ und $\varphi \circ \psi = id_{\mathbb{N}'}$

2. $\varphi(0) = 0'$ und $\psi(0') = 0$,
$\varphi(\nu(n)) = \nu'(\varphi(n))$ und $\psi(\nu'(n')) = \nu(\psi(n'))$
für alle $n \in \mathbb{N}$ und $n' \in \mathbb{N}'$.

Beweis: Die Existenz der Abbildungen φ und ψ mit der Eigenschaft 2. erhält man mit dem Rekursionssatz, wenn man $r = \nu'$ bzw. $r = \nu$ setzt.

Wir müssen noch 1. beweisen. Dazu betrachten wir zunächst

$$T = \{t \mid t \in \mathbb{N} \text{ und } \psi \circ \varphi(t) = t\} .$$

Nach 2. gilt $\psi \circ \varphi(0) = \psi(0') = 0$, also $0 \in T$. Für $t \in T$ hat man:

$$\begin{aligned} \psi \circ \varphi(\nu(t)) &= \psi(\nu'(\varphi(t))) && 2. \\ &= \nu(\psi(\varphi(t))) && 2. \\ &= \nu(t) && t \in T \end{aligned}$$

Also ist $\nu(t) \in T$ und damit wegen P 3 auch $T = \mathbb{N}$. Analog erhält man $\varphi \circ \psi = id_{\mathbb{N}'}$. ★

Zwischen je zwei Mengen natürlicher Zahlen gibt es also einander umkehrende Abbildungen, die das Anfangselement in das Anfangselement überführen und mit der Nachfolgerbildung vertauschbar sind. Solche Abbildungen heißen Isomorphismen von Mengen natürlicher Zahlen (bzw. von Peano-Systemen).

Definition 4: Sind $\mathbb{N}$ zusammen mit $\nu: \mathbb{N} \to \mathbb{N}$ und $\mathbb{N}'$ zusammen mit $\nu': \mathbb{N}' \to \mathbb{N}'$ Mengen natürlicher Zahlen, so heißt eine Abbildung $f: \mathbb{N} \to \mathbb{N}'$ ein *Isomorphismus* von Mengen natürlicher Zahlen, wenn gilt:

ISO 1: f ist umkehrbar.

$$\text{ISO 2:}\quad f(0) = 0' \quad \text{und } f^{-1}(0') = 0$$
$$f(\nu(n)) = \nu'(f(n)) \quad \text{und } f^{-1}(\nu'(n')) = \nu(f^{-1}(n'))$$
$$\text{für alle } n \in \mathbb{N} \quad \text{und } n' \in \mathbb{N}'$$

Nach dieser Definition des Isomorphiebegriffs von Mengen natürlicher Zahlen sagt Satz 15, daß je zwei Mengen natürlicher Zahlen isomorph sind.

Ein Beispiel für einen Isomorphismus zwischen Mengen natürlicher Zahlen liefert die D u a l z a h l d a r s t e l l u n g , bei der jedes Element n aus einer Menge natürlicher Zahlen $\mathbb{N}$ als endliche Folge der Ziffern 0 und 1 geschrieben wird wie z.B.

110 , 1011 , 111001 ;

allgemein

$$a_k \dots a_i \dots a_0 \text{ mit } a_i \in \{0,1\}, \; a_k = 1 \text{ für } k > 0$$

Daß die Menge $\mathbb{N}'$ alle derartigen endlichen Folgen aus den Ziffern 0 und 1 tatsächlich wieder eine Menge natürlicher Zahlen ist, kann mit mit Hilfe der folgenden Zuordnung

$$a_k \dots a_i \dots a_0 \mapsto$$
$$a_k \cdot 2^k + \dots + a_i \cdot 2^i + \dots + a_0 \cdot 2^0$$

feststellen. Sie liefert nämlich eine umkehrbare Abbildung $\psi: \mathbb{N}' \to \mathbb{N}$, die mit einer noch geeignet zu definierenden Nachfolgerabbildung ν' auf $\mathbb{N}'$ verträglich ist (vergleiche Aufgabe 6).

Da je zwei Mengen natürlicher Zahlen isomorph sind und Regeln bzw. Sätze, die in der einen gelten, auch für die andere zutreffen, werden wir in Zukunft nur noch e i n e Menge $\mathbb{N}$ betrachten und von d e r Menge $\mathbb{N}$ natürlicher Zahlen reden.

LÖSUNGEN

Übung 1:

Sei $(m,b) \in \bigcap \mathfrak{R}$ mit $(m,b) \neq (0,a_0)$.
Wenn für alle $(n,a) \in \bigcap \mathfrak{R}$ gilt:

$$(\nu(n),r(a)) \neq (m,b),$$

dann ist für alle $(n,a) \in \bigcap \mathfrak{R}$:

$$(\nu(n),r(a)) \in R = \left\{(k,c) \;\middle|\; \begin{array}{l}(k,c) \in \bigcap \mathfrak{R} \text{ und} \\ (k,c) \neq (m,b)\end{array}\right\},$$

weil $\bigcap \mathfrak{R}$ die Eigenschaft RG hat.
Die Relation R erfüllt auch RG wegen

$(n,a) \in R \Rightarrow (n,a) \in \bigcap \mathfrak{R} \Rightarrow (\nu(n),r(a)) \in R$,
da $(\nu(n),r(a)) \neq (m,b)$.

Außerdem ist $(0,a_0) \in R$ wegen $(0,a_0) \in \bigcap \mathfrak{R}$ und $(0,a_0) \neq (m,b)$. Also gilt auch RA für R . Nach Konstruktion von $\mathfrak{R}$ muß dann

$$\bigcap \mathfrak{R} \subset R$$

sein im Widerspruch zu $(m,b) \in \bigcap \mathfrak{R}$ und $(m,b) \notin R$.

Übung 2:

$$a_1 = r(a_0) = r(1) = \frac{1+2}{1+1} = \frac{3}{2}$$

$$a_2 = r(a_1) = r(\tfrac{3}{2}) = \frac{\frac{3}{2}+2}{\frac{3}{2}+1} = \frac{7}{5}$$

$$a_3 = r(a_2) = r(\tfrac{7}{5}) = \frac{\frac{7}{5}+2}{\frac{7}{5}+1} = \frac{17}{12}$$

usw.

Übung 3: $m \cdot 1 = m \cdot \nu(0) = m \cdot 0 + m = m$ nach MULT 2, MULT 1 und Satz 5; $1 \cdot m = m$ beweist man durch vollständige Induktion.

Übung 4: (a) $m \leqslant n \Rightarrow$ Es gibt $k \in \mathbb{N}$ mit $m + k = n$

$\Rightarrow (m + p) + k = n + p$
(nach Satz 4,5)

$\Rightarrow m + p \leqslant n + p$
(nach Definition 2)

(b) $m \leqslant n \Rightarrow$ Es gibt $k \in \mathbb{N}$ mit $m + k = n$

$\Rightarrow m \cdot p + k \cdot p = (m + k) \cdot p = n \cdot p$
(nach Satz 10)

$\Rightarrow m \cdot p \leqslant n \cdot p$
(nach Definition 2)

ÜBERBLICK

Mengen natürlicher Zahlen:
(Definition 1)

Eine Menge $\mathbb{N}$ zusammen mit einer Abbildung $\nu: \mathbb{N} \to \mathbb{N}$ heißt Menge natürlicher Zahlen (oder Peano-System), wenn folgendes gilt:

P 1: Verschiedene natürliche Zahlen haben verschiedene Nachfolger, d.h. für $n, m \in \mathbb{N}$ mit $n \neq m$ ist auch

$$\nu(n) \neq \nu(m) \ .$$

P 2: Es gibt ein Anfangselement, d.h. ein Element $0 \in \mathbb{N}$ mit

$$\nu(n) \neq 0 \quad \text{für jedes} \quad n \in \mathbb{N} \ .$$

P 3: Für jede Teilmenge $T \subset \mathbb{N}$, in der sich ein Anfangselement und mit jedem $t \in T$ auch dessen Nachfolger $\nu(t)$ befindet, gilt

$$T = \mathbb{N} \ .$$

(Satz 1)

In einer Menge natürlicher Zahlen gibt es genau ein Anfangselement.

Rekursive Definition:
(Satz 2)

(Rekursionssatz)
Ist $\mathbb{N}$ zusammen mit $\nu: \mathbb{N} \to \mathbb{N}$ eine Menge natürlicher Zahlen, und sind A eine Menge, $r: A \to A$ eine Abbildung und $a_0 \in A$ ein Element, dann existiert eine Abbildung $f: \mathbb{N} \to A$ mit folgenden Eigenschaften:

RA: $f(0) = a_0$

RG: $f(\nu(n)) = r(f(n)) \quad$ für alle $\quad n \in \mathbb{N}$.

Addition: (Satz 3)

Ist $\mathbb{N}$ zusammen mit $\nu: \mathbb{N} \to \mathbb{N}$ eine Menge natürlicher Zahlen, dann gibt es genau eine Verknüpfung $+: \mathbb{N} \times \mathbb{N} \to \mathbb{N}$, so daß für alle $m \in \mathbb{N}$ gilt:

ADD 1: $m + 0 = m$

ADD 2: $m + \nu(n) = \nu(m + n)$ für alle $n \in \mathbb{N}$.

$$\boxed{\nu(m) = m + 1}$$

Assoziativgesetz: (Satz 4)

Die Verknüpfung $+: \mathbb{N} \times \mathbb{N} \to \mathbb{N}$ ist assoziativ, d.h.

$(k + m) + n = k + (m + n)$ für alle $k,m,n \in \mathbb{N}$

Kommutativgesetz: (Satz 5)

Die Verknüpfung $+: \mathbb{N} \times \mathbb{N} \to \mathbb{N}$ ist kommutativ, d.h.

$m + n = n + m$ für alle $m,n \in \mathbb{N}$.

Neutrales Element: (Satz 6)

0 ist ein neutrales Element bezüglich der Addition auf $\mathbb{N}$.

Multiplikation: (Satz 7)

Ist $\mathbb{N}$ zusammen mit $\nu: \mathbb{N} \to \mathbb{N}$ eine Menge natürlicher Zahlen, dann gibt es genau eine Verknüpfung $\cdot: \mathbb{N} \times \mathbb{N} \to \mathbb{N}$, so daß für alle $m \in \mathbb{N}$ gilt:

MULT 1: $m \cdot 0 = 0$

MULT 2: $m \cdot \nu(n) = m \cdot n + m$ für alle $n \in \mathbb{N}$.

Kommutativgesetz: (Satz 8)

Die Verknüpfung $\cdot: \mathbb{N} \times \mathbb{N} \to \mathbb{N}$ ist kommutativ, d.h.

$m \cdot n = n \cdot m$ für $m,n \in \mathbb{N}$.

Assoziativgesetz: (Satz 9)

Die Verknüpfung $\cdot: \mathbb{N} \times \mathbb{N} \to \mathbb{N}$ ist assoziativ, d.h.

$(k \cdot m) \cdot n = k \cdot (m \cdot n)$ für alle $k,m,n \in \mathbb{N}$.

Distributivgesetz
(Satz 10)

Die Multiplikation auf $\mathbb{N}$ ist distributiv über der Addition auf $\mathbb{N}$, d.h.
$(k + m) \cdot n = k \cdot n + m \cdot n$ für $k,m,n \in \mathbb{N}$.

Subtraktion und Division:
(Satz 11, 12)

Für alle $m,x,x' \in \mathbb{N}$ gilt:

$m + x = m + x' \Rightarrow x = x'$

und für $m \neq 0$:

$m \cdot x = m \cdot x' \Rightarrow x = x'$

Ordnung:
(Definition 2)

Sei $\mathbb{N}$ zusammen mit $\nu: \mathbb{N} \to \mathbb{N}$ eine Menge natürlicher Zahlen. Die durch

$m \leqslant n \Leftrightarrow$ es gibt ein $k \in \mathbb{N}$ mit $m + k = n$

definierte Relation $\leqslant$ auf $\mathbb{N}$ heißt natürliche Ordnungsrelation.
Für $m \leqslant n$ sagt man auch "m ist kleiner oder gleich n".

Ist $m \leqslant n$ und $m \neq n$ schreibt man: $m < n$.

(Satz 13)

Für $m,n,p \in \mathbb{N}$ gilt:

(i) $m \leqslant m$
(ii) $m \leqslant n$ und $n \leqslant m \Rightarrow m = n$
(iii) $m \leqslant n$ und $n \leqslant p \Rightarrow m \leqslant p$

(Satz 14)

Für $m,n \in \mathbb{N}$ gilt:
$m \leqslant n$ oder $n \leqslant m$.

Ordnungs-relation: (Definition 3)

Eine Relation $<$ auf einer Menge M heißt **Ordnungsrelation** auf M, wenn für alle $x,y,z \in M$ gilt:

ORD 1: $x < x$ (Reflexivität)

ORD 2: $x < y$ und $y < x \Rightarrow x = y$ (Antisymmetrie)

ORD 3: $x < y$ und $y < z \Rightarrow x < z$ (Transitivität)

Isomorphie: (Definition 4)

Sind $\mathbb{N}$ zusammen mit $\nu: \mathbb{N} \rightarrow \mathbb{N}$ und $\mathbb{N}'$ zusammen mit $\nu': \mathbb{N}' \rightarrow \mathbb{N}'$ Mengen natürlicher Zahlen, so heißt eine Abbildung $f: \mathbb{N} \rightarrow \mathbb{N}'$ ein **Isomorphismus** von Mengen natürlicher Zahlen, wenn gilt:

ISO 1: f ist umkehrbar.

ISO 2: $f(0) = 0'$ und $f^{-1}(0') = 0$

$f(\nu(n)) = \nu'(f(n))$ und $f^{-1}(\nu'(n')) = \nu(f^{-1}(n'))$

für alle $n \in \mathbb{N}$ und $n' \in \mathbb{N}'$

(Satz 15) Je zwei Mengen $\mathbb{N},\mathbb{N}'$ natürlicher Zahlen sind isomorph.

> In Zukunft wird nur noch **eine** Menge $\mathbb{N}$ betrachtet und von **der** Menge natürlicher Zahlen geredet.

A u f g a b e n

Aufgabe 1:

Man beweise mit Hilfe der Sätze 4 bis 10, daß für natürliche Zahlen $m, n \in \mathbb{N}$ gilt:

$$(n + m)^2 = n^2 + 2n \cdot m + m^2$$

(Dabei ist n^2 durch $n^2 = n \cdot n$ definiert).

Aufgabe 2:

Das P o t e n z i e r e n in $\mathbb{N}$ werde wie folgt definiert:

$$\text{POT 1: } x^0 = 1$$
$$\text{POT 2: } x^{\nu(n)} = x \cdot x^n$$

Man beweise mit Hilfe des Induktionsaxioms P 3 die folgenden Regeln:

$$\text{(i)} \quad x^{n+m} = x^n \cdot x^m$$
$$\text{(ii)} \quad x^{n \cdot m} = (x^n)^m$$

Aufgabe 3:

Man beweise für natürliche Zahlen $n, m \in \mathbb{N}$:

(a) $0 \leq n$

(b) $m + n = 0 \Rightarrow m = 0$ und $n = 0$

(c) $m \cdot n = 0 \Rightarrow m = 0$ oder $n = 0$

Aufgabe 4:

Wird auf $\mathbb{N}^* = \{n \mid n \in \mathbb{N}$ und $n \neq 0\}$ durch

$$m \sqsubset n \Leftrightarrow \text{Es gibt } k \in \mathbb{N}^* \text{ mit } m \cdot k = n$$

eine Ordnungsrelation definiert?

Aufgabe 5:

Man ersetze die Bedingung ISO 2 in Definition 4 durch eine schwächere (siehe hierzu auch Kapitel 6).

Aufgabe 6:

Man definiere auf der Menge $\mathbb{N}'$ aller endlichen Folgen

$$a_k \ldots a_i \ldots a_0 \quad \text{mit} \quad a_i \in \{0,1\}$$

eine geeignete Nachfolgerabbildung $\nu' : \mathbb{N}' \to \mathbb{N}'$, so daß die Zuordnung

$$a_n \ldots a_i \ldots a_0 \mapsto a_n 2^n + \ldots + a_i 2^i + \ldots + a_0 2^0$$

einen Isomorphismus $\psi : \mathbb{N}' \to \mathbb{N}$ definiert.

Vollständige Induktion

Stellen wir uns vor, wir wären in irgendeinem Zusammenhang gezwungen, die Summe der ersten n + 1 ungeraden Zahlen zu berechnen, und zwar für jedes beliebige n

$$1 + 3 + \ldots + (1 + 2n) = ?$$

Sicher wird das Ergebnis dieser Summenbildung von n abhängen. Aber wie? Man könnte diese Summe einmal für n = 0,1,2,3,... ausrechnen und versuchen, an den Ergebnissen ein allgemeines Gesetz abzulesen:

$$1 = 1 \qquad (n = 0)$$
$$1 + 3 = 4 \qquad (n = 1)$$
$$1 + 3 + 5 = 9 \qquad (n = 2)$$
$$1 + 3 + 5 + 7 = 16 \qquad (n = 3)$$
$$1 + 3 + 5 + 7 + 9 = 25 \qquad (n = 4)$$

Das Ergebnis ist stets eine Quadratzahl, und zwar $(n + 1)^2$. Wir werden deshalb vermuten, daß ganz allgemein für jede natürliche Zahl $n \in \mathbb{N}$ gilt:

$$1 + 3 + \ldots + (1 + 2n) = (n + 1)^2 ,$$

Zu dieser Vermutung sind wir auf *induktivem* Wege gekommen:

Ein Merkmal menschlichen Denkens ist die Fähigkeit, über einzelne Informationen zu allgemeinen Aussagen - zum Erkennen von Gesetzmäßigkeiten - zu gelangen. Im täglichen Leben, aber auch in den empirischen Wissenschaften, wird diese Methode häufig angewandt. Einzelne Daten, die man durch systematische Beobachtung erhält, versucht man zu verallgemeinern und sie als

Konkretisierung eines bestimmten Gesetzes anzusehen.

Diese induktive Methode spielt auch in der Mathematik zum Auffinden von V e r m u t u n g e n eine große Rolle. Im Unterschied zu vielen empirischen Wissenschaften muß man in der Mathematik derartige Vermutungen oder Hypothesen aber noch mit Hilfe streng kodifizierter Verfahren b e w e i s e n .

Ein derartiges Beweisverfahren für auf induktivem Wege gefundene Vermutungen über natürliche Zahlen werden wir jetzt kennenlernen und anwenden. Es geht um den Beweis durch v o l l s t ä n d i g e I n d u k t i o n .

Implizit haben wir schon im letzten Kapitel von diesem Verfahren immer dann Gebrauch gemacht, wenn ein Satz über natürliche Zahlen mit Hilfe des Axioms P 3 bewiesen wurde. Stets haben wir gezeigt, daß für eine gewisse Teilmenge $T \subset \mathbb{N}$ bereits $T = \mathbb{N}$ sein mußte.

Diese Mengen T wurden durch bestimmte Eigenschaften E beschrieben, die entweder auf natürliche Zahlen $n \in \mathbb{N}$ zutrafen oder nicht. Im Beweis von Satz 4 (Assoziativgesetz für die Addition) haben wir die durch die Eigenschaft E mit

$$E(n): (k + m) + n = k + (m + n) \quad \text{für alle } k,m \in \mathbb{N}$$

definierte Teilmenge $T = \{t|E(t)\} \subset \mathbb{N}$ betrachtet. Um P 3 anwenden zu können, haben wir für diese Menge

$$0 \in T \qquad \text{(also } E(0)\text{)}$$
$$t \in T \Rightarrow \nu(t) \in T \qquad \text{(also } E(t) \Rightarrow E(\nu(t))\text{)}$$

für alle $t \in T$ gezeigt.

Hier manifestiert sich der bereits im 1. Kapitel angesprochene Zusammenhang zwischen Mengen und Eigenschaften, speziell für Teilmengen T der Menge $\mathbb{N}$ der natürlichen Zahlen:

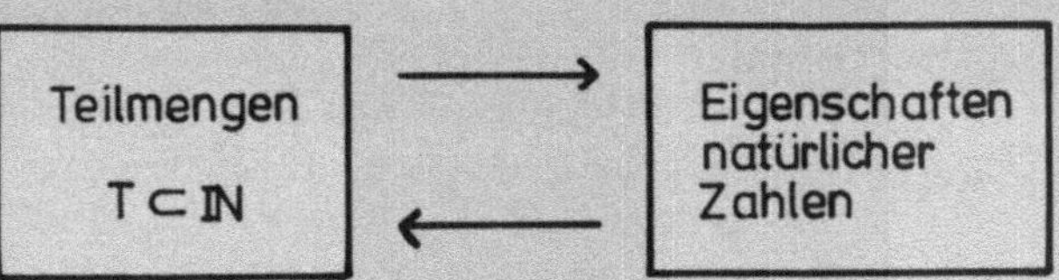

Anstelle von Mengen $T \subset \mathbb{N}$ kann man Eigenschaften E betrachten, die entweder auf natürliche Zahlen zutreffen oder nicht, und umgekehrt kann man für jede derartige Eigenschaft E die Menge $T = \{t \mid E(t)\}$ derjenigen natürlichen Zahlen bilden, auf die E zutrifft. Anstatt für $T = \{t \mid E(t)\}$ mit Hilfe von P 3 $T = \mathbb{N}$ nachzuweisen, kann man auch

$E(0)$ (I n d u k t i o n s a n f a n g)

und $E(n) \Rightarrow E(n+1)$ (I n d u k t i o n s s c h r i t t)

für alle $n \in \mathbb{N}$ zeigen ($\nu(n) = n + 1$!).

In dem eingangs erwähnten Beispiel geht es um die Eigenschaft E, die auf natürliche Zahlen n genau dann zutrifft, wenn gilt:

$$E(n): \quad 1 + 3 + \ldots + (1 + 2n) = (n + 1)^2 .$$

Diese Eigenschaft E kann man durch vollständige Induktion wie folgt beweisen:

Induktionsanfang:

Für $n = 0$ gilt: $1 = (0 + 1)^2$.
Also trifft $E(0)$ zu .

Induktionsschritt:

Für $n \in \mathbb{N}$ gelte $E(n)$:

$$1 + 3 + \ldots + (1 + 2n) = (n + 1)^2$$

Daraus folgt $E(n + 1)$:

$$\begin{aligned}
1 + 3 + \ldots + (1 + 2n) + (1 + 2(n + 1)) \\
&= (n + 1)^2 + (1 + 2(n + 1)) \\
&= (n + 1)^2 + 2(n + 1) + 1 \\
&= ((n + 1) + 1)^2
\end{aligned}$$

Für die Lösung gewisser kombinatorischer Probleme ist es nützlich, dieses Beweisverfahren durch vollständige Induktion noch leicht zu modifizieren. Wir werden auch solche Modifikationen vornehmen.

Vollständige Induktion

Das erste Induktionsprinzip

Wenn man von einer Eigenschaft E, die auf natürliche Zahlen $n \in \mathbb{N}$ entweder zutrifft oder nicht, beweisen will, daß sie für alle $n \in \mathbb{N}$ gilt, kann man die durch sie definierte Teilmenge

$$T = \{t \mid E(t)\} \subset \mathbb{N}$$

betrachten und auf T das Axiom P 3 anwenden. Aus $T = \mathbb{N}$ ergibt sich dann sofort, daß E(n) für alle natürlichen Zahlen n wahr ist.

Der Umweg über die durch E definierte Teilmenge $T \subset \mathbb{N}$ ist in jedem Einzelfall möglich, was man ganz allgemein ein für alle Mal einsehen kann. Danach kann man sich den Umweg ersparen. Dies wird in dem folgenden Satz festgehalten:

Satz 1: (erstes Induktionsprinzip)
Ist E eine Eigenschaft, die auf natürliche Zahlen entweder zutrifft oder nicht, mit

IA: E(0) gilt
(I n d u k t i o n s a n f a n g)

IS: Für jedes $n \in \mathbb{N}$ gilt
$E(n) \Rightarrow E(n+1)$
(I n d u k t i o n s s c h r i t t),

dann hat jede natürliche Zahl n die Eigenschaft E .

Man kann also die Gültigkeit einer Eigenschaft E für alle natürlichen Zahlen dadurch beweisen, daß man zweierlei zeigt:

IA: E gilt für 0

IS: Aus der Gültigkeit von E für eine b e l i e b i g e natürliche Zahl n folgt auch die Gültigkeit von E für $\nu(n) = n + 1$.

<u>Beweis:</u> Für $T = \{t \mid E(t)\}$ gilt:

$0 \in T$ wegen $E(0)$ nach IA

$$\begin{aligned} t \in T &\Rightarrow E(t) \\ &\Rightarrow E(t+1) \quad \text{nach IS} \\ &\Leftrightarrow E(\nu(t)) \\ &\Rightarrow \nu(t) \in T \end{aligned}$$

Mit P 3 erhält man daraus $T = \mathbb{N}$. Also gilt $E(n)$ für jedes $n \in \mathbb{N}$. ★

Wir wollen uns nun mit einigen Anwendungen des ersten Induktionsprinzips beschäftigen.

<u>Endliche Summen</u>

Die Summe von $n+1$ Zahlen $a_0, a_1, \ldots, a_n$ wird abkürzend mit

$$\sum_{i=0}^{n} a_i \qquad (= a_0 + a_1 + \ldots + a_n)$$

bezeichnet. Dabei heißt i der Summationsindex. Anstelle von i können wir auch irgendein anderes Zeichen j, k, ... wählen:

$$\sum_{i=0}^{n} a_i = \sum_{j=0}^{n} a_j = \sum_{k=0}^{n} a_k = \dots$$

Im Vortext haben wir die Summe

$$\sum_{i=0}^{n} (1 + 2 \cdot i)$$

der ersten $n+1$ ungeraden natürlichen Zahlen berechnet. Das Ergebnis war $(n+1)^2$. Wie ist es mit der Summe der ersten $n+1$ geraden natürlichen Zahlen

$$\sum_{i=0}^{n} 2i = ?$$

Setzen wir wieder nacheinander $n = 0,1,2,3,\dots$:

$0 = 0$	$(n = 0)$
$0 + 2 = 2$	$(n = 1)$
$0 + 2 + 4 = 6$	$(n = 2)$
$0 + 2 + 4 + 6 = 12$	$(n = 3)$
$0 + 2 + 4 + 6 + 8 = 20$	$(n = 4)$

Das Ergebnis ist stets $n \cdot (n+1)$. Vermutlich gilt auch allgemein:

Satz 2: Für jede natürliche Zahl $n \in \mathbb{N}$ ist

$$\sum_{i=0}^{n} 2i = n(n+1)$$

<u>Beweis:</u> Wir betrachten die Eigenschaft E mit

$$E(n): \quad \sum_{i=0}^{n} 2i = n(n+1)$$

und beweisen dies mit Hilfe des ersten Induktionsprinzips.

<u>Induktionsanfang:</u>

Für $n = 0$ gilt:

$$\sum_{i=0}^{0} 2i = 2\cdot 0 = 0(0+1) \text{ , also } E(0) .$$

<u>Induktionsschritt:</u>

Für beliebiges $n \in \mathbb{N}$ gelte $E(n)$, also

$$\sum_{i=0}^{n} 2i = n(n+1) .$$

Daraus folgt

$$\begin{aligned} \sum_{i=0}^{n+1} 2i &= \left(\sum_{i=0}^{n} 2i \right) + 2(n+1) \\ &= n(n+1) + 2(n+1) \\ &= (n+2)(n+1) \end{aligned}$$

Also gilt mit $E(n)$ auch $E(n+1)$. ★

Dieses Ergebnis hätten wir auch direkt aus

$$\sum_{i=0}^{n} (1 + 2i) = (n+1)^2$$

herleiten können. Aufgrund des Kommutativgesetzes und des Assoziativgesetzes für die Addition natürlicher Zahlen gilt nämlich

$$\sum_{i=0}^{n} (1 + 2i) = \left(\sum_{i=0}^{n} 1 \right) + \left(\sum_{i=0}^{n} 2i \right) .$$

Dabei bedeutet $\sum_{i=0}^{n} 1$, daß man die Zahl 1 insgesamt n mal zu sich selbst addieren soll:

$$\sum_{i=0}^{n} 1 = \underbrace{1 + 1 + \ldots + 1}_{(n+1)\text{-mal}} = n + 1$$

Mit $\sum_{i=0}^{n} (1 + 2i) = (n+1)^2$ erhalten wir

$$(n+1)^2 = (n+1) + \left(\sum_{i=0}^{n} 2i \right) \quad \Rightarrow$$

$$\sum_{i=0}^{n} 2i = (n+1)^2 - (n+1) = n(n+1) .$$

Auf dieselbe Weise kann man die Summe der ersten n+1 ungeraden natürlichen Zahlen mit Hilfe der Summe der ersten n+1 geraden natürlichen Zahlen berechnen.

Übung 1: Bitte beweisen Sie für alle natürlichen Zahlen $n \in \mathbb{N}$

$$\sum_{i=0}^{n} i = \frac{n(n+1)}{2}$$

Nicht immer ist es wie in den bisher betrachteten Beispielen so leicht, auf eine allgemeine Vermutung zu kommen.

Übung 2:

Berechnen Sie die Summe $\sum_{i=0}^{n} i^2$ für $n = 1,2,3,\ldots$

Satz 3: Für alle natürlichen Zahlen $n \in \mathbb{N}$ ist

$$\sum_{i=0}^{n} i^2 = \frac{n(n+1)(2n+1)}{6}$$

Übung 3: Bitte beweisen Sie Satz 3 mit Hilfe des ersten Induktionsprinzips.

Binomialkoeffizienten

Wir wollen wissen, wie wahrscheinlich es ist, in der Zahlenlotterie "6 Richtige" zu tippen. Die "6 Richtigen" bilden eine gewisse sechselementige Teilmenge R der folgenden Menge

$$L = \{1,2,3,\ldots,49\}$$

In unserem "Tip" haben wir in der Regel eine andere secnselementige Teilmenge T von L angekreuzt. Wenn wir von allen nur möglichen Tips jeweils einen abgeben - insgesamt seien es t Stück - ist die Wahrscheinlichkeit, "6 Richtige" zu haben, gleich 1. Riskiert man nur einen Tip, muß man mit der Wahrscheinlichkeit $\frac{1}{t}$ zufrieden sein.

Wie groß ist t? Wieviele verschiedene Tips, d.h. wie viele sechselementige Teilmengen T von M gibt es?

Es sind so viele, daß man es durch Probieren nicht herausbekommt. Deshalb wäre es nützlich, eine Formel zur Verfügung zu haben, mit der man ganz allgemein ausrechnen kann, wieviele k-elementige Teilmengen eine n-elementige Menge besitzt - natürlich für $k \leq n$.

Streng genommen müssen wir sogar erst einmal definieren, was wir unter einer n-elementigen Menge verstehen wollen. Unserem intuitiven Vorverständnis von natürlichen Zahlen entsprechend haben wir bisher solche Mengen n-elementig genannt, deren Elemente man mit 1 beginnend so abzählen konnte, daß man bei n fertig war. Dies läßt sich aber leicht präzisieren, denn das Abzählen bedeutet ja nichts anderes als die Herstellung einer umkehrbaren Zuordnung zwischen den Elementen der betrachteten Menge und der aus den natürlichen Zahlen k mit $1 \leq k \leq n$ bestehenden Menge

$$\{k \mid k \in \mathbb{N} \text{ und } 1 \leq k \leq n\} .$$

Deshalb definiert man

Definition 1: Eine Menge M heißt *n-elementig* für ein $n \in \mathbb{N}$, wenn es eine umkehrbare Abbildung

$$f\colon \{k \mid k \in \mathbb{N} \text{ und } 1 \leq k \leq n\} \to M$$

gibt.

Man beachte, daß die leere Menge $M = \emptyset$ nach dieser Definition 0-elementig ist!

Für die folgenden Überlegungen ist es nützlich, eine geeignete Abkürzung für die Anzahl aller k-elementigen Teilmengen einer n-elementigen Menge zur Verfügung zu haben.

Definition 2: Für $k,n \in \mathbb{N}$ mit $k \leq n$ wird die Anzahl der k-elementigen Teilmengen einer n-elementigen Menge mit

$$\binom{n}{k} \quad \text{(gelesen: "n über k")}$$

bezeichnet.

Nach Definition 2 gilt für jedes $n \in \mathbb{N}$:

$\binom{n}{0} = 1$ (Es gibt nur eine 0-elementige Teilmenge einer n-elementigen Menge M, nämlich $\emptyset \subset M$.)

$\binom{n}{1} = n$ (Es gibt genauso viele 1-elementige Teilmengen wie Elemente in einer n-elementigen Menge, also n.)

Außerdem gibt es zu jeder k-elementigen Teilmenge T einer n-elementigen Menge M (mit $k \leq n$) ein Komplement $\overline{T} = \{x \mid x \in M \text{ und } x \notin T\}$. $\overline{T}$ besitzt genau (n-k) Elemente. Ebenso gibt es zu jeder (n-k)-elementigen Teilmenge $S \subset M$ eine k-elementige $\overline{S}$.

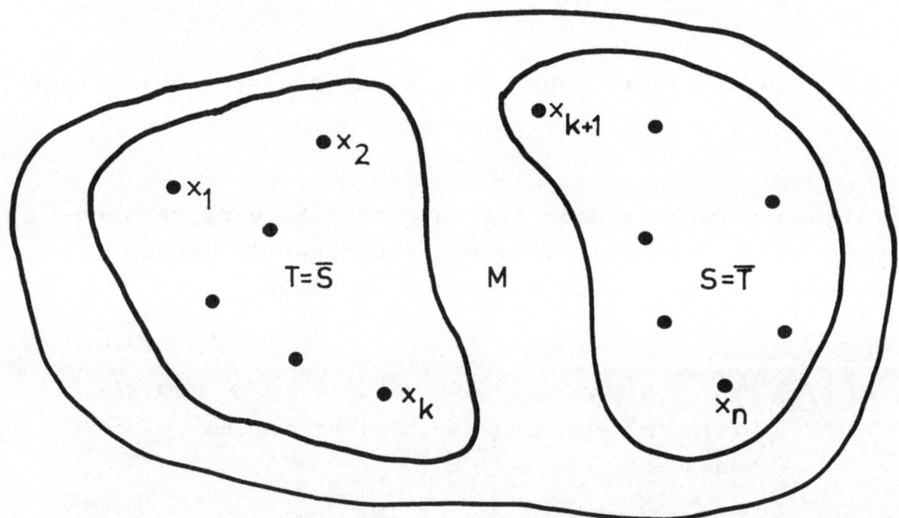

Mit $T \neq T'$ ist auch $\overline{T} \neq \overline{T'}$, also gibt es mindestens so viele (n-k)-elementige Teilmengen $\overline{T}$ von M wie k-elementige Teilmengen $T \subset M$. Entsprechend folgt aus $S \neq S'$ stets $\overline{S} \neq \overline{S'}$. Also gibt es auch mindestens so viele k-elementige Teilmengen $\overline{S}$ von M wie (n-k)-elementige $S \subset M$.

Insgesamt gibt es genauso viele k-elementige Teilmengen T

von M wie (n-k)-elementige $S \subset M$. Nach Definition von $\binom{n}{k}$ bzw. $\binom{n}{n-k}$ folgt daraus:

Satz 4: Für $n,k \in \mathbb{N}$ mit $k \leq n$ gilt:

$$\binom{n}{k} = \binom{n}{n-k}.$$

Vielleicht enthält dieser Satz einen nützlichen Hinweis zur Belebung der Zahlenlotterie. Anstatt "6 aus 49" könnte man nämlich auch "43 aus 49" tippen lassen und die höchste Prämie für "43 Richtige" auszahlen. Die Wahrscheinlichkeit für einen derartigen Tip wäre dieselbe wie für "6 Richtige" (49 - 6 = 43 !). Jedenfalls würde man mit einer derartigen Modifikation der Zahlenlotterie eine beliebte, nicht allzu aufwendige Fernsehsendung entscheidend verlängern und damit Produktionskosten für andere Beiträge sparen.

Übung 4: Bitte berechnen Sie mit Hilfe von Satz 4:

$$\binom{n}{n} \text{ und } \binom{n}{n-1}$$

Eine weitere Eigenschaft der Zahlen $\binom{n}{k}$ erhält man, wenn man zu einer n-elementigen Menge M eine Element x hinzufügt. In der so entstehenden (n+1)-elementigen Menge $M' = M \cup \{x\}$ gibt es nämlich zwei Typen von k-elementigen Teilmengen T – zum einen solche mit $x \notin T$ und zum anderen welche mit $x \in T$. Die mit $x \notin T$ sind genau die k-elementigen Teilmengen von M. Davon gibt es $\binom{n}{k}$ Stück.

Diejenigen $T \subset M'$ mit $x \in T$ erhält man aus allen (k-1)-elementigen Teilmengen von M einfach dadurch, daß man zu ihnen x hinzufügt. Insgesamt bekommt man so weitere $\binom{n}{k-1}$ k-elementige Teilmengen von M'.

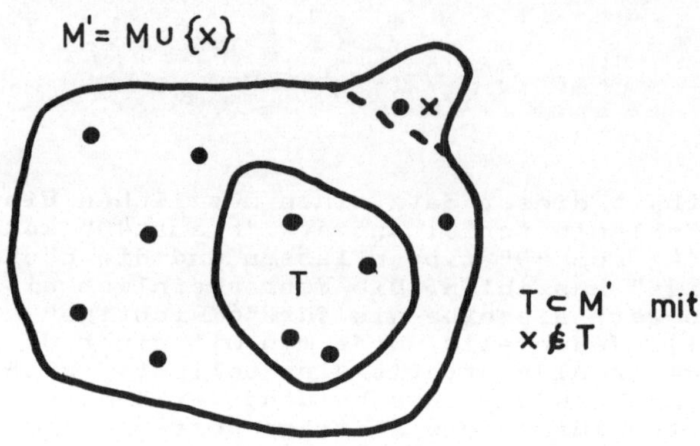

Da für eine k-elementige Teilmenge $T \subset M'$ genau einer der Fälle $x \notin T$ bzw. $x \in T$ zutrifft, haben wir:

Satz 5: Für $k,n \in \mathbb{N}$ mit $1 \leq k \leq n$ gilt:

$$\binom{n+1}{k} = \binom{n}{k} + \binom{n}{k-1} .$$

Mit dieser Formel kann man die Zahlen $\binom{n}{k}$ sukkzessive berechnen. Z.B.

$$\binom{5}{3} = \binom{4+1}{3}$$

$$= \binom{4}{3} + \binom{4}{3-1}$$

$$= 4 + \binom{4}{2} \qquad \binom{4}{3} = 4 \text{ nach Übung } 4$$

$$= 4 + \binom{3+1}{2}$$

$$= 4 + \binom{3}{2} + \binom{3}{2-1}$$

$$= 4 + 3 + \binom{3}{1} \qquad \binom{3}{2} = 3 \quad \text{Übung 4}$$

$$= 4 + 3 + 3 \qquad \binom{3}{1} = 3$$

$$= 10$$

Damit hat man auch $\binom{5}{2} = \binom{5}{5-2} = \binom{5}{3} = 10$ nach Satz 4.

Für die Berechnung der Anzahl der bei "6 aus 49" möglichen Tips $t = \binom{49}{6}$ ist diese Methode aber noch sehr mühselig. Sie führt auf ziemlich lange Summen. Diese könnte man vielleicht mit Hilfe der Multiplikation verkürzen, wenn es gelingt, gewisse Teilsummen - oder auch die ganze Summe - als Produkt darzustellen. Versuchen wir also eine Produktdarstellung von $\binom{n}{k}$ zu finden, indem wir zunächst nacheinander $k = 0,1,2,...$ setzen, um auf eine durch vollständige Induktion nachprüfbare Vermutung zu kommen:

$$\binom{n}{0} = 1 \qquad (k = 0)$$

$$\binom{n}{1} = n \qquad (k = 1)$$

$$\binom{n}{2} = \binom{n}{n-2} \qquad (k = 2)$$

$$= \binom{n-1}{n-2} + \binom{n-1}{n-3} \qquad \text{Satz 5}$$

$$= (n-1) + \binom{n-2}{n-3} + \binom{n-2}{n-4} \qquad \text{Übung 4, Satz 5}$$

$$= (n-1) + (n-2) + \binom{n-3}{n-4} + \binom{n-3}{n-5}$$

$$\text{Übung 4, Satz 5}$$

.

.

.

$$= (n-1) + (n-2) + (n-3) + ... + 1$$

$$= \sum_{i=0}^{n-1} i = \frac{n(n-1)}{2} \qquad \text{Übung 1}$$

Bei der Berechnung von $\binom{n}{3} = \binom{n}{n-3}$ würden wir $\frac{n(n-1)(n-2)}{1\cdot 2\cdot 3}$ erhalten usw. Wir vermuten deshalb

Satz 6: Für $k,n \in \mathbb{N}$ mit $1 \leq k \leq n$ gilt:

$$\binom{n}{k} = \frac{n(n-1)(n-2)\cdot\ldots\cdot(n-k+1)}{1\cdot 2\cdot 3\cdot\ldots\cdot k}$$

Wir versuchen, diesen Satz mit Hilfe des ersten Induktionsprinzips zu beweisen und betrachten die Eigenschaft E, die auf natürliche Zahlen $k \leq n$ genau dann zutrifft, wenn sich $\binom{n}{k}$ so berechnen läßt, wie in Satz 6 angegeben. Damit geraten wir jedoch in Schwierigkeiten, denn diese Eigenschaft E bezieht sich nur auf natürliche Zahlen k mit $1 \leq k \leq n$, also nicht auf alle natürlichen Zahlen k, wie dies im ersten Induktionsprinzip vorausgesetzt ist.

Dieser Schwierigkeit können wir ausweichen, wenn wir stattdessen die Eigenschaft E betrachten, die auf natürliche Zahlen $n \in \mathbb{N}$ genau dann zutrifft, wenn sich $\binom{n}{k}$ für alle $k \leq n$ so berechnen läßt, wie in Satz 6 angegeben.

Aber auch dieser Versuch, das erste Induktionsprinzip anzuwenden, führt auf Probleme. Der Fall $n = 0$ ist in Satz 6 nämlich ausgeschlossen! Wir haben keinen Induktionsanfang E(0). Es sei denn, wir könnten mit der Induktion bei $n = 1$ beginnen.

Glücklicherweise lassen sich sogar beide Versuche legalisieren:

Satz 7: (Modifikation des ersten Induktionsprinzips)

(a) Ist $n_0 \in \mathbb{N}$ eine natürliche Zahl und E eine Eigenschaft, die auf natürliche Zahlen

$n \geq n_0$ entweder zutrifft oder nicht, mit

IA': $E(n_0)$ gilt

IS': $E(n) \Rightarrow E(n+1)$ für alle $n \in \mathbb{N}$ mit $n_0 \leq n$,

dann gilt E für alle natürlichen Zahlen n mit $n_0 \leq n$.

(b) Sind $n_0, n_1 \in \mathbb{N}$ natürliche Zahlen mit $n_0 < n_1$, und ist E eine Eigenschaft, die auf natürliche Zahlen k, $n_0 \leq k \leq n_1$, entweder zutrifft oder nicht, mit

IA' : $E(n_0)$ gilt

IS'': $E(k) \Rightarrow E(k+1)$ für alle $k \in \mathbb{N}$ mit $n_0 \leq k < n_1$

dann gilt E für alle natürlichen Zahlen k mit $n_0 \leq k \leq n_1$.

Beweis: (a): Wir betrachten die Eigenschaft E', die auf natürliche Zahlen $n \in \mathbb{N}$ genau dann zutrifft, wenn $E(n+n_0)$ gilt. Für E' hat man

IA: $E'(0) \Leftrightarrow E(n_0)$
Also gilt E'(0) wegen IA'.

IS:
$$\begin{aligned} E'(n) &\Leftrightarrow E(n+n_0) \\ &\Rightarrow E(n+n_0+1) && \text{IS'} \\ &\Leftrightarrow E((n+1)+n_0) \\ &\Leftrightarrow E'(n+1) \end{aligned}$$
für alle $n \in \mathbb{N}$.

Nach dem ersten Induktionsprinzip gilt dann E' für alle $n \in \mathbb{N}$, was nach Definition von E' bedeutet, daß E für alle $n \in \mathbb{N}$ mit $n \geq n_0$ zutrifft.

(b): Wir erweitern den "Gültigkeitsbereich" der Eigenschaft E "künstlich" dadurch, daß wir als E(k) für $k > n_1$ irgendeine wahre Aussage, z.B.

$$E(k): \quad k > n_1$$

wählen. Auf die so erweiterte Eigenschaft E kann man dann (a) anwenden. ★

Grob gesprochen sagt Satz 7, daß man eine vollständige Induktion an jeder Stelle $n_0 \in \mathbb{N}$ beginnen und an jeder Stelle $n_1 \in \mathbb{N}$ beenden kann.

Zum Beweis von Satz 6 werden wir z.B. die Modifikation (a) anwenden und bei $n_0 = 1$ beginnen.

Beweis: (von Satz 6)

Induktionsanfang:

Für $n = 1$ und alle $k \in \mathbb{N}$ mit $1 \leq k \leq n$, also $k = 1$, gilt sicher

$\binom{1}{1} = \frac{1}{1} = 1$.

Induktionsschritt:

Wenn für ein $n \in \mathbb{N}$ und alle $k \in \mathbb{N}$ mit $1 \leq k \leq n$ gilt:

$$\binom{n}{k} = \frac{n(n-1)\cdot\ldots\cdot(n-k+1)}{1\cdot 2\cdot\ldots\cdot k},$$

dann ist für $2 \leq k \leq n$ auch

$$\begin{aligned}\binom{n+1}{k} &= \binom{n}{k} + \binom{n}{k-1} \qquad \text{Satz 5}\\ &= \frac{n(n-1)\cdot\ldots\cdot(n-k+1)}{1\cdot 2\cdot\ldots\cdot k} + \frac{n(n-1)\cdot\ldots\cdot(n-k+2)}{1\cdot 2\cdot\ldots\cdot(k-1)}\\ &= \frac{n(n-1)\cdot\ldots\cdot(n-k+2)((n-k+1)+k)}{1\cdot 2\cdot\ldots\cdot k}\\ &= \frac{(n+1)n(n-1)\cdot\ldots\cdot(n+1-k+1)}{1\cdot 2\cdot\ldots\cdot k}\end{aligned}$$

Die Fälle $k = 1$ und $k = n+1$ sind evident.

★

Übung 5: Bitte beweisen Sie Satz 6 mit Hilfe der Modifikation (b) des ersten Induktionsprinzips unter Benutzung der Formel:

$$\binom{n}{k+1} = \binom{n}{k} \frac{n-k}{k+1}$$

Übung 6: Bitte berechnen Sie $t = \binom{49}{6}$.

Prinzipiell könnte man mit Hilfe von Satz 6 die Anzahl a l l e r Teilmengen einer n-elementigen Menge M berechnen. Die Potenzmenge $\mathfrak{P}(M)$ besteht nämlich aus der Vereinigung aller 0-,1-,2-,...-elementigen Teilmengen $T \subset M$. Entsprechend erhält man die Anzahl der Elemente von $\mathfrak{P}(M)$ als Summe der Zahlen $\binom{n}{k}$ mit $k = 0,1,\ldots,n$.

Schon im Kapitel 1 hatten wir vermutet, daß $\mathfrak{P}(M)$ genau 2^n Elemente besitzt. Demnach müßte

$$2^n = \sum_{i=0}^{n} \binom{n}{i}$$

gelten. Dies ist aber nur ein Spezialfall eines allgemeineren Zusammenhangs:

Wenn man die Potenzen einer Summe von 2 Zahlen x,y, also $(x+y)^n$, berechnet, stößt man auf Koeffizienten $\binom{n}{k}$:

$$(x+y)^1 = \binom{1}{0} x + \binom{1}{1} y$$

$$(x+y)^2 = \binom{2}{0} x^2 + \binom{2}{1} xy + \binom{2}{2} y^2$$

$$(x+y)^3 = \binom{3}{0} x^3 + \binom{3}{1} x^2y + \binom{3}{2} xy^2 + \binom{3}{3} y^3$$

$$(x+y)^4 = \binom{4}{0} x^4 + \binom{4}{1} x^3y + \binom{4}{2} x^2y^2 + \binom{4}{3} xy^3 + \binom{4}{4} y^4$$

.
.
.

Allgemein gilt:

Satz 8:

$$(x+y)^n = \sum_{i=0}^{n} \binom{n}{i} x^{n-i}y^i$$

Eine Summe der Form x+y nannte man früher ein B i n o m . Daher heißen die Zahlen $\binom{n}{k}$ auch heute noch B i n o m i a l - k o e f f i z i e n t e n und Satz 8 wird B i n o m i - s c h e r L e h r s a t z genannt.

Übung 7: Bitte beweisen Sie den Binomischen Lehrsatz durch vollständige Induktion mit Hilfe von Satz 5.

Für $x = y = 1$ erhält man aus dem Binomischen Lehrsatz die oben angegebene Formel für die Anzahl der Elemente einer Potenzmenge $\mathfrak{P}(M)$ einer n-elementigen Menge M.

Zweites Induktionsprinzip

Um den Induktionsschritt des ersten Induktionsprinzips

$$\text{IS:} \quad E(n) \Rightarrow E(n+1) \qquad \text{für alle } n \in \mathbb{N}$$

auszuführen, kann man sich nur auf E(n) stützen. Manchmal benötigt man zum Beweis von E(n+1) jedoch noch mehr Informationen. In vielen derartigen Fällen kann man

$$\text{IS}''': \quad (E(0) \text{ und } E(1) \text{ und } \ldots \text{ und } E(n)) \Rightarrow E(n+1)$$
$$\text{bzw.} \quad (E(k) \text{ für alle } k \in \mathbb{N} \text{ mit } k \leq n) \Rightarrow E(n+1)$$

zeigen. Bevor wir uns ein Beispiel für eine derartige Situation ansehen, wollen wir allgemein einsehen, daß IS''' an die Stelle des Induktionsschrittes IS im ersten Induktionsprinzip treten kann:

Satz 9: (zweites Induktionsprinzip)

Ist E eine Eigenschaft, die auf natürliche Zahlen $n \in \mathbb{N}$ entweder zutrifft oder nicht mit

IA: E(0) gilt

IS''': $(E(k) \text{ für alle } k \in \mathbb{N} \text{ mit } k \leq n) \Rightarrow E(n+1)$ für alle $n \in \mathbb{N}$,

so trifft E für alle $n \in \mathbb{N}$ zu.

Beweis: Man kann dieses zweite Induktionsprinzip auf das erste zurückführen, indem man anstelle von E die Eigenschaft E' betrachtet, die auf eine natürliche Zahl n genau dann zutrifft, wenn E für alle natürlichen Zahlen k mit $k \leq n$ erfüllt ist. Für diese Eigenschaft E' gilt nämlich

IA: $E'(0) \Leftrightarrow E(0)$

IS: $E'(n) \Rightarrow (E(k)$ für alle $k \in \mathbb{N}$ mit $k \leq n)$

$\Rightarrow E(n+1)$ IS'''

Da ohnehin stets $E'(n) \Rightarrow E'(n)$ gilt, haben wir damit

$$E'(n) \Rightarrow E'(n) \text{ und } E(n+1)$$
$$\Leftrightarrow E'(n+1)$$ ★

Aus dem zweiten Induktionsprinzip kann man auch das erste herleiten, denn für eine Eigenschaft E, die IS erfüllt, gilt sicher auch IS'''. Erstes und zweites Induktionsprinzip sind demnach untereinander äquivalent und außerdem gleichwertig mit dem Peanoaxiom P 3.

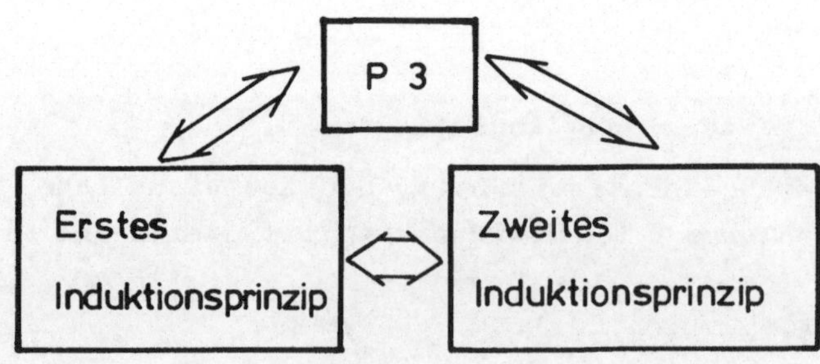

Ebenso wie das erste Induktionsprinzip kann man auch das zweite dadurch modifizieren, daß man die Induktion nicht bei 0, sondern an einer anderen Stelle $n_0 \in \mathbb{N}$ beginnt und "vorzeitig" bei $n_1 \in \mathbb{N}$ abbricht.

Der Heiratssatz

Innerhalb eines Industriebetriebes muß eine Gruppe M von Mitarbeitern eine bestimmte Menge A von Arbeiten erledigen. Es geht darum, die Arbeiten $a \in A$ sinnvoll auf die Mitarbeiter $m \in M$ zu verteilen.

Wie immer hat der Chef des Unternehmens dafür gesorgt, daß es mehr Arbeit als Mitarbeiter (oder weniger Mitarbeiter als Arbeit) gibt. Die Menge A hat also mindestens soviel Elemente wie die Menge M. Um das Betriebsklima nicht unnötig zu beeinträchtigen, wurde ein Abteilungsleiter beauftragt, die Arbeit so zu verteilen, daß jeder Mitarbeiter eine Aufgabe bekommt, die er gerne übernimmt.

In der Regel wird unser Abteilungsleiter dieses Problem nicht lösen können. Wenn es nämlich unter allen zu verteilenden Arbeiten $a \in A$ genau eine gibt, die alle Mitarbeiter gerne erledigen würden (z.B. "Chef spielen") und wenn alle anderen Arbeiten unbeliebt sind, wird es zwangsläufig einen Konflikt geben, denn jeder Mitarbeiter soll natürlich eine andere Arbeit bekommen. Solche Konflikte will der Abteilungsleiter aber möglichst vermeiden.

Deshalb befragt er jeden Mitarbeiter m aus M, welche Arbeiten $a \in A$ er gerne übernehmen würde. Auf diese Weise erhält man für jeden Mitarbeiter $m \in M$ eine Teilmenge

$$A_m \subset A .$$

Nehmen wir an, daß der Abteilungsleiter noch relativ jung ist und einige fortschrittliche Ideen hat. Er möchte deshalb die Arbeit nicht autoritär zuteilen, sondern eine Gruppensitzung aller Mitglieder von M einberufen, in der diese selbst bestimmen sollen, wer welche Arbeit übernimmt.

Die Bürde der Verantwortung hat ihn jedoch schon vorsichtig werden lassen. Er möchte gerne vorher wissen, ob diese Gruppensitzung erfolgreich verlaufen kann oder nicht:

Könnte z.B. eine Teilmenge $U \subset M$ von enger befreundeten Mitarbeitern innerhalb der Gruppe feststellen, daß es für sie insgesamt zu wenig angenehme Arbeiten gibt? Die Mitglieder von U werden dann sicher eine Fraktion bilden, die mit allen Mitteln versuchen wird, möglichst viele ihr angenehme Arbeiten zu bekommen.

Derartiger Konfliktstoff würde wegfallen, wenn es für jede Teilmenge $U \subset M$ (also für jede mögliche Fraktion) genügend viele ihr angenehme Arbeiten gäbe, wenn also in der Vereinigung A_U aller Mengen A_m mit $m \in U$:

$$A_U = \{a | a \in A \text{ und } a \in A_m \text{ für ein } m \in U\}$$

mindestens so viele Elemente wären wie in U. Dies scheint eine wichtige Voraussetzung für den erfolgreichen Verlauf der Gruppensitzung zu sein. Man kann dann hoffen, eine Arbeitsverteilung v zu finden, die jedem Mitarbeiter $m \in M$ eine Arbeit $v(m) \in A$ mit $v(m) \in A_m$ zuordnet, und bei der außerdem zwei verschiedenen Mitarbeitern nicht dieselbe Arbeit zugeteilt wird.

Diesen Sachverhalt wollen wir jetzt abstrakt untersuchen. Wir betrachten dazu endliche Mengen M und A und außerdem zu jedem $m \in M$ eine Teilmenge $A_m \subset A$. Gesucht ist eine Abbildung

$$v: M \to A$$

mit $v(m) \in A_m$ und $m \neq m' \Rightarrow v(m) \neq v(m')$.

Der folgende Satz sagt, daß eine derartige Abbildung v genau dann existiert, wenn die oben gefundene Bedingung zutrifft. Um uns die Formulierung zu erleichtern, verabreden wir zunächst

Definition 3: Ist X eine endliche Menge (d.h. eine Menge mit n Elementen für ein $n \in \mathbb{N}$), dann schreibt man für die Anzahl der Elemente von X abkürzend: $|X|$.

Satz 10: Sind M,A endliche Mengen, und ist für jedes $m \in M$ eine Teilmenge $A_m \subset A$ gegeben, dann sind die folgenden Aussagen äquivalent:

(i) Es gibt eine Abbildung $v: M \to A$ mit $v(m) \in A_m$ für jedes $m \in M$ und $m \neq m' \Rightarrow v(m) \neq v(m')$

(ii) Für jede Teilmenge $U \subset M$ gilt $|U| \leq |A_U|$

$$\text{mit } A_U = \left\{ a \,\middle|\, \begin{array}{l} a \in A \text{ und } a \in A_m \\ \text{für ein } m \in U \end{array} \right\}$$

<u>Beweis:</u> <u>(i) ⇒ (ii):</u>

Da v verschiedene Elemente von M auf verschiedene Elemente von A abbildet, gilt für jede Teilmenge $U \subset M$:

$|U| = |\{v(m) | m \in U\}|$

also $|U| \leq |A_U|$ wegen $v(m) \in A_m$ und

$\{v(m) | m \in U\} \subset A_U$.

<u>(ii) ⇒ (i):</u>

Wir führen den Beweis mit Hilfe des zweiten Induktionsprinzips und betrachten dazu die Eigenschaft E, die auf natürliche Zahlen $n \in \mathbb{N}$ genau dann zutrifft, wenn (ii) ⇒ (i) für alle Mengen M mit $|M| = n$ gilt.

<u>Induktionsanfang:</u>

Für $|M| = 0$ ist nichts zu beweisen. (Es gibt keine Mitarbeiter, auf die man die Arbeit verteilen könnte.) Also gilt E(0).

<u>Induktionsschritt:</u>

Für eine natürliche Zahl $n \in \mathbb{N}$ und alle Mengen M mit $|M| \leq n$ gelte (ii) ⇒ (i) .
Ist $|M| = n+1$ so unterscheiden wir zwei Fälle:

Fall 1: Es gibt ein $U \subsetneqq M$, $U \neq \emptyset$, mit $|U| = |A_U|$

Fall 2: Für alle $U \subsetneqq M$, $U \neq \emptyset$, ist $|U| \neq |A_U|$

Einer dieser Fälle muß stets eintreten. Wir werden zeigen, daß (ii) ⇒ (i) in jedem Fall gilt:

Fall 1:

Da U wegen $U \subsetneqq M$ höchstens n Elemente besitzt, können wir (ii) $\Rightarrow$ (i) auf die Mengen U und A_U anwenden, denn Bedingung (ii) gilt auch für alle Teilmengen U' von U. Es gibt demnach eine Abbildung

$$v_U: U \to A_U \qquad \text{mit} \quad v_U(m) \in A_m$$

die verschiedene Elemente von U auf verschiedene Elemente in A_U abbildet.
(Einigen Mitarbeitern ist nun bereits Arbeit zugeteilt worden.)

Wegen $U \neq \emptyset$ hat auch die Menge

$$M' = \{m \mid m \in M \quad \text{und} \quad m \notin U\} = M - U$$

höchstens n Elemente. Wenn wir für jedes $m \in M'$ die Menge

$$A_m{}' = \{a \mid a \in A_m \quad \text{und} \quad a \notin A_U\}$$
$$(= A_m - A_U)$$

(also die Menge der nach der Verteilung von A_U auf U für $m \in M'$ noch verbleibenden "angenehmen" Arbeiten) bilden und entsprechend für jede Teilmenge $U' \subset M'$ auch $A_{U'}{}'$ $(= A_{U'} - A_U)$, dann gilt für diese Mengen

$$\begin{aligned}
\text{(ii)}': \quad |U|+|U'| &= |U \cup U'| && \text{wegen } U \cap U' = \emptyset \\
&\leq |A_{U \cup U'}| && \text{wegen (ii)} \\
&= |A_U \cup A_{U'}{}'| && \text{nach Konstruktion von } A_{U'}{}' \\
&= |A_U|+|A_{U'}{}'| && \text{wegen } A_U \cap A_{U'}{}' = \emptyset
\end{aligned}$$

$$\Rightarrow \quad |U'| \leq |A_{U'}'| \quad \text{wegen} \quad |U| = |A_U| .$$

Also können wir Satz 10 auch auf die Mengen M' und A' $:= A \setminus A_U$ anwenden und erhalten eine Abbildung

$$v': M' \rightarrow A' ,$$

die verschiedenen Elementen von M' verschiedene Elemente von A' zuordnet.
(Jetzt ist auch allen restlichen Mitarbeitern eine Arbeit zugeteilt worden.)
Die gesuchte Abbildung v kann man nun aus v_U und v' zusammensetzen:

$$v(m) = \begin{cases} v_U(m) & \text{für} \quad m \in U \\ v'(m) & \text{für} \quad m \in M' \end{cases}$$

<u>**Fall 2:**</u>

Da für jedes $m \in M$ nach (ii) auch

$$|\{m\}| \leq |A_m|$$

gilt, können wir zunächst einem festen m_0 ein $a_0 \in A$ mit $a_0 \in A_{m_0}$ zuordnen.

(Ein Mitarbeiter, z.B. eine "Führungskraft", darf sich seine Arbeit unabhängig von den anderen aussuchen.)

Wir betrachten dann die Mengen

$$M' = \{m | m \in M \quad \text{und} \quad m \neq m_0\} \quad \text{und}$$
$$A' = \{a | a \in A \quad \text{und} \quad a \neq a_0\}$$

sowie

$A_U' = A' \cap A_U = \{a \mid a \in A_U \text{ und } a \neq a_0\}$

für alle $U \subset M'$.

Wir haben damit aus allen A_U mit $a_0 \in A_U$ nur das Element a_0 entfernt. Folglich gilt

$$|A_U| \leq |A_U'| + 1$$

also wegen $|U| \leq |A_U|$ und $|U| \neq |A_U|$ auch

$$|U| \leq |A_U'|$$

für alle $U \subset M'$. Damit ist (ii) $\Rightarrow$ (i) auf die n-elementige Menge M' und auf A' anwendbar. Es gibt also eine Abbildung

$$v': M' \to A' \quad \text{mit} \quad v'(m) \in A_m' ,$$

die verschiedenen Elementen von M' auch verschiedene Elemente von A' zuordnet. Diese Abbildung kann durch die Zuordnung $m_0 \mapsto a_0$ zu der gesuchten Abbildung

$$v: M \to A \quad \text{mit} \quad v(m) \in A_m \quad \text{und}$$
$$m \neq m' \Rightarrow v(m) \neq v(m')$$

ergänzt werden. ★

Daß dieser Abschnitt die Überschrift "Der Heiratssatz" trägt, liegt an einer anderen Interpretationsmöglichkeit von Satz 10, die der deutsche Mathematiker Hermann W e y l (1885-1955) gegeben hat:

Unter der Menge M stellt man sich eine Menge von Herren vor

und unter der Menge A eine Menge von Damen. "Selbstverständlich" haben die Herren Freundinnen, und zwar im allgemeinen mehrere. Ein Herr $m \in M$ ist mit allen in der Teilmenge $A_m \subset A$ befindlichen Damen befreundet.

Bis dahin mag die Geschichte noch realistisch sein. Eines Tages aber kommen alle Herren auf die Idee, heiraten zu wollen. Sie stellen dabei nur eine Bedingung : Eine Freundin muß es sein! Gesucht ist also eine - "Heirat" genannte - Abbildung

$$h: M \to A \quad \text{mit} \quad h(m) \in A_m$$

die Bigamie vermeidet, d.h. verschiedene Herren sollen auch verschiedene Damen heiraten.

Mit Satz 9 kann man nachprüfen, ob sich die Heiratswünsche der Herren aus M erfüllen lassen.

Wer meint, daß dabei die Männer wieder einmal bevorzugt werden, darf die Rollen der Damen und Herren gerne vertauschen.

Bei dieser Interpretation von Satz 9 wird noch deutlicher als in dem eingangs gewählten Beispiel, daß hier ein rein mathematischer Sachverhalt mit aus der "Wirklichkeit" entlehnten Vokabeln "verkleidet" wird. Es geht keineswegs um die Lösung eines konkreten Problems. Mit Satz 9 können wir in keinem Betrieb für mehr Mitbestimmung sorgen oder irgendwelche Ehen stiften!

Dagegen hat der Heiratssatz einige interessante innermathematische Anwendungen, mit denen wir uns an dieser Stelle nicht beschäftigen können, weil wir die dafür notwendigen mathematischen Begriffe noch nicht kennen und in diesem Kurs auch nicht mehr kennenlernen werden.

LÖSUNGEN

Übung 1:

$$\sum_{i=0}^{n} 2i = 2\sum_{i=0}^{n} i \quad \Rightarrow$$

$$\sum_{i=0}^{n} i = \frac{n(n+1)}{2} \qquad \text{Satz 2}$$

Man kann dieses Ergebnis auch ohne Satz 2 durch vollständige Induktion erhalten.

Übung 2/3:

Für die Eigenschaft E, die auf natürliche Zahlen $n \in \mathbb{N}$ genau dann zutrifft, wenn

$$\sum_{i=0}^{n} i^2 = \frac{n(n+1)(2n+1)}{6}$$

ist, gilt:

Induktionsanfang:

$$\sum_{i=0}^{0} i^2 = 0 = \frac{0(0+1)(2\cdot 0+1)}{6}$$

also $E(0)$.

Induktionsschritt:

Für $n \in \mathbb{N}$ gelte $E(n)$. Daraus folgt:

$$\sum_{i=0}^{n+1} i^2 = \left(\sum_{i=0}^{n} i^2\right) + (n+1)^2$$

$$= \frac{n(n+1)(2n+1)}{6} + \frac{6(n+1)(n+1)}{6} \qquad (E_n)$$

$$= \frac{n+1}{6}\,(n(2n+1) + 6(n+1))$$

$$= \frac{n+1}{6}\,(n+2)(2(n+1) + 1)$$

$$= \frac{(n+2)(n+1)(2(n+1) + 1)}{6}$$

also trifft $E(n+1)$ zu.

Übung 4:

$$\binom{n}{n} = \binom{n}{n-n} = \binom{n}{0} = 1$$

$$\binom{n}{n-1} = \binom{n}{n-(n-1)} = \binom{n}{1} = n$$

Übung 5:

Induktionsanfang (IA' für $n_0 = 1$):

Für $k = 1$ gilt:

$$\binom{n}{1} = n = \frac{n}{1}$$

Induktionsschritt (IS'' mit $n_1 = n$):

Für ein $k \in \mathbb{N}$ mit $1 \leq k < n$ gelte:

$$E(k):\quad \binom{n}{k} = \frac{n(n-1)\ \ldots\ (n-k+1)}{1\cdot 2\cdot \ldots \cdot k}\ .$$

Daraus folgt:

$$\binom{n}{k+1} = \binom{n}{k}\frac{n-k}{k+1}$$

$$= \frac{n(n-1)\ \ldots\ (n-k+1)}{1\cdot 2\cdot \ldots \cdot k}\cdot\frac{(n-k)}{(k+1)}$$

$$= \frac{n(n-1)\ \ldots (n-k+1)(n - (k+1) + 1)}{1\cdot 2\cdot \ldots \cdot k\cdot (k+1)}$$

Also gilt auch $E(k+1)$.

Übung 6:

$$\binom{49}{6} = \frac{49 \cdot 48 \cdot 47 \cdot 46 \cdot 45 \cdot 44}{1 \cdot 2 \cdot 3 \cdot 4 \cdot 5 \cdot 6}$$

$$= 49 \cdot 47 \cdot 46 \cdot 3 \cdot 44$$

$$= 13.983.816$$

Es lohnt sich also nicht, jeden möglichen Tip einmal abzugeben.

Übung 7:

Induktionsanfang

Für $n = 1$ gilt:

$$(x+y)^1 = x+y = \binom{1}{0}x^1y^0 + \binom{1}{1}x^0y^1$$

Induktionsschritt

Für ein beliebiges $n \in \mathbb{N}$ gelte:

$$(x+y)^n = \sum_{i=0}^{n} \binom{n}{i} x^{n-i} y^i \quad .$$

Daraus folgt:

$$(x+y)^{n+1} = (x+y)(x+y)^n = (x+y)\sum_{i=0}^{n}\binom{n}{i}x^{n-i}y^i =$$

$$x\sum_{i=0}^{n}\binom{n}{i}x^{n-i}y^i + y\sum_{i=0}^{n}\binom{n}{i}x^{n-i}y^i =$$

$$\sum_{i=0}^{n}\binom{n}{i}x^{n-(i-1)}y^i + \sum_{i=0}^{n}\binom{n}{i}x^{n-i}y^{i+1} =$$

$$\sum_{i=0}^{n}\binom{n}{i}x^{n-(i-1)}y^i + \sum_{i=1}^{n+1}\binom{n}{i-1}x^{n-(i-1)}y^i =$$

$$\binom{n}{0}x^{n+1}y^0 + \sum_{i=1}^{n}\left(\binom{n}{i}+\binom{n}{i-1}\right)x^{n-(i-1)}y^i + \binom{n}{n}x^0y^{n+1} =$$

$$\binom{n}{0}x^{n+1}y^0 + \sum_{i=1}^{n}\binom{n+1}{i}x^{n-(i-1)}y^i + \binom{n}{n}x^0y^{n+1} =$$

$$\sum_{i=0}^{n+1}\binom{n+1}{i}x^{n+1-i}y^i \quad \text{, wegen} \quad \binom{n}{0} = \binom{n+1}{0} \quad \text{und} \quad \binom{n}{n} = \binom{n+1}{n+1}$$

Ü B E R B L I C K

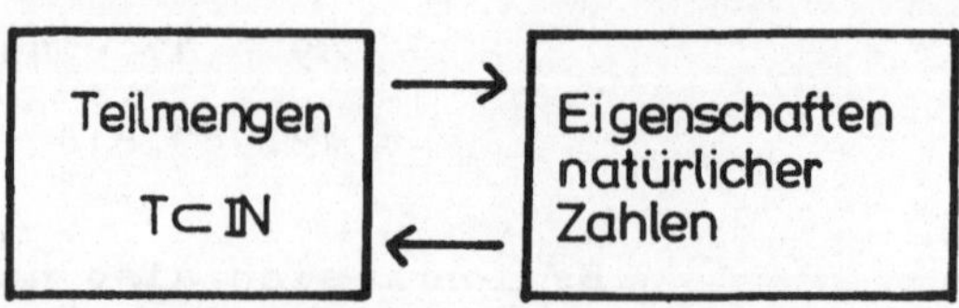

Erstes Induktionsprinzip: (Satz 1)

Ist E eine Eigenschaft, die auf natürliche Zahlen entweder zutrifft oder nicht, mit

IA: E(0) gilt (I n d u k t i o n s - a n f a n g)

IS: Für jedes $n \in \mathbb{N}$ gilt $E(n) \Rightarrow E(n+1)$ (I n d u k t i o n s - s c h r i t t)

dann hat jede natürliche Zahl n die Eigenschaft E.

Endliche Summen:

$$\sum_{i=0}^{n} a_i = a_0 + a_1 + \ldots + a_n$$

(Satz 2)

$$\sum_{i=0}^{n} 2i = n(n+1)$$

(Satz 3)

$$\sum_{i=0}^{n} i^2 = \frac{n(n+1)(2n+1)}{6}$$

Binomialkoeffizienten: $\binom{n}{k}$ ist die Anzahl der k-elementigen Teilmengen einer n-elementigen Menge für $k \leq n$, $k,n \in \mathbb{N}$
(gelesen: "n über k")

(Satz 4) $\binom{n}{k} = \binom{n}{n-k}$

(Satz 5) $\binom{n+1}{k} = \binom{n}{k} + \binom{n}{k-1}$ für $1 \leq k \leq n$

(Satz 6) $\binom{n}{k} = \frac{n(n-1) \dots (n-k+1)}{1 \cdot 2 \cdot \ldots \cdot k}$ für $1 \leq k \leq n$

(Satz 8) $(x+y)^n = \sum_{i=0}^{n} \binom{n}{i} x^i y^{n-i}$

Modifikation des ersten Induktionsprinzips:
(Satz 7)

(a) Ist $n_0 \in \mathbb{N}$ eine natürliche Zahl und E eine Eigenschaft, die auf natürliche Zahlen $n \geq n_0$ entweder zutrifft oder nicht, mit

IA': $E(n_0)$ gilt

IS': $E(n) \Rightarrow E(n+1)$ für alle $n \in \mathbb{N}$ mit $n_0 \leq n$,

dann gilt E für alle natürlichen Zahlen n mit $n_0 \leq n$.

(b) Sind $n_0, n_1 \in \mathbb{N}$ natürliche Zahlen mit $n_0 < n_1$, und ist E eine Eigenschaft, die auf natürliche Zahlen k, $n_0 \leq k \leq n_1$, entweder zutrifft oder nicht, mit

IA': $E(n_0)$ gilt

IS'': $E(k) \Rightarrow E(k+1)$ für alle $k \in \mathbb{N}$ mit $n_0 \leq k < n_1$,

dann gilt E für alle natürlichen Zahlen k mit $n_0 \leq k \leq n_1$.

Zweites Induktionsprinzip: (Satz 9)

Ist E eine Eigenschaft, die auf natürliche Zahlen $n \in \mathbb{N}$ entweder zutrifft oder nicht mit

IA: $E(0)$ gilt

IS''': ($E(k)$ für alle $k \in \mathbb{N}$ mit $k \leq n$) $\Rightarrow$ $E(n+1)$ für alle $n \in \mathbb{N}$

so trifft E für alle $n \in \mathbb{N}$ zu.

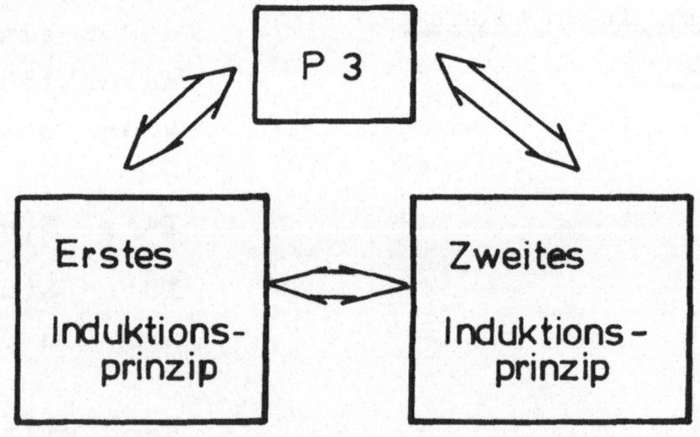

Heiratssatz: (Satz 10)

Sind M, A endliche Mengen, und ist für jedes $m \in M$ eine Teilmenge $A_m \subset A$ gegeben, dann sind die folgenden Aussagen äquivalent:

(i) Es gibt eine Abbildung $v: M \to A$ mit $v(m) \in A_m$ für jedes $m \in M$ und
$m \neq m' \Rightarrow v(m) \neq v(m')$

(ii) Für jede Teilmenge $U \subset A$ gilt
$|U| \leq |A_U|$
(mit $A_U = \left\{ a \,\middle|\, \begin{matrix} a \in A \text{ und } a \in A_m \\ \text{für ein } m \in U \end{matrix} \right\}$)

(Definition 3) Dabei bezeichnet $|X|$ die Anzahl der Elemente von X .

ÜBUNGSAUFGABEN

Aufgabe 1:

Man berechne die folgenden Summen:

(a) $\sum_{i=0}^{n} (-1)^i \binom{n}{i}$ (c) $\sum_{i=0}^{n} i \binom{n}{i}$

(b) $\sum_{i=0}^{n} 2^i \binom{n}{i}$ (d) $\sum_{i=0}^{n} (-1)^i\, i \binom{n}{i}$

Aufgabe 2: (Division mit Rest)

Sei p eine natürliche Zahl mit $1 \leq p$. Man zeige:
Zu jedem $n \in \mathbb{N}$ gibt es $q,r \in \mathbb{N}$ mit
$n = q \cdot p + r$ und $r \leq p - 1$.

Aufgabe 3:

Man zeige ohne Benutzung des Binomischen Lehrsatzes durch vollständige Induktion, daß für alle n-elementigen Mengen M gilt:

$$|\mathfrak{P}(M)| = 2^{|M|} .$$

Aufgabe 4:

Man bestimme durch vollständige Induktion die Anzahl der umkehrbaren Abbildungen von einer n-elementigen Menge M nach M.

Aufgabe 5:

Wir sind in New York und haben uns mit einem sehr guten Freund (oder einer Freundin) an einem Treffpunkt T um 15.00 verabredet. Als Ortsunkundige haben wir uns für den Weg reichlich Zeit genommen und treffen schon um 14.30 ein. Was liegt näher, als dem Freund entgegenzugehen, zumal wir wissen, daß sich seine Wohnung W ganz in der Nähe befindet und er zu Fuß kommen wird. Wir schauen auf den Stadtplan

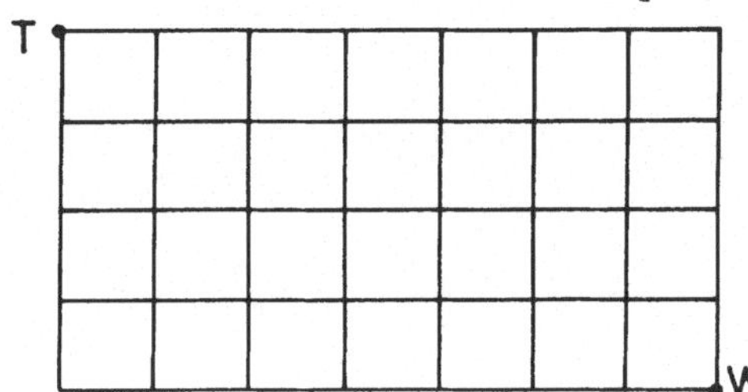

und stellen fest, daß es sehr viele "kürzeste" Wege von T nach W (bzw. von W nach T) gibt. Die Wahrscheinlichkeit, den Freund zu verfehlen,ist sehr groß.
Wie groß ist sie? Wieviele "kürzeste" Wege gibt es?

Bitte lösen Sie dieses Problem ganz allgemein durch vollständige Induktion!

Hinweis: Jeder Weg von T nach W ist durch eine Folge von horizontalen Strecken H und senkrechten Strecken S gekennzeichnet; z.B.

$$(H, S, S, H, H, H, S, H, H, S, H) .$$

Einer derartigen Folge entspricht eine Abbildung

$$f: \{1,2,\ldots,11\} \rightarrow \{H,S\} ,$$

die wiederum durch eine Teilmenge

$$T \subset \{1,2,\ldots,11\}$$

gekennzeichnet ist.

Zahlbereichserweiterungen

In den letzten beiden Kapiteln wurden Eigenschaften natürlicher Zahlen behandelt. Wir haben u.a. gezeigt, daß Gleichungen der Form

$$m + x = n$$

mit $m,n \in \mathbb{N}$ höchstens eine Lösung x in $\mathbb{N}$ haben (Kapitel 8, Satz 11).

Wenn es ein derartiges $x \in \mathbb{N}$ gibt, gilt nach Definition der natürlichen Ordnung auf $\mathbb{N}$ sofort

$$m \leq n .$$

Für $m > n$ gibt es keine Lösung x in $\mathbb{N}$. Man kann in $\mathbb{N}$ nicht beliebig subtrahieren!

Wir wissen natürlich, daß sich derartige Gleichungen mit Hilfe ganzer Zahlen stets lösen lassen. Diese Zahlen sind uns ebenso intuitiv vertraut, wie es die natürlichen waren, bevor wir sie in Kapitel 8 axiomatisch eingeführt haben. Wir können mit ganzen Zahlen ohne Schwierigkeiten umgehen. Aber schon so einfache Fragen wie:

- "Was ist eigentlich eine negative Zahl?" oder
- "Warum gilt $-(-a) = a$?"

können wir nicht beantworten.

Das mag daran liegen, wie wir die ganzen Zahlen kennengelernt haben. Um z.B. die Gleichung $7 + x = 3$ lösen zu können, haben wir die Existenz einer neuen Zahl -4 mit $7 + (-4) = 3$ postuliert. Der Erfolg schien dieses Verfahren zu rechtfertigen. Mit den so eingeführten negativen Zahlen, die wir zusammen mit den natürlichen Zahlen als ganze Zahlen bezeichnet haben, lassen sich sogar Gleichungen der Form

$$r + x = s$$

mit ganzen Zahlen r,s lösen. Außerdem kann man die in $\mathbb{N}$ gültigen Rechenregeln auf den erweiterten Bereich von Zahlen übertragen.

Das folgende Beispiel zeigt aber, weshalb diese Art von Zahlbereichserweiterung sehr fragwürdig ist:

Die Gleichung $0 \cdot x = 1$ hat keine rationale Zahl x als Lösung. Wir könnten nun die Existenz einer Zahl $\frac{1}{0}$ postulieren, für die $0 \cdot \frac{1}{0} = 1$ gelten soll und versuchen, die für rationale Zahlen gültigen Rechenregeln auf den so erweiterten Bereich zu übertragen. Da für alle rationalen Zahlen x stets $0 \cdot x = 0$ gilt, müßte auch $0 \cdot \frac{1}{0} = 0$ sein. Dann wäre aber $1 = 0$!

Die bei der Einführung ganzer Zahlen "bewährte" Methode der Erweiterung von $\mathbb{N}$ führt hier zu unerwünschten Nebeneffekten.

In diesem Kapitel sollen die ganzen und auch die rationalen Zahlen etwas sorgfältiger eingeführt werden, und zwar so, daß sich ihre vertrauten Eigenschaften wie bei $\mathbb{N}$ als beweisbare Sätze wiederentdecken lassen. Anders als bei natürlichen Zahlen werden wir uns dabei nicht nur mit einer axiomatischen Kennzeichnung begnügen. Aus $\mathbb{N}$ können wir nämlich jetzt mit mengentheoretischen Hilfsmitteln sogar ein *Modell* einer Menge ganzer bzw. rationaler Zahlen *konstruieren*, ohne dabei auf Grundlagenschwierigkeiten zu stoßen.

Gesucht ist zunächst eine Menge $\mathbb{Z}$, deren Elemente *ganze Zahlen* genannt werden, zusammen mit einer Verknüpfung $+$, der Addition, die die folgenden Bedingungen erfüllt:

GANZ 1: $\mathbb{N} \subset \mathbb{Z}$ und die Addition auf $\mathbb{Z}$ liefert für $m,n \in \mathbb{N}$ dasselbe Element $m + n \in \mathbb{N}$, wie die Addition auf $\mathbb{N}$.

GANZ 2: Die Addition auf $\mathbb{Z}$ ist kommutativ und assoziativ.

GANZ 3: Sind $r,s \in \mathbb{Z}$, so gibt es genau ein $x \in \mathbb{Z}$ mit $r + x = s$.

Diese Bedingungen charakterisieren $\mathbb{Z}$ aber noch nicht eindeutig. Die Menge $\mathbb{Q}$ der rationalen Zahlen - die wir zunächst ebenso wie $\mathbb{Z}$ nur intuitiv kennen, deren Existenz und deren vertraute Eigenschaften sich aber wie bei $\mathbb{Z}$ nachweisen lassen werden - ist ebenfalls eine Erweiterung von $\mathbb{N}$, die die Forderungen GANZ 1 bis GANZ 3 erfüllt. Die Menge $\mathbb{Q}$ ist jedoch für die zunächst nur gewünschte Lösbarkeit von Gleichungen der Form $m + x = n$ mit $m,n \in \mathbb{N}$ "viel zu groß".

Wir müssen deshalb noch zum Ausdruck bringen, daß die gesuchte Menge $\mathbb{Z}$ "möglichst klein" sein soll, daß sie also nicht mehr Elemente enthält, als für die Lösbarkeit der Gleichungen $m + x = n$ benötigt werden:

GANZ 4: Zu jedem $r \in \mathbb{Z}$ existieren $m,n \in \mathbb{N}$ mit $m + r = n$.

Im folgenden Haupttext werden wir zeigen, daß es eine derartige Menge $\mathbb{Z}$ gibt, daß man ihre Elemente beliebig subtrahieren, ja sogar miteinander multiplizieren kann, und zwar so, daß dies für Elemente aus $\mathbb{N}$ mit der schon bekannten Subtraktion und Multiplikation natürlicher Zahlen übereinstimmt. Außerdem wird sich herausstellen, daß sich die Elemente von $\mathbb{Z}$ in positive und negative Zahlen unterteilen, also wie gewohnt ordnen lassen.

Ebenso wie die Addition auf $\mathbb{N}$ weist die Multiplikation auf $\mathbb{Z}$ gewisse Mängel auf. Man kann nämlich nicht alle Gleichungen der Form

$$r \cdot x = s \quad \text{mit} \quad r,s \in \mathbb{Z}$$

lösen. Wir werden daher einen Zahlbereich suchen, der $\mathbb{Z}$ umfaßt und gerade diejenigen Zahlen enthält, die zur Lösung solcher Gleichung benötigt werden. Da außerdem alle in $\mathbb{Z}$ gültigen Rechengesetze erhalten bleiben sollen, müssen wir eine Einschränkung machen:

Soll wie in $\mathbb{Z}$ (und in $\mathbb{N}$) $0 \cdot x = 0$ für alle Elemente x der neuen Menge gelten, dann kann $r \cdot x = s$ für $r = 0$ und $s \neq 0$ keine Lösung haben.

Wir suchen deshalb eine Menge, die genau diejenigen Elemente enthält, die zur eindeutigen Lösbarkeit der Gleichungen $r \cdot x = s$ mit $r \neq 0$ benötigt werden. Also eine Menge $\mathbb{Q}$, deren Elemente r a t i o n a l e Z a h l e n genannt werden, zusammen mit zwei Verknüpfungen + (A d d i t i o n) und $\cdot$ (Multiplikation), die die folgenden Bedingungen erfüllen.

QUOT 1: $\mathbb{Z} \subset \mathbb{Q}$ und Addition bzw. Multiplikation auf $\mathbb{Q}$ liefern für $r,s \in \mathbb{Z}$ dasselbe Element $r + s \in \mathbb{Z}$ bzw. $r \cdot s \in \mathbb{Z}$, wie die Addition bzw. Multiplikation auf $\mathbb{Z}$.

QUOT 2: Addition und Multiplikation auf $\mathbb{Q}$ sind assoziativ, kommutativ, und die Multiplikation $\cdot$ ist distributiv über der Addition + .

QUOT 3: Zu $a,b \in \mathbb{Q}$ gibt es genau ein $x \in \mathbb{Q}$ mit $a + x = b$.
Zu $a,b \in \mathbb{Q}$ mit $a \neq 0$ gibt es genau ein $x \in \mathbb{Q}$ mit $a \cdot x = b$.

QUOT 4: Zu $a \in \mathbb{Q}$ mit $a \neq 0$ gibt es $r,s \in \mathbb{Z}$ mit $r \cdot a = s$.

Mit diesen Forderungen an die gesuchte Menge $\mathbb{Q}$ haben wir bereits zum Ausdruck gebracht, daß viele in $\mathbb{N}$ und $\mathbb{Z}$ gültige Regeln auch in dem neuen Zahlbereich $\mathbb{Q}$ zutreffen sollen. Zum Beispiel sagt QUOT 3 u.a., daß die mit der Konstruktion von $\mathbb{Z}$ erkämpfte Lösbarkeit von Gleichungen der Form $r + x = s$ nicht verloren gehen darf. In QUOT 4 ist wieder festgehalten, daß wir eine "kleinste Erweiterung" von $\mathbb{Z}$ suchen.

Wie wir $\mathbb{Q}$ aus $\mathbb{Z}$ konstruieren können, zeigt die folgende Oberlegung:

Wir sind daran gewöhnt, rationale Zahlen $a \in \mathbb{Q}$ als "Brüche" oder "Quotienten" ganzer Zahlen r,s mit $r \neq 0$ zu schreiben:

$$a = \frac{s}{r} \quad \text{mit} \quad r,s \in \mathbb{Z} \text{ und } r \neq 0 .$$

Ein derartiger Bruch ist durch die Angabe von Z ä h l e r s und N e n n e r r also durch das Paar (s,r) eindeutig festgelegt. Allerdings gibt es noch andere Paare (s', r') für die

$$a = \frac{s'}{r'} \quad \text{mit} \quad r', s' \in \mathbb{Z} \text{ und } r' \neq 0$$

gilt, z.B. ist $\frac{3}{4} = \frac{6}{8} = \frac{12}{16} = \ldots$. Solche Paare (s',r') stehen mit (s,r) in der Beziehung

$$s \cdot r' = r \cdot s'$$

Diese Gleichung wird von genau denjenigen Paaren (s',r') erfüllt, die dieselbe rationale Zahl a beschreiben, wie das Paar (s,r). Man kann solche Paare zu einer Menge zusammenfassen:

$$\{(s',r') \mid r',s' \in \mathbb{Z} , \ r' \neq 0 \text{ und } s \cdot r' = r \cdot s'\}.$$

Diese Menge beschreibt alle möglichen Darstellungen von $a = \frac{s}{r}$ als Bruch $\frac{s'}{r'}$.

Man kann diese Menge sogar ohne irgendeine Kenntnis von rationalen Zahlen nur mit Hilfe von ganzen Zahlen bilden. Wenn wir $\mathbb{Q}$ mit Hilfe von $\mathbb{Z}$ konstruieren wollen, werden wir deshalb diese Menge aller möglichen Bruchdarstellungen als e i n e rationale Zahl betrachten, und zwar als diejenige rationale Zahl x, die die Gleichung $r \cdot x = s$ löst.

Dasselbe Konstruktionsprinzip kann auch bei der Erweiterung von $\mathbb{N}$ zu $\mathbb{Z}$ eingesetzt werden.

Zahlbereichserweiterungen

Steckbrief für $\mathbb{Z}$

Gesucht ist eine Menge $\mathbb{Z}$, deren Elemente *ganze Zahlen* genannt werden, zusammen mit einer Verknüpfung $+$, der *Addition*, die die folgenden Bedingungen erfüllt:

GANZ 1: $\mathbb{N} \subset \mathbb{Z}$ und die Addition auf $\mathbb{Z}$ liefert für $m,n \in \mathbb{N}$ dasselbe Element $m+n \in \mathbb{N}$, wie die Addition auf $\mathbb{N}$.

GANZ 2: Die Addition auf $\mathbb{Z}$ ist kommutativ und assoziativ.

GANZ 3: Sind $r,s \in \mathbb{Z}$, so gibt es genau ein $x \in \mathbb{Z}$ mit $r+x = s$.

GANZ 4: Zu jedem $r \in \mathbb{Z}$ existieren $m,n \in \mathbb{N}$ mit $m + r = n$.

Prinzipiell hätten wir für die Addition auf $\mathbb{Z}$ ein anderes Zeichen als $+$ verwenden müssen, da ihre Definitionsmenge $(\mathbb{Z} \times \mathbb{Z})$ und ihre Wertemenge $(\mathbb{Z})$ nicht mit Definitionsmenge und Wertemenge der Addition $+$ auf $\mathbb{N}$ übereinstimmt. Es wird aber jeweils aus dem Zusammenhang ersichtlich sein, wann "+" für die Addition auf $\mathbb{N}$ bzw. $\mathbb{Z}$ steht.

Die Bedingung GANZ 1 kann man noch etwas abschwächen, indem man von $\mathbb{Z}$ nicht fordert, daß genau die Menge $\mathbb{N}$ natürlicher Zahlen - auf die wir uns in Kapitel 8 geeinigt haben - in $\mathbb{Z}$ enthalten ist. Es genügt, wenn für irgendeine Menge $\mathbb{N}'$ natürlicher Zahlen $\mathbb{N}' \subset \mathbb{Z}$ gilt. Wir können dann von $\mathbb{N}$ auf $\mathbb{N}'$ "umsteigen".

Allein aus den Bedingungen GANZ 1 bis GANZ 4 kann man bereits einige weitere Eigenschaften von $\mathbb{Z}$ ableiten. Z.B. ist das Anfangselement $0 \in \mathbb{N}$ auch neutral bzgl. der Addition in $\mathbb{Z}$:

Für jedes $r \in \mathbb{Z}$ existieren nämlich nach GANZ 4 natürliche Zahlen $n, m \in \mathbb{N}$ mit

$$m + r = n .$$

Außerdem gilt:

$$\begin{aligned} m + (r + 0) &= (m + r) + 0 \qquad \text{GANZ 2} \\ &= n + 0 \\ &= n \end{aligned}$$

weil $0 \in \mathbb{N}$ bezüglich der Addition in $\mathbb{N}$ neutral ist und diese nach GANZ 1 für natürliche Zahlen mit der in $\mathbb{Z}$ übereinstimmt. Damit haben wir gezeigt, daß sowohl r als auch $r + 0$ Lösungen der Gleichung

$$m + x = n$$

sind. Nach GANZ 3 gibt es aber immer nur e i n e Lösung x einer derartigen Gleichung. Folglich muß

$$r + 0 = r$$

(für jedes $r \in \mathbb{Z}$) gelten.

Die Bedingungen GANZ 1 bis GANZ 4 kann man - ebenso wie bei natürlichen Zahlen die Bedingungen P 1, P 2, P 3 - zur Definition eines Begriffes M e n g e g a n z e r Z a h l e n verwenden und mit Hilfe der axiomatischen Methode eine Theorie ganzer Zahlen entwickeln. Man hätte dann darauf zu achten, daß die Axiome GANZ 1 bis GANZ 4 ein möglichst schwaches System bilden, aus dem möglichst viel hergeleitet werden kann. Zum Beispiel kann man in GANZ 2 auf die Forderung der Kommutativität verzichten, da sie aus den übrigen herleitbar ist.

Diese Spitzfindigkeit würde uns aber bei der Konstruktion eines Modells der Theorie der ganzen Zahlen wenig helfen. Denn unserem Modell wird man sofort ansehen, daß die auf ihm definierte Addition kommutativ ist. Wir verzichten also darauf, streng axiomatisch vorzugehen. Trotzdem werden wir zunächst einige weitere Folgerungen aus GANZ 1 - GANZ 4 ableiten, die dann automatisch auch in dem noch zu konstruierenden Modell gelten.

Im folgenden sei $\mathbb{Z}$ zusammen mit einer Addition $+: \mathbb{Z} \times \mathbb{Z} \to \mathbb{Z}$ irgendeine Menge, die die Eigenschaften GANZ 1 bis GANZ 4 besitzt. Wir werden zunächst zeigen, daß man in einer derartigen Menge beliebig subtrahieren kann und daß es auch eine Multiplikation $\cdot : \mathbb{Z} \times \mathbb{Z} \to \mathbb{Z}$ gibt, die assoziativ, kommutativ und distributiv über $+$ ist.

Subtraktion

Nach GANZ 3 gibt es zu $r \in \mathbb{Z}$ genau ein $x \in \mathbb{Z}$ mit $r + x = 0$. Dieses x wird mit

$$x = -r$$

bezeichnet. Für $s + (-r)$ mit $s \in \mathbb{Z}$ schreiben wir auch abkürzend

$$s + (-r) = s - r$$

und nennen dies die D i f f e r e n z von s,r. Insbesondere ist dann $r - r = 0$, $-0 = 0$ und $r + (s - r) = s$. Weitere Regeln sind in dem folgenden Satz festgehalten:

Satz 1: Sind $r, \underline{r}, s, \underline{s} \in \mathbb{Z}$, so gilt:

(a) $-(-r) = r$

(b) $-(r + s) = (-r) + (-s)$

(c) $s - r = \underline{s} - \underline{r} \Leftrightarrow s + \underline{r} = \underline{s} + r$

Beweis: (a): Nach Definition von $-(-r)$ gilt:
$(-r) + (-(-r)) = 0$.
Nach Definition von $-r$ und weil $+$ kommutativ ist, haben wir auch:
$(-r) + r = r + (-r) = 0$
Da es nach GANZ 3 nur ein $x \in \mathbb{Z}$ mit
$(-r) + x = 0$ geben kann und da sowohl $x = r$ als auch $x = (-(-r))$ diese Gleichung lösen, muß
$(-(-r)) = r$
gelten.

(b): Nach Definition von $-(r + s)$ gilt:
$(r + s) + (-(r + s)) = 0$

Außerdem gilt:

$$
\begin{aligned}
&(r + s) + ((-r) + (-s)) \\
&\quad = (r + (-r)) + (s + (-s)) \qquad \text{GANZ 2} \\
&\quad = 0 + 0 \\
&\quad = 0
\end{aligned}
$$

Also haben wir wieder zwei Lösungen für dieselbe Gleichung, die dann übereinstimmen müssen.

(c): "$\Rightarrow$"

$$
\begin{aligned}
& s - r = \underline{s} - \underline{r} && \mid + (r + \underline{r}) \\
\Rightarrow\ & (s - r) + (r + \underline{r}) = (\underline{s} - \underline{r}) + (r + \underline{r}) \\
\Rightarrow\ & s + ((-r) + r) + \underline{r} = \underline{s} + ((-\underline{r}) + \underline{r}) + r && \text{GANZ 2} \\
\Rightarrow\ & s + 0 + \underline{r} = \underline{s} + 0 + r && \text{nach Definition von } -r, -\underline{r} \\
\Rightarrow\ & s + \underline{r} = \underline{s} + r
\end{aligned}
$$

"$\Leftarrow$"

Wir zeigen, daß $(\underline{s} - \underline{r})$ Lösung der Gleichung $r + x = s$ ist:

$$\begin{aligned} r + (\underline{s} - \underline{r}) &= (r + \underline{s}) + (-\underline{r}) && \text{GANZ 2} \\ &= (s + \underline{r}) + (-\underline{r}) && \text{"} \\ &= s + (\underline{r} - \underline{r}) && \text{"} \\ &= s + 0 \\ &= s \end{aligned}$$

Also löst auch $(\underline{s} - \underline{r})$ ebenso wie $(s - r)$ die Gleichung $r + x = s$. Nach GANZ 3 gilt dann $\underline{s} - \underline{r} = s - r$. ★

Multiplikation

Nach GANZ 4 hat jedes $r \in \mathbb{Z}$ die Form

$$r = n - m$$

für geeignete $m,n \in \mathbb{N}$. Von dem noch zu definierenden Produkt ganzer Zahlen $r,s \in \mathbb{Z}$ mit $s = l - k$ und $l,k \in \mathbb{N}$ würden wir dann aufgrund unserer intuitiven Kenntnisse erwarten, daß folgendes gilt:

$$\begin{aligned} r \cdot s &= (n - m) \cdot (l - k) \\ &= n \cdot l - n \cdot k - m \cdot l + m \cdot k \\ &= (n \cdot l + m \cdot k) - (n \cdot k + m \cdot l) \\ &= q - p \end{aligned}$$

mit $q = nl + mk$, $p = nk + ml \in \mathbb{N}$. Deshalb könnten wir versuchen, eine Multiplikation $\cdot : \mathbb{Z} \times \mathbb{Z} \to \mathbb{Z}$ durch

$$r \cdot s = q - p$$

zu definieren. Diese Definition würde aber noch von der speziellen Wahl der natürlichen Zahlen m,n bzw. k,l abhängen, denn eine ganze Zahl $r \in \mathbb{Z}$ läßt sich auf sehr viele verschiedene Weisen als Differenz

$$r = n - m = \underline{n} - \underline{m} = \ldots \qquad \underline{n}, \underline{m}, \ldots \in \mathbb{N}$$

darstellen. Z.B. ist

$$-3 = 4 - 7 = 2 - 5 = \dots .$$

Wenn wir das Produkt ganzer Zahlen wie oben angegeben definieren wollen, müssen wir zeigen, daß diese Definition unabhängig von der speziellen Wahl der natürlichen Zahlen $m,n,k,l \in \mathbb{N}$ ist. Schließlich sollen $r,s \in \mathbb{Z}$ genau ein Produkt $r \cdot s$ haben und nicht mehrere.

Satz 2: Sind $m,n,k,l,\underline{m},\underline{n},\underline{k},\underline{l} \in \mathbb{N}$ mit $n - m = \underline{n} - \underline{m}$ und $l - k = \underline{l} - \underline{k}$, dann gilt:

$$(nl + mk) - (nk + ml) = (\underline{n}\underline{l} + \underline{m}\underline{k}) - (\underline{n}\underline{k} + \underline{m}\underline{l})$$

Beweis: Nach Satz 1 (c) genügt es

$$q + \underline{p} = (nl + mk) + (\underline{n}\underline{k} + \underline{m}\underline{l}) =$$
$$\underline{q} + p = (\underline{n}\underline{l} + \underline{m}\underline{k}) + (nk + ml)$$

zu zeigen. Außerdem folgt nach Satz 1 (c):aus $n - m = \underline{n} - \underline{m}$ und $l - k = \underline{l} - \underline{k}$:

$$n + \underline{m} = \underline{n} + m \text{ und } l + \underline{k} = \underline{l} + k .$$

Die gesuchte Gleichung erhält man nun durch Rechnen in $\mathbb{N}$, indem man z.B.

$$q + \underline{p} + k\underline{n} + l\underline{m} = \underline{q} + p + k\underline{n} + l\underline{m}$$

nachweist und anschließend den "Hilfssummanden" $k\underline{n} + l\underline{m}$ wieder wegstreicht (Kapitel 8, Satz 11) . ★

Satz 2 besagt, daß das wie folgt definierte Produkt ganzer Zahlen r,s unabhängig ist von ihrer Darstellung als Differenz natürlicher Zahlen.

Definition 1: Sind $r,s \in \mathbb{Z}$ und $m,n,k,l \in \mathbb{N}$ mit $r = n - m$ und $s = l - k$, dann ist

$$r \cdot s = (nl + mk) - (nk + ml)$$

das P r o d u k t von r m i t s.

Insgesamt erhält man so eine Verknüpfung $\cdot : \mathbb{Z} \times \mathbb{Z} \to \mathbb{Z}$, die M u l t i p l i k a t i o n auf $\mathbb{Z}$.

Wie beim Produkt natürlicher Zahlen werden wir auch statt $r \cdot s$ kurz rs schreiben.

Für natürliche Zahlen $r,s \in \mathbb{N}$ stimmt das eben definierte Produkt mit dem in $\mathbb{N}$ überein, da man r,s in der Form $r = r - 0$ $s = s - 0$ als Differenz natürlicher Zahlen darstellen kann.

Da die Multiplikation auf $\mathbb{N}$ kommutativ ist, kann man der Definition des Produktis $r \cdot s$ sofort entnehmen:

Satz 3: Die Multiplikation auf $\mathbb{Z}$ ist kommutativ.

Auch Assoziativ- und Distributivgesetz können auf die entsprechenden Gesetze für die Multiplikation natürlicher Zahlen zurückgeführt werden. Dazu muß man jedoch etwas mehr rechnen:

Satz 4: Die Multiplikation auf $\mathbb{Z}$ ist assoziativ.

Beweis: Für $r = n - m$, $s = l - k$, $t = j - i \in \mathbb{Z}$ mit $i,j,k,l,m,n \in \mathbb{N}$ gilt nach Definition 1:

$$
\begin{aligned}
r \cdot (s \cdot t) \\
&= (n - m)((l - k)(j - i)) \\
&= (n - m)((lj + ki) - (li + kj)) \\
&= (n(lj + ki) + m(li + kj)) - \\
&\quad (n(li + kj) + m(lj + ki)) \\
&= (n(lj) + n(ki) + m(li) + m(kj)) - (\ldots) \\
&= ((nl)j + (nk)i + (ml)i + (mk)j) - (\ldots) \\
&\ \ \vdots \\
&= (r \cdot s) \cdot t .
\end{aligned}
$$

★

Satz 5: Die Multiplikation auf $\mathbb{Z}$ ist distributiv über der Addition.

Übung 1: Bitte beweisen Sie Satz 5.

Auch die folgenden Eigenschaften der Multiplikation auf $\mathbb{Z}$ waren zu erwarten:

Satz 6: Für $r,s \in \mathbb{Z}$ gilt:

(a) $1 \cdot r = r$

(b) $0 \cdot r = 0$

(c) $(-1) \cdot r = -r$

(d) $(-r) \cdot s = -(r \cdot s)$

(e) $(-r) \cdot (-s) = r \cdot s$

Die Beweise erhält man alle aus der Definition von $-r$, $-s$, $-(r \cdot s)$ und aus Definition 1.

Die Ordnung auf $\mathbb{Z}$

Wir wollen auch ganze Zahlen ihrer Größe nach vergleichen. Dazu müssen wir eine Ordnungsrelation $\leq$ auf $\mathbb{Z}$ definieren, die zwischen natürlichen Zahlen mit der bereits definierten natürlichen Ordnung auf $\mathbb{N}$ übereinstimmen sollte. Bei der Definition von $\leq$ können wir uns außerdem an unserer intuitiven Vorstellung orientieren, nach der die ganzen Zahlen auf einer Geraden "angeordnet" sind:

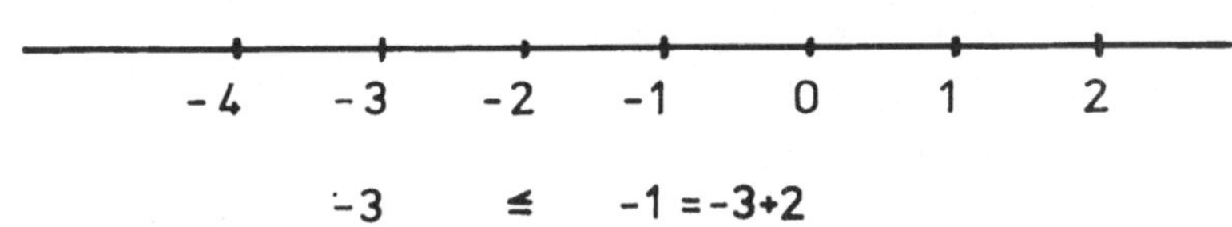

Definition 2: Auf $\mathbb{Z}$ wird durch

$$r \leq s \Leftrightarrow \text{Es gibt ein } k \in \mathbb{N} \text{ mit } r + k = s$$

eine Relation $\leq$ definiert.

Satz 7: Die Relation $\leq$ ist eine Ordnungsrelation auf $\mathbb{Z}$.

Beweis: Wir müssen ORD 1 bis ORD 3 aus Kapitel 8, Definition 3 nachweisen.

Für $r \in \mathbb{Z}$ ist $r + 0 = r$ mit $0 \in \mathbb{N}$. Also gilt

ORD 1: $r \leq r$.

Für $r,s \in \mathbb{Z}$ folgt aus $r \leq s$ und $s \leq r$: Es gibt $k,l \in \mathbb{N}$ mit $r + k = s$ und $s + l = r$. Daraus folgt

$$r + (k + l) = (r + k) + l = s + l = r = r + 0 .$$

Nach GANZ 3 muß dann $k + l = 0$ sein, also $k = 0$ und $l = 0$ wegen $k,l \in \mathbb{N}$ und aufgrund der Definition der natürlichen Ordnung in $\mathbb{N}$. Das heißt aber

ORD 2: $r \leq s$ und $s \leq r \Rightarrow r = s$

Aus $r \leq s$ und $s \leq t$ (also $r + k = s$ und $s + l = t$ mit $k,l \in \mathbb{N}$) folgt:

$$r + (k + l) = (r + k) + l = s + l = t$$

Wegen $(k + l) \in \mathbb{N}$ gilt dann $r \leq t$.
Damit ist auch ORD 3 bewiesen. ★

Außerdem erhalten wir die folgenden vertrauten Eigenschaften:

Satz 8: Für ganze Zahlen $r,s \in \mathbb{Z}$ gilt:

(a) $0 \leq s \Leftrightarrow s \in \mathbb{N}$
$s \leq 0 \Leftrightarrow -s \in \mathbb{N}$

(b) $r \leq s$ oder $s \leq r$

(c) $0 \leq s$ oder $s \leq 0$

Übung 2: Bitte beweisen Sie Satz 8 (a) .

Beweis: (Satz 8 (b))

Sind $k,l,m,n \in \mathbb{N}$ mit $s = l - k$ und $r = n - m$, dann gilt

$n + k \leq l + m$ oder $l + m \leq n + k$

wegen $n + k, l + m \in \mathbb{N}$ (Kapitel 8, Satz 14)

Fall 1: $n + k \leq l + m$

In diesem Fall existiert ein $p \in \mathbb{N}$ mit

$n + k + p = l + m$

Addiert man auf beiden Seiten dieser Gleichung $-(m + k)$ so ergibt sich durch leichte Umformung:

$(n - m) + p = l - k$

also $r = n - m \leq l - k = s$.

Der 2. Fall wird analog behandelt.

(c) folgt aus (b). ★

Unserem bisherigen Sprachgebrauch folgend definieren wir:

Definition 3: Ein Element $r \in \mathbb{Z}$ heißt:
p o s i t i v , falls $r \in \mathbb{N}$ und $r \neq 0$,
n e g a t i v , falls $-r \in \mathbb{N}$ und $r \neq 0$.

Da für $r \in \mathbb{Z}$ mit $r \neq 0$ nicht $0 \leq r$ und $r \leq 0$ gelten kann, besagt Teil (c) von Satz 8 zusammen mit (a), daß jede ganze Zahl $r \neq 0$ e n t w e d e r positiv oder negativ ist.

Übung 3: Zeigen Sie mit Hilfe von Satz 12 aus Kapitel 8, daß für eine ganze Zahl $r \in \mathbb{Z}$ mit $r \neq 0$ stets gilt:

$$r \cdot x = r \cdot x' \Rightarrow x = x'$$

Eindeutigkeit von $\mathbb{Z}$

Ebenso wie die natürlichen Zahlen $\mathbb{N}$ durch die Peanoaxiome P 1, P 2, P 3 werden die ganzen Zahlen $\mathbb{Z}$ durch die Eigenschaften GANZ 1 bis GANZ 4 "bis auf Isomorphie" eindeutig beschrieben. Um dieser Formulierung einen präzisen Sinn zu geben, müssen wir zunächst festlegen, was wir im Fall der ganzen Zahlen unter einem Isomorphismus verstehen wollen.

Nehmen wir also an, wir hätten außer $\mathbb{Z}$ noch eine weitere Menge $\mathbb{Z}'$ zusammen mit einer Addition $+'$, die die Eigenschaften GANZ 1 bis GANZ 4 bezüglich einer anderen Menge $\mathbb{N}'$ von natürlichen Zahlen erfüllt. Unter einem Isomorphismus zwischen $\mathbb{Z}$ und $\mathbb{Z}'$ werden wir wie immer eine umkehrbare Abbildung

$$\varphi: \mathbb{Z} \to \mathbb{Z}'$$

verstehen, die selbst (und deren Umkehrung) mit den vorhandenen Verknüpfungen verträglich ist, d.h.

$$\varphi(r + s) = \varphi(r) + \varphi(s)$$
$$\varphi^{-1}(r' + s') = \varphi^{-1}(r') + \varphi^{-1}(s')$$

Außerdem werden wir erwarten, daß natürliche Zahlen in natürliche Zahlen überführt und daß die Einschränkung der Definitionsmenge und der Wertemenge von φ auf $\mathbb{N}$ bzw, $\mathbb{N}'$ einen Isomorphismus von Mengen natürlicher Zahlen liefert.

Die zuletzt genannte Eigenschaft eröffnet aber sofort eine Möglichkeit zur Konstruktion eines Isomorphismus φ zwischen $\mathbb{Z}$ und $\mathbb{Z}'$. In Kapitel 8 haben wir nämlich gesehen, daß es stets einen Isomorphismus von Mengen natürlicher Zahlen

$$f: \mathbb{N} \to \mathbb{N}'$$

gibt. Den gesuchten Isomorphismus φ definieren wir einfach durch die Vorschrift

$$\varphi(r) = \begin{cases} f(r) & \text{für } r \in \mathbb{N} \\ -f(-r) & \text{für } -r \in \mathbb{N} \end{cases}$$

Für die so definierte Abbildung $\varphi: \mathbb{Z} \to \mathbb{Z}'$ gilt:

Satz 10:

1. φ ist umkehrbar

2. $$\varphi(r + s) = \varphi(r) +' \varphi(s) \quad \text{und}$$
   $$\varphi^{-1}(r' +' s') = \varphi^{-1}(r') + \varphi^{-1}(s')$$
   für alle $r,s \in \mathbb{Z}$ und $r',s' \in \mathbb{Z}'$.

Beweisskizze:

1. Mit Hilfe von f^{-1} kann man eine Umkehrabbildung von φ definieren.

2. Als Isomorphismus von Mengen natürlicher Zahlen ist f auch mit der Addition auf $\mathbb{N}$ verträglich. Um dasselbe für φ und die Addition auf $\mathbb{Z}$ zu zeigen, muß man die Fälle

   $r,s \in \mathbb{N}$, $-r,s \in \mathbb{N}$, $r,-s \in \mathbb{N}$, $-r,-s \in \mathbb{N}$

   betrachten. Einer dieser Fälle tritt nach den vorangegangenen Überlegungen stets ein.

3. Mit φ^{-1} kann man analog verfahren. ★

Konstruktion von $\mathbb{Z}$

Bei der Konstruktion der Multiplikation auf $\mathbb{Z}$ ist uns aufgefallen, daß ein $r \in \mathbb{Z}$ auf verschiedene Weise als Differenz

$$r = n - m = \underline{n} - \underline{m} = \ldots$$

natürlicher Zahlen $m,n,\underline{m},\underline{n},\ldots \in \mathbb{N}$ dargestellt werden kann. (Denselben Sachverhalt haben wir im Vortext bei "Brüchen" $a = \frac{s}{r}$ beobachtet, die auch durch verschiedene Paare von Zählern s und Nennern r dargestellt werden können.)

Nach Satz 1 gilt für Paare (n,m), $(\underline{n},\underline{m})$ von natürlichen Zahlen, die durch Differenzbildung dieselbe ganze Zahl $r = n - m = \underline{n} - \underline{m}$ darstellen:

$$n + \underline{m} = \underline{n} + m \,.$$

Durch diese Eigenschaft sind alle Paare $(\underline{n},\underline{m})$ charakterisiert, die dieselbe ganze Zahl r darstellen wie (n,m). Alle derartigen Paare $(\underline{n},\underline{m})$ befinden sich in der Menge

$$[(n,m)] = \{(\underline{n},\underline{m}) \mid \underline{n},\underline{m} \in \mathbb{N} \text{ und } n + \underline{m} = \underline{n} + m\} \,.$$

(Die Bezeichnung $[(n,m)]$ soll die besondere Rolle, die das Paar (n,m) für diese Menge spielt, berücksichtigen.)

Um diese Menge zu bilden, benötigt man nur Kenntnisse über natürliche Zahlen. Wenn man die ganzen Zahlen aus $\mathbb{N}$ konstruieren will, kann man die Mengen $[(n,m)]$, $m,n \in \mathbb{N}$, zu ganzen Zahlen "ernennen" und sie zu einer Menge

$$\mathbb{Z} = \{[(n,m)] \mid (n,m) \in \mathbb{N} \times \mathbb{N}\}$$

zusammenfassen.

Wenn wir $\mathbb{N} \times \mathbb{N}$ als Menge von Gitterpunkten darstellen, dann besteht ein Element $[(n,m)]$ der so konstruierten Menge $\mathbb{Z}$ aus allen Gitterpunkten, die auf einer Geraden mit der Steigung 45° durch (n,m) liegen:

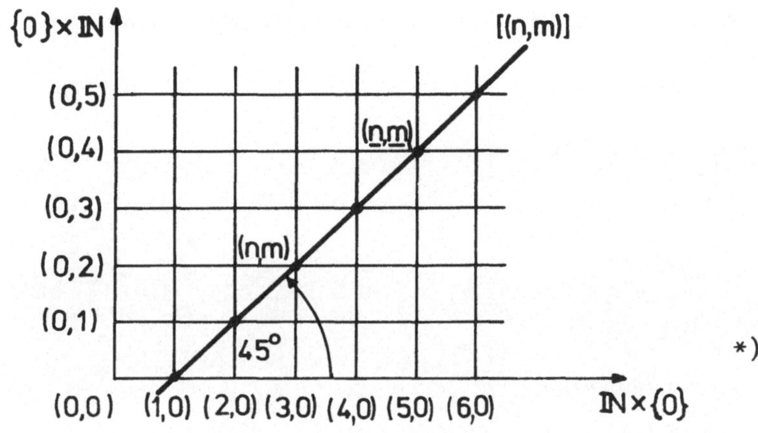

*)

(Wegen n + m = n + m gilt stets (n,m) ∈ [(n,m)].)

Die ganze Menge ℤ können wir uns durch alle derartigen Geraden veranschaulichen:

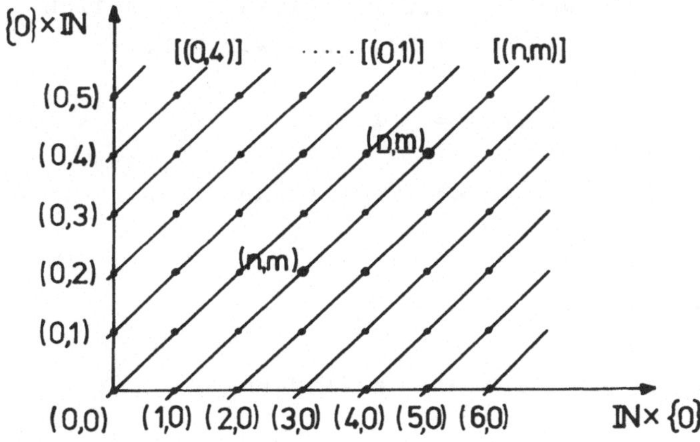

---

*) Abweichend von der üblichen Notation haben wir hier die Punkte auf den Achsen {0} × ℕ (senkrecht) und ℕ × {0} (waagerecht) wie die übrigen Gitterpunkte als Paare betrachtet und bezeichnet.

Zwei Gitterpunkte (n,m) und $(\underline{n},\underline{m})$ liegen auf derselben Geraden, wenn $n + \underline{m} = \underline{n} + m$ gilt. Anschaulich ist außerdem klar, daß es durch jeden Gitterpunkt (q,p) nur e i n e derartige Gerade gibt. Beweisen wir dies abstrakt, d.h. ohne Benutzung der Anschauung:

Satz 11: Sind $[(n,m)],[(l,k)] \in \mathbb{Z}$ mit

$$[(n,m)] \cap [(l,k)] \neq \emptyset$$

(d.h. es gibt einen Gitterpunkt $(q,p) \in \mathbb{N} \times \mathbb{N}$ mit $(q,p) \in [(n,m)]$ und $(q,p) \in [(l,k)]$ dann gilt:

$$[(n,m)] = [(l,k)] .$$

Beweis: Wir zeigen zunächst, daß aus $(q,p) \in [(n,m)]$ stets $[(q,p)] = [(n,m)]$ folgt.
Dann gilt wegen $(q,p) \in [(l,k)]$ natürlich auch $[(q,p)] = [(l,k)]$ und wir haben:

$$[(n,m)] = [(q,p)] = [(l,k)].$$

Aus $(q,p) \in [(n,m)]$ folgt nach Konstruktion von $[(n,m)]$:

$$n + p = q + m .$$

Für $(\underline{q},\underline{p}) \in [(q,p)]$ gilt dann:

$$n + p + \underline{q} = q + m + \underline{q} \quad \text{(durch Addition von } \underline{q}) \Rightarrow$$
$$n + q + \underline{p} = q + m + \underline{q} \quad \text{(wegen } p+\underline{q} = q+\underline{p}) \Rightarrow$$
$$n + \underline{p} = m + \underline{q} \quad \text{(Kapitel 8, Satz 11)} \Rightarrow$$
$$(\underline{q},\underline{p}) \in [(n,m)] .$$

Also ist $[(q,p)] \subset [(n,m)]$ und ganz analog auch $[(n,m)] \subset [(q,p)]$ ★

Die "Geraden" $[(n,m)]$ sind demnach durch einen auf ihnen liegenden Gitterpunkt (q,p) eindeutig bestimmt.

Diese Beobachtung wird uns bei der Konstruktion einer Addition auf $\mathbb{Z}$ helfen. Aus Gitterpunkten (n,m) und (l,k) kann man nämlich mit Hilfe der Addition auf $\mathbb{N}$ sofort einen neuen gewinnen:

$$(n + l, m + k) ,$$

durch den dann genau ein Element

$$[(n + l, m + k)] \in \mathbb{Z}$$

bestimmt wird. Wenn man von anderen Gitterpunkten $(\underline{n},\underline{m}) \in [(n,m)]$ und $(\underline{l},\underline{k}) \in [(l,k)]$ ausgeht, bekommt man auf dieselbe Weise ein Element

$$[(\underline{n} + \underline{l}, \underline{m} + \underline{k})] \in \mathbb{Z} .$$

An der Veranschaulichung von $\mathbb{Z}$ ist zu "sehen", daß dann stets $[(n + l, m + k)] = [(\underline{n} + \underline{l}, \underline{m} + \underline{k})]$ gilt:

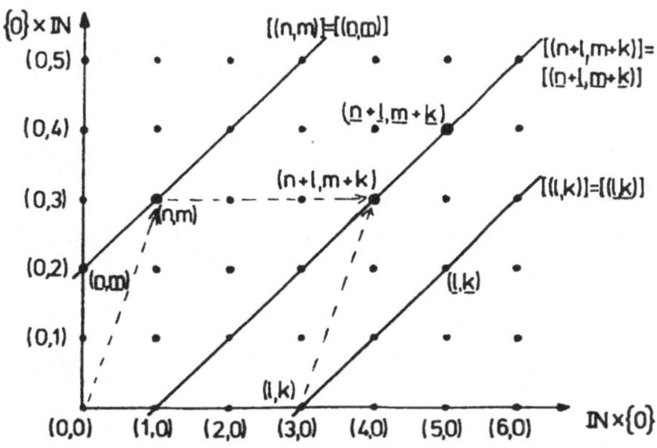

Man kann dies wieder abstrakt, d.h. ohne Benutzung der Anschauung beweisen:

Satz 12: Für $[(n,m)], [(\underline{n},\underline{m})], [(1,k)], [(\underline{1},\underline{k})] \in \mathbb{Z}$ mit $[(n,m)] = [(\underline{n},\underline{m})]$ und $[(1,k)] = [(\underline{1},\underline{k})]$ gilt:

$$[(n + 1, m + k)] = [(\underline{n} + \underline{1}, \underline{m} + \underline{k})] \text{ .}$$

Beweis: Nach Satz 11 genügt es, einen Gitterpunkt $(q,p) \in \mathbb{N} \times \mathbb{N}$ mit

$(q,p) \in [(n + 1, m + k)]$ und
$(q,p) \in [(\underline{n} + \underline{1}, \underline{m} + \underline{k})]$

zu finden. Nach Voraussetzung gilt aber $(\underline{n},\underline{m}) \in [(n,m)]$ und $(\underline{1},\underline{k}) \in [(1,k)]$, also

$$n + \underline{m} = \underline{n} + m \quad \text{und} \quad 1 + \underline{k} = \underline{1} + k$$

Daraus folgt durch Addition beider Gleichungen:

$$(n + 1) + (\underline{m} + \underline{k}) = (\underline{n} + \underline{1}) + (m + k)$$

Nach Konstruktion von $[(n + 1, m + k)]$ bedeutet dies:

$$(q,p) = (\underline{n} + \underline{1}, \underline{m} + \underline{k}) \in [(n + 1, m + k)]$$

Außerdem gilt stets:

$$(q,p) = (\underline{n} + \underline{1}, \underline{m} + \underline{k}) \in [(\underline{n} + \underline{1}, \underline{m} + \underline{k})] \qquad \bigstar$$

Damit ist bewiesen, daß man mit Hilfe der Zuordnung

$$((n,m),(1,k)) \mapsto (n + 1, m + k)$$

aus zwei "Geraden" $[(n,m)],[(1,k)] \in \mathbb{Z}$ g e n a u e i n e neue "Gerade" $[(n + 1, m + k)] \in \mathbb{Z}$ gewinnen kann.

Definition 4: Sind $[(n,m)],[(k,1)] \in \mathbb{Z}$, dann ist

$$[(n,m)] + [(1,k)] = [(n + 1, m + k)]$$

die S u m m e von $[(n,m)]$, $[(1,k)]$.

Insgesamt erhält man damit eine Verknüpfung

$$+ : \mathbb{Z} \times \mathbb{Z} \to \mathbb{Z} ,$$

die A d d i t i o n .

Wir müssen nun nachprüfen, daß $\mathbb{Z}$ zusammen mit der so konstruierten Addition die Eigenschaften GANZ 1 bis GANZ 4 erfüllt.

Weil die Addition in $\mathbb{N}$ kommutativ und assoziativ ist, erhält man aus Definition 3 sofort:

Satz 13: Die Addition auf $\mathbb{Z}$ ist kommutativ und assoziativ (GANZ 2) .

Außerdem gilt für Elemente $r = [(n,m)]$ und $s = [(1,k)]$ aus $\mathbb{Z}$ stets

$$\begin{aligned} r + [(m + 1, n + k)] &= [(n + m + 1,\ m + n + k)] \\ &= [((n + m) + 1, (n + m) + k)] \\ &= [(1,k)] \\ &= s \end{aligned}$$

wegen $1 + ((n + m) + k)) = ((n + m) + 1) + k$ also $((n + m) + 1, (n + m) + k) \in [(1,k)]$. D.h. es gibt ein $x = [(m + 1, n + k)] \in \mathbb{Z}$ mit

$$r + x = s .$$

Dieses x ist eindeutig bestimmt, denn für $x' = [(q,p)] \in \mathbb{Z}$ mit $r + x' = s$ ist

$$\begin{aligned} [(n,m)] + [(q,p)] &= [(n + q, m + p)] \\ &= [(1,k)] \end{aligned}$$

also

$$\begin{gathered} 1 + m + p = n + q + k \quad \Leftrightarrow \\ (m + 1) + p = q + (n + k) \end{gathered}$$

Dies bedeutet nach Konstruktion von $[(m + 1, n + k)]$ aber $(q,p) \in [(m + 1, n + k)]$, also

$$x' = [(q,p)] = [(m + 1, n + k)] = x$$

Damit haben wir bewiesen:

Satz 14: Für $r,s \in \mathbb{Z}$ gibt es genau ein $x \in \mathbb{Z}$ mit $r + x = s$ (GANZ 3) .

Eingangs wurde schon erwähnt, daß nicht unbedingt die bisher betrachtete Menge $\mathbb{N}$ natürlicher Zahlen eine Teilmenge von $\mathbb{Z}$ sein muß. Es genügt, irgendeine Menge $\mathbb{N}'$ natürlicher Zahlen mit $\mathbb{N}' \subset \mathbb{Z}$ zu finden.
Hierbei hilft wieder die Veranschaulichung der Elemente von $\mathbb{Z}$ als "Geraden" in $\mathbb{N} \times \mathbb{N}$. Einige dieser "Geraden" schneiden nämlich die waagerechte Achse in Punkten der Form $(n,0)$:

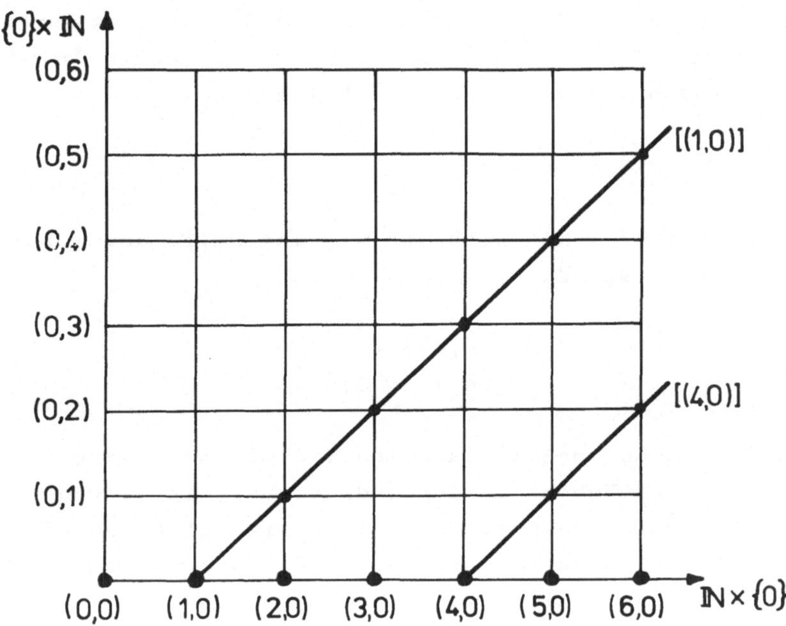

Außerdem entspricht die waagerechte Achse, also die Menge

$$\mathbb{N} \times \{0\} = \{(m,0) \mid m \in \mathbb{N}\}\ ,$$

der "Perlenschnurvorstellung" von den natürlichen Zahlen.

Übung 4: Bitte zeigen Sie, daß die Menge

$$\mathbb{N} \times \{0\} = \{(n,0) \mid n \in \mathbb{N}\}$$

zusammen mit der durch die Zuordnung $(n,0) \mapsto (n + 1,\ 0)$ definierten Abbildung eine Menge natürlicher Zahlen ist.

Leider ist $\mathbb{N} \times \{0\}$ keine Teilmenge von $\mathbb{Z}$. Eine solche bekommen wir aber, wenn wir die Menge der durch Gitterpunkte $(n,0)$ aus $\mathbb{N} \times \{0\}$ gehenden "Geraden" $[(n,0)]$ betrachten:

$$\mathbb{N}' = \{[(n,0)] \mid n \in \mathbb{N}\}$$

Eine Abbildung $\nu': \mathbb{N}' \to \mathbb{N}'$ erhalten wir mit Hilfe der schon definierten Addition auf $\mathbb{Z}$:

$$\begin{aligned} \nu'([(n,0)]) &= [(n,0)] + [(1,0)] \\ &= [(n+1,\ 0)] \end{aligned}$$

Wenn wir zeigen können, daß $\mathbb{N}'$ zusammen mit ν' eine Menge natürlicher Zahlen ist, haben wir durch diese Definition von ν' schon automatisch dafür gesorgt, daß die - mit Hilfe von ν' konstruierte - Addition auf $\mathbb{N}'$ mit der in $\mathbb{Z}$ übereinstimmt. GANZ 1 brauchen wir dann nicht mehr nachzuprüfen.

Satz 15: $\mathbb{N}'$ ist zusammen mit ν' eine Menge natürlicher Zahlen.

__Beweis:__ Wir werden zeigen, daß es eine umkehrbare Abbildung

$$\varphi: \mathbb{N} \to \mathbb{N}' \quad \text{mit} \quad \nu' \circ \varphi = \varphi \circ \nu$$

gibt. Die Abbildung φ "transportiert" dann die Peano-Axiome P 1, P 2, P 3 von $\mathbb{N}$ nach $\mathbb{N}'$:

Die Zuordnung $n \mapsto [(n,0)]$ definiert eine Abbildung $\varphi: \mathbb{N} \to \mathbb{N}'$ mit

$$\begin{aligned} \nu' \circ \varphi(n) &= \nu'([(n,0)] \\ &= [(n+1,\ 0)] \\ &= \varphi(n+1) \\ &= \varphi \circ \nu(n) \end{aligned}$$

für jedes $n \in \mathbb{N}$.

Eine Umkehrabbildung $\psi: \mathbb{N}' \to \mathbb{N}$ erhält man durch folgende Überlegung:

1. Nach Konstruktion von $\mathbb{N}'$ gibt es für jedes $[(q,p)] \in \mathbb{N}'$ ein $n \in \mathbb{N}$ mit $[(q,p)] = [(n,0)]$

2. Aus $[(n,0)] = [(\underline{n},0)]$ folgt sofort $(\underline{n},0) \in [(n,0)]$ also $n + 0 = \underline{n} + 0$, d.h. $n = \underline{n}$.

Nach 1. und 2. gibt es für jedes $[(q,p)] \in \mathbb{N}'$ g e n a u e i n $n \in \mathbb{N}$ mit $[(n,0)] = [(q,p)]$. Dieses n bezeichnen wir mit $\psi([(q,p)])$ $(= \psi([(n,0)]))$. Für die so definierte Abbildung $\psi: \mathbb{N}' \to \mathbb{N}$ gilt:

$$\psi \circ \varphi(n) = \psi([(n,0)] = n$$
$$\varphi \circ \psi([(n,0)] = \varphi(n) = [(n,0)]$$

für jedes $n \in \mathbb{N}$, $[(n,0)] \in \mathbb{N}'$. Also ist ψ die Umkehrabbildung von φ.

Nun zu den Peanoaxiomen:

P 1: (indirekt)

$$\begin{aligned}
&\nu'([(n,0)]) = \nu'([(\underline{n},0)]) &&\Rightarrow\\
&\nu' \circ \varphi(n) = \nu' \circ \varphi(\underline{n}) &&\Rightarrow\\
&\varphi \circ \nu(n) = \varphi \circ \nu(\underline{n}) &&\Rightarrow\\
&\psi \circ \varphi \circ \nu(n) = \psi \circ \varphi \circ \nu(\underline{n}) &&\Rightarrow\\
&\nu(n) = \nu(\underline{n}) &&\Rightarrow\\
&n = \underline{n} \quad \text{(nach P 1 für } \mathbb{N}) &&\Rightarrow\\
&[(n,0)] = [(\underline{n},0)]
\end{aligned}$$

P 2: $[(0,0)]$ ist Anfangselement in $\mathbb{N}'$, denn wäre für ein $[(n,0)] \in \mathbb{N}'$

$$\nu'([(n,0)]) = [(0,0)] ,$$

dann würde (im Widerspruch zu P 2 für $\mathbb{N}$)

$$\begin{aligned} \nu(n) &= n + 1 \\ &= \psi([(n + 1, 0)]) \\ &= \psi \circ \nu'([(n,0)]) \\ &= \psi([(0,0)]) \\ &= 0 \end{aligned}$$

gelten.

Außerdem ist klar, daß es außer $[(0,0)]$ kein anderes Anfangselement in $\mathbb{N}'$ geben kann.

P 3: Sei $T' \subset \mathbb{N}'$ mit $[(0,0)] \in T'$ und

$$t' \in T' \Rightarrow \nu'(t') \in T'.$$

Für $T = \{t \mid t \in \mathbb{N} , [(t,0)] \in T'\}$ gilt dann

$$\begin{aligned} 0 \in T \quad &\text{und} \\ t \in T \quad &\Rightarrow \quad t' = [(t,0)] \in T' \\ &\Rightarrow \quad \nu'(t') = [(t + 1, 0)] \in T' \\ &\Rightarrow \quad t + 1 = \nu(t) \in T \end{aligned}$$

Also gilt $T = \mathbb{N}$ und damit $T' = \mathbb{N}'$ ★

Jetzt müssen wir nur noch GANZ 4 für $\mathbb{N}'$ nachweisen:

Satz 16: Für jedes $r \in \mathbb{Z}$ gibt es $[(m,0)],[(n,0)] \in \mathbb{N}'$ mit:

$$[(m,0)] + r = [(n,0)] .$$

<u>**Beweis:**</u> $r = [(n,m)]$ mit $m,n \in \mathbb{N} \Rightarrow$

$$[(m,0)] + [(n,m)] = [(m+n,m)] = [(n,0)]$$

wegen $(m+n)+0 = n+m$. ★

Zur Konstruktion von Q

Die Menge $\mathbb{Z}$ der ganzen Zahlen ist die "kleinste" Erweiterung von $\mathbb{N}$ (bzw. $\mathbb{N}'$) in der man uneingeschränkt subtrahieren kann. Bezüglich der Division weist $\mathbb{Z}$ dagegen noch gewisse Mängel auf: Nicht alle Gleichungen der Form

$$r \cdot x = s \qquad (\text{mit } r,s \in \mathbb{Z} \text{ und } r \neq 0)$$

sind lösbar. Deshalb konstruiert man eine Erweiterung von $\mathbb{Z}$, in der man beliebig dividieren kann (ausgenommen durch 0!) und in der die für $\mathbb{Z}$ gültigen Rechengesetze erhalten bleiben.

Gesucht ist also eine Menge $\mathbb{Q}$, deren Elemente *rationale Zahlen* genannt werden, zusammen mit zwei Verknüpfungen + (*Addition*) und • (*Multiplikation*), die die folgenden Bedingungen erfüllen:

QUOT 1: $\mathbb{Z} \subset \mathbb{Q}$ und Addition bzw. Multiplikation auf $\mathbb{Q}$ liefern für $r,s \in \mathbb{Z}$ dasselbe Element $r+s \in \mathbb{Z}$ bzw. $r \circ s \in \mathbb{Z}$, wie die Addition bzw. Multiplikation auf $\mathbb{Z}$.

QUOT 2: Addition und Multiplikation auf $\mathbb{Q}$ sind assoziativ, kommutativ, und die Multiplikation • ist distributiv über der Addition + .

QUOT 3: Zu $a,b \in \mathbb{Q}$ gibt es genau ein $x \in \mathbb{Q}$ mit $a + x = b$. Zu $a,b \in \mathbb{Q}$ mit $a \neq 0$ gibt es genau ein $x \in \mathbb{Q}$ mit $a \cdot x = b$.

QUOT 4: Zu $a \in \mathbb{Q}$ mit $a \neq 0$ gibt es $r,s \in \mathbb{Z} \setminus \{0\}$ mit $r \cdot a = s$.

Für die Addition und die Multiplikation auf $\mathbb{Q}$ hätten wir prinzipiell andere Zeichen verwenden müssen als in $\mathbb{Z}$. In der Regel verzichtet man jedoch darauf.

Außerdem genügt es wieder, irgendeine Menge $\mathbb{Z}'$ ganzer Zahlen mit $\mathbb{Z}' \subset \mathbb{Q}$ zu finden. (Es braucht nicht die im letzten Abschnitt konstruierte Menge $\mathbb{Z}$ zu sein.).

In Analogie zum Vorgehen bei den ganzen Zahlen kann man nun zunächst aus QUOT 1 bis QUOT 4 viele vertraute Eigenschaften von $\mathbb{Q}$ herleiten. Wir wollen dies hier nicht durchführen, sondern nur andeuten, wie man $\mathbb{Q}$ in Analogie zu $\mathbb{Z}$ konstruiert:

Anstelle von $\mathbb{N} \times \mathbb{N}$ betrachten wir die Menge

$$\mathbb{Z} \times \mathbb{Z}^* = \{(s,r) \mid s,r \in \mathbb{Z} \text{ und } r \neq 0\}$$

mit $\mathbb{Z}^* = \mathbb{Z} - \{0\} = \{r \mid r \in \mathbb{Z} \text{ und } r \neq 0\}$:

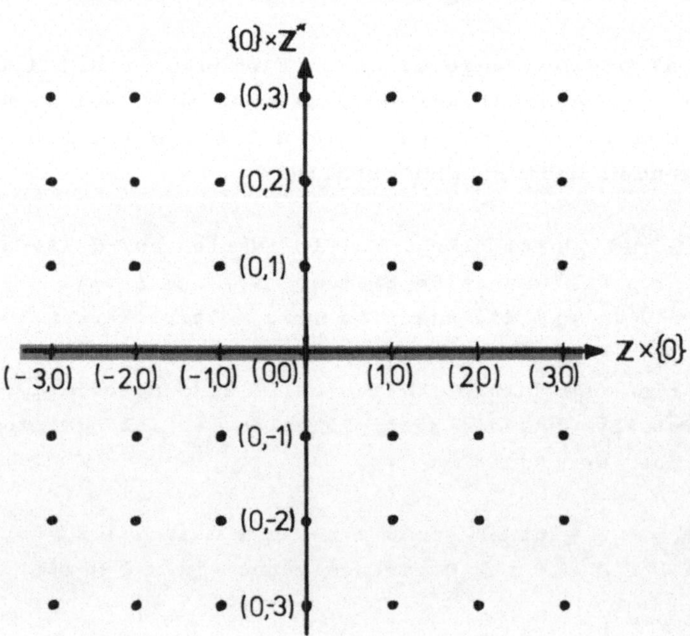

Eine rationale Zahl $\frac{s}{r}$ besteht aus allen Gitterpunkten, die auf einer Geraden durch (0,0) und eine festen Punkt $(s,r) \in \mathbf{Z} \times \mathbf{Z}^*$ liegen:

$$\frac{s}{r} = \{(s',r') \mid (s',r') \in \mathbf{Z} \times \mathbf{Z}^* \text{ und } sr' = s'r\}$$

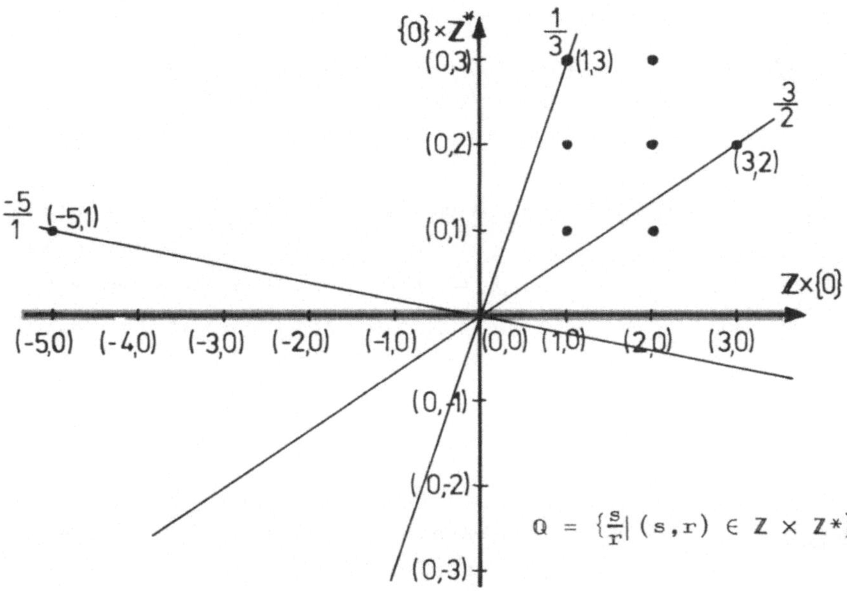

Wieder kann man zeigen, daß derartige "Geraden" $\frac{s}{r}$ durch einen auf ihnen liegenden Gitterpunkt vollständig bestimmt sind:

Satz 17: Sind $\frac{s}{r}, \frac{u}{t} \in \mathbf{Q}$ mit $\frac{s}{r} \cap \frac{u}{t} \neq \emptyset$, dann gilt $\frac{s}{r} = \frac{u}{t}$.

Mit Hilfe dieser Beobachtung (und mit Übung 3) kann man wie bei $\mathbf{Z}$ eine Addition aber auch eine Multiplikation auf $\mathbf{Q}$ definieren, die die Bedingungen QUOT 1 bis QUOT 4 erfüllen. In QUOT 1 und QUOT 4 wählt man anstelle von $\mathbf{Z}$:

$$\mathbf{Z}' = \{\tfrac{s}{1} \mid s \in \mathbf{Z}\}$$

LÖSUNGEN

Übung 1: $r = n - m$, $s = l - k$, $t = j - i$ mit $i,j,k,l,m,n \in \mathbb{N}$. Dann gilt:

$$r \cdot (s + t) = r \cdot ((l + j) - (k + i)) \quad \text{Satz 1}$$
$$= (n(l + j) + m(k + i)) - (n(k + i) + m(l + j)) \quad \text{Definition 1}$$
$$= (nl + nj + mk + mi) - (nk + ni + ml + mj)$$
(mit dem Distributivgesetz für $\cdot$ in $\mathbb{N}$)
$$= (nl + mk) - (nk + ml) + (nj + mi) - (ni + mj) \quad \text{Satz 1}$$
$$= r \cdot s + r \cdot t \quad \text{Definition 1}$$

Übung 2:

$0 \leq s \Leftrightarrow$ Es gibt $k \in \mathbb{N}$ mit $0 + k = s$
$\Leftrightarrow$ Es gibt $k \in \mathbb{N}$ mit $k = s$
$\Leftrightarrow s \in \mathbb{N}$

$s \leq 0 \Leftrightarrow$ Es gibt $k \in \mathbb{N}$ mit $s + k = 0$
$\Leftrightarrow$ Es gibt $k \in \mathbb{N}$ mit $s = -k$
$\Leftrightarrow$ Es gibt $k \in \mathbb{N}$ mit $-s = k$
(mit Satz 1 (a))
$\Leftrightarrow -s \in \mathbb{N}$

Übung 3: Fall 1: $0 \leq r$ $(\Rightarrow r \in \mathbb{N})$:

$x = n - m$, $x' = n' - m' \in \mathbb{Z}$
mit $m,n,m',n' \in \mathbb{N}$.

$r \cdot x = r \cdot x' \Rightarrow$
$r(n - m) = r(n' - m') \Rightarrow$
$rn - rm = rn' - rm' \Rightarrow$

$rn + rm' = rn' + rm \quad \Rightarrow$

$r(n + m') = r(n' + m) \quad \Rightarrow$

(mit Satz 12, Kapitel 8)

$n + m' = n' + m \quad \Rightarrow$

$x = n - m = n' - m' = x'$

Fall 2: $r \leq 0 \quad (\Rightarrow -r \in \mathbb{N})$

analog .

Übung 4:

$\nu_0: \mathbb{N} \times \{0\} \to \mathbb{N} \times \{0\}$ ist durch

$\nu_0(n,0) = (\nu(n),0) = (n + 1, 0)$ definiert.

P 1: (indirekt)

$\nu_0(n,0) = \nu_0(m,0) \quad \Rightarrow$

$(\nu(n),0) = (\nu(m),0) \quad \Rightarrow$

$\nu(n) = \nu(m)$.

P 2: $\nu_0(n,0) = (\nu(n),0)$

$\neq (0,0)$

für alle $n \in \mathbb{N}$, wegen $\nu(n) \neq 0$.

P 3: Offensichtlich gibt es außer $(0,0)$ kein weiteres Anfangselement in $\mathbb{N} \times \{0\}$.

Sei also $T_0 \subset \mathbb{N} \times \{0\}$ mit $(0,0) \in T_0$ und

$t_0 \in T_0 \quad \Rightarrow \quad \nu_0(t_0) \in T_0$.

Für $T = \{t \mid t \in \mathbb{N}$ und $(t,0) \in T_0\}$ gilt dann

$0 \in T$ und

$t \in T \quad \Rightarrow \quad (t,0) \in T_0$

$\Rightarrow \quad \nu_0(t,0) \in T_0$

$\Rightarrow \quad (\nu(t), 0) \in T_0$

$\Rightarrow \quad \nu(t) \in T$

Also gilt nach P 3 (für $\mathbb{N}$):

$T = \mathbb{N}$ und damit $T_0 = \mathbb{N} \times \{0\}$.

Ü B E R B L I C K

Steckbrief für $\mathbb{Z}$:

Gesucht ist eine Menge $\mathbb{Z}$, deren Elemente g a n z e Z a h l e n genannt werden, zusammen mit einer Verknüpfung + , der A d d i t i o n , die die folgenden Bedingungen erfüllt:

GANZ 1: $\mathbb{N} \subset \mathbb{Z}$ und die Addition auf $\mathbb{Z}$ liefert für $m,n \in \mathbb{N}$ dasselbe Element $m + n \in \mathbb{N}$, wie die Addition auf $\mathbb{N}$.

GANZ 2: Die Addition auf $\mathbb{Z}$ ist kommutativ und assoziativ.

GANZ 3: Sind $r,s \in \mathbb{Z}$, so gibt es genau ein $x \in \mathbb{Z}$ mit $r + x = s$.

GANZ 4: Zu jedem $r \in \mathbb{Z}$ existieren $m,n \in \mathbb{N}$ mit $m + r = n$.

Subtraktion:

Für $r \in \mathbb{Z}$ gibt es genau ein $x \in \mathbb{Z}$ mit $r + x = 0$. Dieses x wird mit

$$x = -r$$

bezeichnet. Für $s + (-r)$ schreibt man:

$$s + (-r) = s - r$$

Dann gilt:

$$r - r = 0 \ , \ -0 = 0 \ , \ r + (s - r) = s$$

und

(Satz 1) $-(-r) = r$, $-(r + s) = (-r) + (-s)$

$s - r = \underline{s} - \underline{r} \Leftrightarrow s + \underline{r} = \underline{s} + r$

<u>Multiplikation:</u>
(Definition 1) Sind $r, s \in \mathbb{Z}$ und $m, n, k, l \in \mathbb{N}$ mit $r = n - m$ und $s = l - k$, dann ist

$$r \cdot s = (nl + mk) - (nk + ml)$$

das P r o d u k t v o n r m i t s .

Insgesamt erhält man so eine Verknüpfung $\cdot : \mathbb{Z} \times \mathbb{Z} \to \mathbb{Z}$, die M u l t i p l i k a - t i o n auf $\mathbb{Z}$.

(Satz 3,4,5) Die Multiplikation auf $\mathbb{Z}$ ist kommutativ, assoziativ und distributiv über der Addition.

(Satz 6) $1 \cdot r = r$, $0 \cdot r = 0$, $(-1)r = -r$
$(-r) \cdot s = -(r \cdot s)$, $(-r)(-s) = r \cdot s$

<u>Ordnung:</u>
(Definition 2)
(Satz 7) Auf $\mathbb{Z}$ wird durch

$r \leq s \Leftrightarrow$ Es gibt ein $k \in \mathbb{N}$ mit $r + k = s$

eine Ordnungsrelation $\leq$ definiert.

(Satz 8) Für ganze Zahlen $r, s \in \mathbb{Z}$ gilt:

(a) $0 \leq s \Leftrightarrow s \in \mathbb{N}$
$s \leq 0 \Leftrightarrow -s \in \mathbb{N}$

(b) $r \leq s$ oder $s \leq r$

(c) $0 \leq s$ oder $s \leq 0$

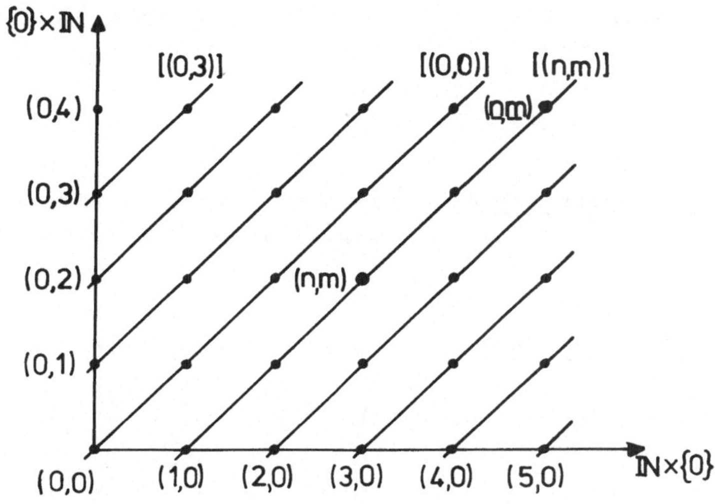

$$\mathbb{Z} = \{[(n,m)] \mid (n,m) \in \mathbb{N} \times \mathbb{N}\}$$

(Satz 11) Sind $[(n,m)], [(l,k)] \in \mathbb{Z}$ mit

$$[(n,m)] \cap [(l,k)] \neq \emptyset$$

(d.h. es gibt einen Gitterpunkt $(q,p) \in \mathbb{N} \times \mathbb{N}$ mit $(q,p) \in [(n,m)]$ und $(q,p) \in [(l,k)]$), dann gilt:

$$[(n,m)] = [(l,k)] \, .$$

(Satz 12) Für $[(n,m)], [(\underline{n},\underline{m})], [(l,k)], [(\underline{l},\underline{k})] \in \mathbb{Z}$ mit $[(n,m)] = [(\underline{n},\underline{m})]$ und $[(l,k)] = [(\underline{l},\underline{k})]$ gilt:

$$[(n+l, m+k)] = [(\underline{n}+\underline{l}, \underline{m}+\underline{k})]$$

(Definition 3) Ein Element $r \in \mathbf{Z}$ heißt:

p o s i t i v , falls $r \in \mathbb{N}$ und $r \neq 0$,

n e g a t i v , falls $-r \in \mathbb{N}$ und $r \neq 0$.

<u>Eindeutigkeit von **Z**:</u> Bis auf Isomorphie gibt es nur eine Menge **Z** mit GANZ 1 bis GANZ 4 .

<u>Konstruktion von **Z**:</u> $[(n,m)] = \{(\underline{n},\underline{m}) \mid \underline{n},\underline{m} \in \mathbb{N} \text{ und } n+\underline{m} = m+\underline{n}\}$

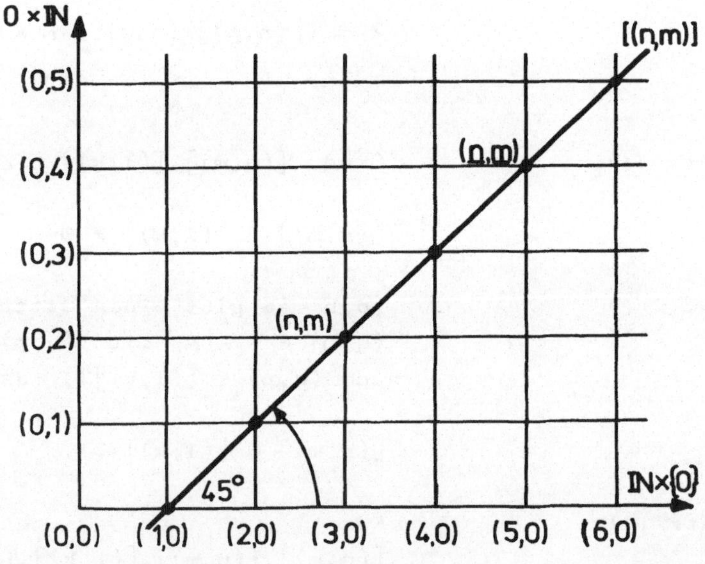

(Definition 4) Sind $[(m,n)],[(l,k)] \in \mathbf{Z}$, dann ist

$$[(n,m)] + [(l,k)] = [(n+l,m+k)]$$

die S u m m e von $[(n,m)],[(l,k)]$.

Insgesamt erhält man damit eine Verknüpfung

$$+: \mathbf{Z} \times \mathbf{Z} \to \mathbf{Z}$$

die A d d i t i o n .

(Satz 13,14,15,16) Für die so konstruierte Menge und ihre Addition gelten die Bedingungen GANZ 1 bis GANZ 4, wenn man durch

$$\mathbf{N}' = \{[(n,0)] \mid n \in \mathbf{N}\}$$

ersetzt.

<u>Steckbrief von **Q**</u>

Gesucht ist eine Menge **Q**, deren Elemente r a t i o n a l e Z a h l e n genannt werden, zusammen mit zwei Verknüpfungen + (A d d i t i o n) und • (M u l t i - p l i k a t i o n), die die folgenden Bedingungen erfüllt

QUOT 1: $\mathbf{Z} \subset \mathbf{Q}$ und Addition bzw. Muliplikation auf **Q** liefern für $r,s \in \mathbf{Z}$ dasselbe Element $r + s \in \mathbf{Z}$ bzw. $r \cdot s \in \mathbf{Z}$, wie die Addition bzw. Multiplikation auf **Z**.

QUOT 2: Addition udd Multiplikation auf **Q** sind assoziativ, kommutativ, und die Multiplikation • ist distributiv über der Addition +.

QUOT 3: Zu $a,b \in \mathbb{Q}$ gibt es genau ein $x \in \mathbb{Q}$ mit $a + x = b$.
Zu $a,b \in \mathbb{Q}$ mit $a \neq 0$ gibt es genau ein $x \in \mathbb{Q}$ mit $a \cdot x = b$.

QUOT 4: Zu $a \in \mathbb{Q}$ mit $a \neq 0$ gibt es $r,s \in \mathbb{Z}$ mit $r \cdot a = s$.

Konstruktion von Q:

$$\frac{s}{r} = \left\{ (s',r') \;\middle|\; \begin{array}{l} (s',r') \in \mathbb{Z} \times \mathbb{Z}^* \text{ und} \\ sr' = s'r \end{array} \right\}$$

mit $\mathbb{Z}^* = \{r \mid r \in \mathbb{Z} \text{ und } r \neq 0\}$

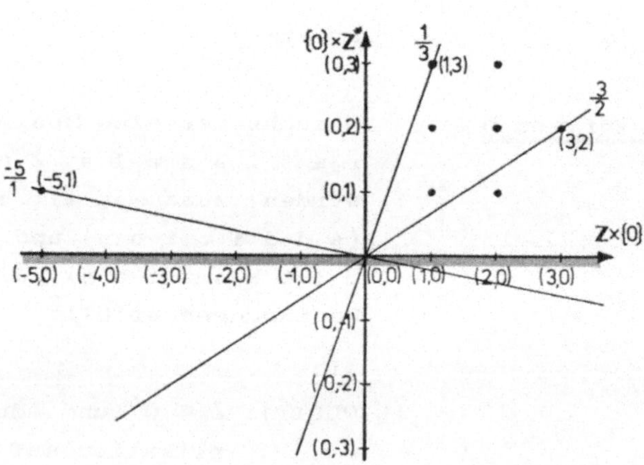

$$\mathbb{Q} = \left\{ \frac{s}{r} \mid (s,r) \in \mathbb{Z} \times \mathbb{Z}^* \right\}$$

Für diese Menge $\mathbb{Q}$ gelten QUOT 1 bis QUOT 4, wenn man $\mathbb{Z}$ durch

$$\mathbb{Z}' = \left\{\frac{s}{1} \mid s \in \mathbb{Z}\right\}$$

ersetzt.

ÜBUNGSAUFGABEN

Aufgabe 1:

Man zeige, daß für ganze Zahlen r,s,t,u gilt:

(a) $r \leq s \Rightarrow r + t \leq s + t$

(b) $r \leq s \Rightarrow r - t \leq s - t$

(c) $r \leq s$ und $t \leq u \Rightarrow r + t \leq s + u$

(d) $r \leq s \Rightarrow -s \leq -r$

Aufgabe 2:

Man zeige, daß für ganze Zahlen r,s,t gilt:

(a) $0 \leq t$ und $r \leq s \Rightarrow r \cdot t \leq s \cdot t$

(b) $t \leq 0$ und $r \leq s \Rightarrow s \cdot t \leq r \cdot t$

Aufgabe 3:

Man zeige, daß für ganze Zahlen r,s,t gilt:

$r \cdot s = 0 \Rightarrow r = 0$ oder $s = 0$

Rückblick und Ausblick

Noch mehr Zahlen

Auch im Bereich der rationalen Zahlen ist nicht alles möglich, was aus innermathematischen aber auch praktischen Gründen wünschenswert wäre. Beispielsweise gibt es keine rationale Zahl x , die die Länge der Diagonalen im Einheitsquadrat exakt angibt.

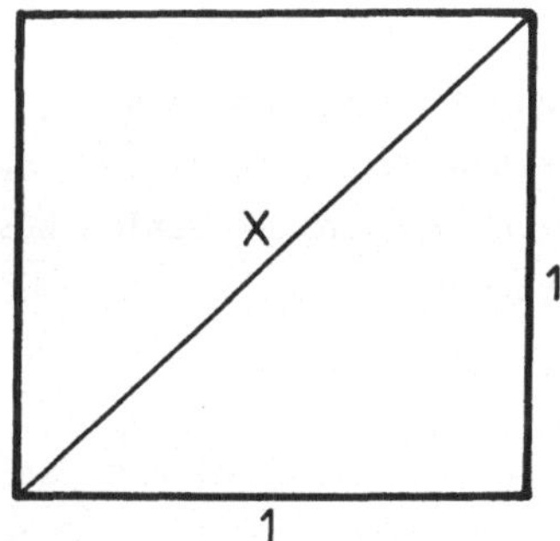

Nach dem Satz von Pythagoras müßte ein derartiges x Lösung der Gleichung

$$x^2 - 2 = 0$$

sein. Diese Gleichung hat aber keine Lösungen im Bereich der rationalen Zahlen (vgl. hierzu Kapitel 5, Aufgabe 8)!

Ebenso gibt es keine rationalen Zahlen, die Umfang oder Flächeninhalt des Einheitskreises genau beschreiben. Man benötigt dazu den "unendlichen, nicht periodischen Dezimalbruch":

$$\pi = 3{,}14159 \ldots\ldots$$

Die Punkte .... sollen hier andeuten, daß dieser Dezimalbruch unendlich "lang" ist, um damit die Zahl π "beliebig" genau anzugeben. Präziser gesagt wird π durch die Folge

$$a_0 = 3$$
$$a_1 = 3{,}1$$
$$a_2 = 3{,}14$$
$$a_3 = 3{,}141$$
$$a_4 = 3{,}1415$$
$$a_5 = 3{,}14159$$
$$\vdots$$

von endlichen Dezimalbrüchen, die ja rationale Zahlen sind, approximiert. Ganz analog kann man die Lösung $x = +\sqrt{2}$ der Gleichung $x^2 - 2 = 0$ durch eine Folge von rationalen Zahlen beschreiben, die $+\sqrt{2}$ "beliebig nahe kommt" (und ebenso die Lösung $-\sqrt{2}$).

Bei diesen Betrachtungen sind wir davon ausgegangen, daß Zahlen wie π und $+\sqrt{2}$ existieren und daß es nur noch darum geht, sie durch eine sie approximierende Folge rationaler Zahlen beliebig genau anzugeben.

Von unserem jetzigen Standpunkt aus müssen wir aber die Existenz derartiger Zahlen - ebenso wie die Existenz von ganzen und rationalen Zahlen - erst nachweisen. Dazu müßten wir einen Zahlbereich konstruieren, in dem Gleichungen wie $x^2 - 2 = 0$ stets Lösungen besitzen und der sich außerdem zur präzisen Beschreibung von Längen und Flächeninhalten eignet. Natürlich sollte dieser Zahlbereich die bisher konstruierten so umfassen, daß möglichst alle gewohnten Regeln gültig bleiben. Es ist kein Geheimnis, daß es sich dabei um die Menge $\mathbb{R}$ der reellen Zahlen handeln wird.

Das schon bei ganzen und rationalen Zahlen verwendete Konstruktionsprinzip kommt hier wieder zum Zuge. Eine "reelle Zahl" ist ebenfalls eine Menge; diesmal jedoch nicht eine Menge von Paaren, sondern eine Menge von Folgen, die "dieselbe Zahl approximiert" wie eine vorgegebene Folge (a_n) :

$$[(a_n)] = \left\{ (\underline{a}_n) \;\middle|\; (\underline{a}_n) \text{ "approximiert dieselbe Zahl wie" } (a_n) \right\} .$$

Natürlich müßte noch festgelegt werden, was unter "approximiert dieselbe Zahl wie" zu verstehen ist. Dies kann man allein mit Hilfe rationaler Zahlen leisten.

Wir wollen und können die eben angedeutete Konstruktion von $\mathbb{R}$ hier nicht mehr in allen Einzelheiten durchführen. Dazu müßten wir uns mit einem neuen Begriff, dem der K o n v e r g e n z , auseinandersetzen. Dies ist aber bereits zentraler Gegenstand jeder Anfängervorlesung über Analysis oder I n f i n i t e s i m a l r e c h n u n g .

Auch die reellen Zahlen lassen noch einige Wünsche offen. Es gibt z.B. keine reelle Lösung der Gleichung

$$x^2 + 1 = 0 .$$

Dieser Mangel läßt sich wieder durch die Konstruktion neuer Zahlen, der k o m p l e x e n Z a h l e n , beheben.

Rückblick

Es gibt also immer mehr Zahlen. Hört das nie auf?

Jedenfalls hört das MATHEMATISCHE VORSEMESTER auf! Deshalb sollten wir jetzt überprüfen, ob wir die angestrebten Ziele erreicht haben. Sie können von uns Rechenschaft fordern, ob wir Ihnen geboten haben, was wir Ihnen versprachen. Ob wir auch Ihre Erwartungen erfüllten, hängt nicht nur von uns ab, sondern auch von diesen Erwartungen. Und die entstanden wahrscheinlich im wesentlichen auf Grund des Bildes von Mathematik, das Sie vor Beginn des Kurses hatten.

Wir haben versucht, Ihnen ein Bild der Wissenschaft Mathematik und ihrer Möglichkeiten heute zu zeigen. Natürlich ist es das Bild von Mathematik, das w i r haben, auf Grund unserer speziellen Situation an einer Universität, die noch dazu erstens verhältnismäßig neu und zweitens vorwiegend theoretisch orientiert ist. Sicherlich stellen sich in anderen Situationen - z.B. an Universitäten mit mehr Tradition oder an solchen, die in ihrem Lehrangebot die Erfordernisse der Berufspraxis konsequent berücksichtigen wollen - manche Fragen anders.

Außerdem ist die Universität in sozialer Hinsicht in einer Ausnahmesituation: Forschung und Lehre unterliegen nicht direkt den Gesetzen von Angebot und Nachfrage, Gewinn und Verlust; beim Einsatz von Mathematik in "der Wirtschaft" bestehen sicherlich noch ganz andere Probleme, als sie in diesem Kurs auftauchten.

Trotzdem glauben wir, in diesem Kurs einige grundlegende Tatsachen angeführt zu haben, die bei jedem Umgehen mit der Mathematik berücksichtigt werden müssen. Bei einigen unserer Überlegungen zur Gestaltung des Kurses ist uns allerdings selbst unbehaglich, weil sie trotz der vorliegenden Erfahrungen immer noch hypothesenartig und kaum durch empirische Untersuchungen gestützt sind. Nun, wir können nicht besser sein, als es der gegenwärtige Zustand der Mediendidaktik,der Mathematik und der Universität erlaubt. Denn schon bei der Einschätzung der Mathematik nur durch die Universitätsmathematiker gibt es Differenzen. Wir mußten uns entscheiden, was als "grundlegend wichtig" in den Kurs aufgenommen werden sollte.

Es gibt kaum Konsens darüber, welche Rolle die Mathematik für "Gesellschaft und Wirtschaft" spielt, spielen kann und spielen sollte; man ist sich nur einig, daß sie eine wichtige Komponente unserer Zivilisation ist. Daher konnten wir Sie auch nicht auf jede Frage eine (und nur eine) "richtige" Antwort "lehren".

Wir hoffen aber, Ihnen Material gegeben zu haben, an Hand dessen Sie beginnen können, diese Fragen mit uns und anderen zu diskutieren, weitere mathematische Kenntnisse zu erarbeiten und damit die Fragestellungen zu präzisieren und zu verfeinern. Bitte vergleichen Sie das Bild von Mathematik, das Sie durch uns erhielten, mit Ihren Vorstellungen vor Beginn des Kurses. Nehmen Sie auch hinzu, was Sie von anderer Seite hören, und kritisieren Sie uns.

Gehen wir noch einmal durch, was wir Ihnen angeboten haben:

Mengenlehre (einschließlich Relationen, speziell Abbildungen und auch Ordnungsrelationen), Schaltwerke und Boolesche Algebren, Zahlen.

Diese Teile hängen keineswegs systematisch zusammen;
Schaltwerke beziehungsweise Boolesche Algebren gehören auch nicht zu den wichtigsten Gebieten der Mathematik, und Mengenlehre kann schon in den ersten Grundschulklassen betrieben werden (abgesehen von Fragen zur Mengenlehre, die in den Bereich der "mathematischen Grundlagenforschung" gehören). Zahlen schließlich kennt man bereits aus Schule und Leben.

Welche Vorstellung von Mathematik hat uns veranlaßt, Ihnen so etwas vorzusetzen? Welche Vorstellungen haben Sie erhalten über Sinn und Unsinn, Möglichkeiten und Grenzen, Einheitlichkeit und Vielfalt der Mathematik?

Der Elfenbeinturm

Wir wollten mit der Mengenlehre eine einheitliche Sprache anbieten, in der Mathematik formuliert werden kann, und zugleich deutlich machen, daß die Existenz einer solchen *einheitlichen Sprache* von Vorteil ist, wenn man Mathematik treiben will. Hinzu kommt als ein einheitliches Verfahren zur Beschreibung der Dinge, mit denen man in der Mathematik umgeht, die *axiomatische Methode*:

Mathematische Objekte werden durch ihre wichtigsten (oder einfachsten) Eigenschaften charakterisiert, die in der Sprache der Mengen formuliert werden. Aus diesen Grundeigenschaften werden weitere abgeleitet (Sätze). Durch Definitionen kommen neue Eigenschaften ins Spiel. So entwickelt sich eine Theorie.

Man hat damit die Möglichkeit, mathematische Objekte im Hinblick auf ihre Eigenschaften zu vergleichen und miteinander in Beziehung zu setzen, in Sorten einzuteilen usw., kurz: sie zu ordnen und damit den Bereich der Mathematik systematisch überschaubar zu machen.

Wir sind nicht in der Lage zu begründen, weshalb gerade diese Sprache und diese Methode so besonders gut sind. Uns ist nicht ein einziges wichtiges Problem bekannt, zu dessen mathematischer Behandlung man nicht ohne beide auskommen könnte außer Problemen, die i n n e r h a l b der Mathematik auftauchen.

Solche innermathematischen Probleme entstehen, weil von den Mathematikern selbst die Forderung gestellt wird, aus der Mathematik ein möglichst e i n h e i t l i c h e s , z u s a m m e n h ä n g e n d e s , l ü c k e n - l o s e s Gebäude zu machen. Dieselbe Forderung zur Zeit etwa an die Medizin oder die Soziologie zu stellen, wäre geradezu Hybris, und sie ist auch an die Mathematik nicht zu allen Zeiten gestellt worden. Auch heute dürfte es einem Physiker oder dem Benutzer eines Computers ziemlich egal sein, ob die Mathematik einheitlich ist, wenn er nur in ihr findet, was er benötigt.

In Zeiten, als Mathematik im wesentlichen ihrer Nützlichkeit wegen betrieben wurde, konnten innermathematische Aspekte die Arbeit der Mathematiker nicht regieren. Mittlerweile hat sich die Mathematik aber - und das war wegen der Fülle des entstandenen Materials sicher auch notwendig - fast ganz in den Elfenbeinturm der Selbstbeobachtung zurückgezogen, um Ordnung zu schaffen und Lücken auszufüllen. Dazu hat sie unter anderem die Sprache der Mengen entwickelt und die axiomatische Methode ausgebaut.

Da wir sozusagen in diesem Turm aufgewachsen sind und uns ständig dieser Sprache bedienen, sind wir kaum in der Lage, den Wert dieser Sprache und dieser Methode mit anderen zu vergleichen oder Alternativen zu entwickeln. Selbstverständlich hielten wir es für notwendig, Ihnen diese beiden Werkzeuge zu zeigen, derer sich die Mathematik bei ihrer Selbstbeobachtung bedient. Dabei konnte es uns natürlich nicht gelingen, die Nützlichkeit dieser Werkzeuge Ihnen gegenüber nachvollziehbar zu begründen, die Sie sich - noch? - außerhalb des Elfenbeinturmes befinden.

Zweifellos sind Überschaubarkeit der Mathematik und Vergleichbarkeit ihrer Objekte zwar elbenbeinerne, aber angenehme Eigenschaften; auch das wollten wir Sie erfahren und benutzen lernen lassen.

Wir glauben aber, daß die Mathematik sich jetzt nicht mehr im Turm der Selbstbeobachtung einschließen sollte, sondern in ihrer neuen Organisation und mit ihren neuen Möglichkeiten ihre alte Funktion wiederaufnehmen muß, die sich nun auch klarer beschreiben läßt als früher: Modelle zu entwickeln und bereitzuhalten, die es erlauben, die "Wirklichkeit" zum Zwecke ihrer Beherrschung und Veränderung in den Griff zu bekommen.

Was soll ein noch so einheitliches, zusammenhängendes und lückenloses Gebäude, das zum größten Teil unbenutzbar scheint? Man wird es eine Weile als "Kunst" betrachten und pflegen, dann das Interesse verlieren, die brauchbaren Teile herausbrechen und den Rest verkommen lassen.

Noch sind wir, die Autoren und Initiatoren des MATHEMATISCHEN VORSEMESTERS im Elfenbeinturm. Wir wollen ihn aber verlassen. Beides manifestiert sich in der leisen Fiktivität unseres Musterbeispiels einer Mathematisierung - bei den Schaltwerken. Wir haben ein technisch und praktisch längst gelöstes Problem ausgewählt, an dem sich Nützlichkeit und Grenzen des Einsatzes mathematischer Methoden relativ leicht demonstrieren lassen. Die Lösung eines "echten" Problems konnten wir Ihnen nicht anbieten.

Wir hoffen aber, Ihnen wenigstens die wesentlichsten Schritte eines für den Einsatz von Mathematik typischen Mathematisierungsprozesses nahegebracht zu haben. Vielleicht hat Sie dies in die Lage versetzt, auch die bereits vor der Elfenbeinturmperiode vorhandenen Zahlen als Ergebnis eines naiven Mathematisierungsprozesses zu verstehen. Sie sind ebenso wie die Schaltalgebra ein mathematisches Modell zur Beschreibung und Lösung konkreter Probleme: Von der Infinitesimalrechnung in der Physik, mit der man etwa Raketenbahnen bestimmen kann, bis hin zur merkwürdigen Akrobatik der Zeugnis- und Zensurenarithmetik.

Dieser Modellcharakter der Zahlen ist uns meistens nicht bewußt, denn ihr Gebrauch ist so alt und eingefleischt, daß sie schon als notwendige Bestandteile der Wirklichkeit angesehen werden (außer von Philosophen). Wir haben ihn auch nicht besonders gut herausgearbeitet.

Vielmehr ging es uns darum, den mathematischen Umgang mit Zahlen abzusichern, zu fundieren. Deshalb haben wir die zum naiven Vorverständnis gehörenden natürlichen Zahlen axiomatisiert und weitere Zahlbereiche konstruiert. Dabei haben wir uns vorwiegend von innermathematischen Motiven leiten lassen (gewisse Gleichungen waren nicht lösbar).

In der Praxis kommt man in vielen Fällen mit natürlichen Zahlen aus. Denn negative Zahlen sind z.B. im Währungs- und Kapitalgeschäft zur angemessenen Erfassung von Schuldenkonten keineswegs notwendig. In Geldinstituten werden Soll- und Habenkonten geführt, auf denen (bis auf ein Komma) nur natürliche Zahlen stehen. Auch die Einführung negativer Zahlen bei Meßskalen (etwa der Temperaturskala) läßt sich durch geeignete Wahl des Nullpunktes stets vermeiden. Jeder Computer schließlich rechnet mit im Dualsystem dargestellten natürlichen Zahlen.

Außerdem kann man jede Längen- oder Flächenmessung ohnehin nur bis auf einige Dezimalstellen genau durchführen und das Ergebnis durch Wahl einer geeigneten Einheit als natürliche Zahl darstellen. Aus praktischen Gründen braucht man also keine reelle Zahl, die etwa die Länge der Diagonalen im Einheitsquadrat oder den Umfang und Flächeninhalt des Einheitskreises angibt.

Wozu also Zahlbereichserweiterungen?

Die Erweiterung von Zahlbereichen - oder allgemeiner die Konstruktion mathematischer Modelle, die andere umfassen und dabei zusätzliche Eigenschaften haben - bekommt aber einen Sinn, wenn man bedenkt, daß ein mathematisches Modell dazu dient, konkrete Probleme zu lösen. Nachdem die Übersetzung eines solchen Problems in ein mathematisches erst einmal gelungen ist, spricht nichts mehr dagegen, das mathematische Modell so zu manipulieren, daß eine Lösung des mathematischen Problems reibungslos möglich wird, auch wenn dabei "fiktive Objekte" eine Rolle spielen, die nicht unbedingt von konkretem Nutzen sind.

Solche "fiktiven" Objekte waren in unserem Fall die negativen Zahlen und die "unendlichen, nichtperiodischen Dezimalbrüche". Im Umgang mit gewissen

Gleichungen ist es aber nützlich, nicht immer erst fragen zu müssen, ob eine Lösung existiert, bevor man weiterrechnen kann.

Es waren also durchaus "legetime" innermathematische Gründe, die unsere Zahlbereichserweiterungen rechtfertigten.

Literatur

Aussagen, Mengen, Relationen, Abbildungen

[1] Hans-Dieter Gerster
Aussagenlogik, Mengen, Relationen
Studienbücher Mathematik, Herder, 1972

[2] Paul R. Halmos
Naive Mengenlehre
Vandenhoeck & Ruprecht, 1969

[3] Maria Hasse
Grundbegriffe der Mengenlehre und Logik
B.G. Teubner, Leipzig, 1968

[4] Erich Wittmann (Herausgeber)
Mengenlehre im Unterricht
Der Mathematikunterricht, Jahrgang 17, Heft 1, 1971

Schaltwerke, Boolesche Algebra

[5] Paul R. Halmos
Lectures on Boolean Algebras
Van Nostrand Reinhold, London, 1972

[6] Peter Lesky (Herausgeber)
Boolesche Algebra und Schaltalgebra, ein Schulversuch
Der Mathematikunterricht, Jahrgang 20, Heft 2, 1974

[7] Marcel Rueff und Max Jeger
Menge, Boole'scher Verband und Mass
Räber Verlag, Luzern und Stuttgart, 1966

[8] J.E. Whitesitt
Boolesche Algebra und ihre Anwendungen
Vieweg, 1969

Zahlen

[9] H.-D. Ebbinghaus (Herausgeber)
Natürliche Zahlen und Mengen
Der Mathematikunterricht, Jahrgang 20, Heft 5, 1974

[10] Peter Flach
Zählprozesse und natürliche Zahlen
Manuskript für das Mathematische Vorsemester, Dortmund 1974

[11] Max Jeger
Einführung in die Kombinatorik, Band 1
Klett Studienbücher, 1973

[12] Konrad Jacobs
Selecta Mathematica I
Springer-Verlag, 1969

[13] Arnold Kirsch (Herausgeber)
Ganze und rationale Zahlen
Der Mathematikunterricht, Jahrgang 19, Heft 1, 1973

[14] Arnold Oberschelp
Aufbau des Zahlensystems
Vandenhoeck & Ruprecht, 1972

[15] Reinhard Strehl
Zahlbereiche
Studienbücher der Mathematik, Herder, 1972

Hochschuldidaktik, Wissenschaftsdidaktik, Historie

[16] Universität Bremen
Materialien zur Studienberatung für den Studiengang Mathematik-Diplom
Materialien zur Berufspraxis des Mathematikers, Heft 14, Bielefeld, 1975

[17] Ulrich Knauer
Studieneinführung Mathematik
Hektographiertes Manuskript, Universität Bielefeld, 1975

[18] Herbert Meschkowski
Mathematiker - Lexikon
B.I. Hochschultaschenbücher, Band 414, 1964

[19] Michael Otte (Herausgeber)
Mathematiker über die Mathematik
Springer-Verlag, 1974

[20] Projektgruppe Fernstudium
Mathematisches Vorsemester
Springer-Verlag, 1970/71/72/73/74

[21] Projektgruppe Fernstudium
Mathematisches Vorsemester, Protokoll eines Experimentes
lehren + lernen im medienverbund, Band 4, 1972